普通高等学校"十四五"规划计算机类专业特色教材

计算机网络

◎ 主　审　卢　军
◎ 主　编　何文斌　黄进勇　陈　祥
◎ 副主编　田　强　蒋　成　卢心刚

华中科技大学出版社
http://www.hustp.com
中国·武汉

内 容 简 介

本书以新的视角审视计算机网络,从网络形态和构成要素出发,介绍计算机网络的原理、技术、协议及网络安全等内容。全书共分 6 章,分别介绍计算机网络的基础知识、数据通信技术、计算机网络体系结构、以太网交换技术、网络互联与互联网、计算机网络安全等内容。

本书是一本实用性很强的教科书,特别适合高等院校计算机、电子、信息管理、电子商务及相关专业本科生和大专生、网络从业人员使用,还可以供各类专业人员自学使用。

图书在版编目(CIP)数据

计算机网络/何文斌,黄进勇,陈祥主编. —武汉:华中科技大学出版社,2022.8(2025.8 重印)
ISBN 978-7-5680-8684-4

Ⅰ.①计… Ⅱ.①何… ②黄… ③陈… Ⅲ.①计算机网络 Ⅳ.①TP393

中国版本图书馆 CIP 数据核字(2022)第 153921 号

计算机网络
Jisuanji Wangluo

何文斌 黄进勇 陈 祥 主编

策划编辑:汪 粲
责任编辑:余 涛
封面设计:原色设计
责任监印:周治超
出版发行:华中科技大学出版社(中国·武汉) 电话:(027)81321913
　　　　　武汉市东湖新技术开发区华工科技园 邮编:430223
录　排:武汉市洪山区佳年华文印部
印　刷:武汉科源印刷设计有限公司
开　本:787mm×1092mm 1/16
印　张:17.75
字　数:387 千字
版　次:2025 年 8 月第 1 版第 2 次印刷
定　价:50.00 元

前言

计算机网络技术是计算机技术与通信技术相结合的产物。计算机网络技术经过 60 多年的发展,已经形成自身比较完善的体系。目前计算机网络技术发展迅速,应用非常广泛。计算机网络技术是互联网技术的基础,而"互联网+"是互联网发展的新形态、新业态,它代表一种先进的生产力,推动我国经济加快转型发展。为了适应"计算机网络"课程学习的要求,编者结合自己多年的教学经验,编写了本书。本书注重网络基础概念、基本理论的介绍,注重实践技能必需的基本知识的介绍,主要目的是让学生掌握和了解计算机网络的概念、基本原理及应用,适应"互联网+"时代的发展。本书既能保持教学的系统性,又能反映当前网络技术发展的最新成果。在本书的结构设计与内容选择上,力求达到结构层次清晰,能涵盖初学者需要掌握与了解的计算机网络基本概念与基本理论知识;采用基本理论与技术实现相结合的方法,使初学者在掌握网络基本概念的基础上,能够比较容易地学习网络技术的基本实现方法,同时又能对网络技术中较为综合的技术与正在发展的技术有所了解。

本书共有 6 章：第 1 章介绍计算机网络的基础知识，包括计算机网络的发展、分类、拓扑结构、功能及应用、主要性能指标等知识；第 2 章介绍数据通信技术，包括数据通信技术的基本概念、数据通信方式、数据的编码和调制技术、传输介质、信道的复用技术和数据交换技术等知识；第 3 章介绍计算机网络体系结构，包括计算机体系结构的基本概念、OSI 参考模型及其实现、TCP/IP 体系结构、TCP/IP 协议栈等知识；第 4 章介绍以太网交换技术，包括以太网的基本原理、分类、生成树协议、端口技术和虚拟局域网等知识；第 5 章主要介绍网络互联与互联网，包括网络互联设备、广域网互联技术、IP 地址、路由选择协议及 Internet 应用等知识；第 6 章介绍计算机网络安全，包括网络安全基本概念、网络安全威胁和防御策略、数据加密技术、报文摘要技术、防火墙技术、虚拟专用网技术及应用层安全协议等知识。为了方便教学，本书提供完整教学课件，如有需要可到出版社网站下载。

本书由湖北工程学院新技术学院何文斌担任第一主编，并负责全书统稿工作。湖北工程学院新技术学院黄进勇担任第二主编。湖北工程学院新技术学院陈祥担任第三主编。副主编由田强、蒋成、卢心刚担任。再次向所有参与编写工作的老师表示感谢！

本书涉及知识面广，在内容组织上既重视基本概念、基本理论的讲解，又重点强调基本方法与技能的培养。通过大量的例题帮助学生更好地掌握基本概念和基本理论，每章后有全国计算机技术与软件专业技术资格（水平）考试的真题（需扫二维码），其目的是让学生通过相关知识和技能的学习，培养学生综合应用知识的能力。

限于编者水平有限，书中可能存在一些不足和错误，真心希望专家和广大读者不吝赐教，提出宝贵意见，以使本书不断完善。

编　者

目录

第1章 计算机网络基础知识 /1

1.1 计算机网络的定义和基本功能 /3

1.2 计算机网络的演进 /4

1.3 新时期计算机网络发展现状与趋势 /7

1.4 计算机网络的拓扑结构 /8

1.5 计算机网络的分类 /12

1.5.1 按网络传输技术分类 /12

1.5.2 按网络覆盖范围分类 /12

1.5.3 按网络的拓扑结构分类 /13

1.5.4 其他网络分类方法 /13

1.6 计算机网络的基本组成 /14

1.7 衡量计算机网络的主要性能指标 /18

第2章 数据通信技术 /21

2.1 数据通信的基本概念 /23

2.1.1 数据、信息和信号 /23

2.1.2 数据通信系统的组成 /24

2.1.3 通信信道的分类 /26

2.1.4 通信信道的特性 /27

2.2 数据通信方式 /28

2.2.1 串行传输和并行传输 /28

2.2.2 单工、半双工和全双工通信方式 /30

2.2.3 数据的同步技术 /31

2.2.4 数据传输类型 /33

2.2.5 扩频通信 /33

2.3 数据的编码技术 /34

2.4 数据的调制技术 /38

2.5 脉冲编码调制 /41

2.6 传输介质 /42

2.6.1 有线传输介质 /42

2.6.2 无线传输介质 /46

2.6.3 几种介质的安全性比较 /47

2.7 信道复用技术 /48

2.7.1 频分多路复用 /48

2.7.2 时分多路复用 /50

2.7.3 波分多路复用 /52

2.7.4 码分多路复用 /52

2.7.5 空分多路复用 /53

2.8 数据交换技术 /53

2.8.1 电路交换 /54

2.8.2 报文交换 /55

2.8.3 分组交换 /56

2.9 无线通信网 /58

2.9.1 移动通信网 /58

2.9.2 无线局域网 /61

第3章 计算机网络体系结构 /65

3.1 概述 /67

3.1.1 计算机网络体系结构 /67

3.1.2 计算机网络协议 /68

3.1.3 协议分层 /69

3.1.4 网络服务 /71

3.2　OSI 参考模型　/73

　　3.2.1　OSI 参考模型结构　/74

　　3.2.2　数据的封装与传递　/75

3.3　OSI 各层的主要功能及其实现　/78

　　3.3.1　物理层　/78

　　3.3.2　数据链路层　/82

　　3.3.3　网络层　/88

　　3.3.4　传输层　/89

　　3.3.5　会话层　/92

　　3.3.6　表示层　/93

　　3.3.7　应用层　/93

3.4　TCP/IP 体系结构　/94

　　3.4.1　TCP/IP 简介　/95

　　3.4.2　TCP/IP 体系结构　/95

　　3.4.3　比较 OSI 与 TCP/IP　/96

3.5　TCP/IP 协议栈　/97

　　3.5.1　MAC 协议　/98

　　3.5.2　PPP　/98

　　3.5.3　ARP　/99

　　3.5.4　IP　/101

　　3.5.5　ICMP　/102

　　3.5.6　TCP　/103

　　3.5.7　UDP　/108

　　3.5.8　HTTP　/109

第 4 章　以太网交换技术　/111

4.1　以太网原理　/113

　　4.1.1　以太网的层次结构　/113

　　4.1.2　以太网的帧格式　/115

　　4.1.3　以太网的标准　/117

　　4.1.4　共享式以太网　/118

　　4.1.5　交换式以太网　/119

　　4.1.6　无线局域网的体系结构　/121

4.2　以太网的分类　/122

　　4.2.1　传统以太网　/122

　　4.2.2　快速以太网　/123

4.2.3 千兆以太网 /124

4.2.4 万兆以太网 /126

4.2.5 40G/100G 以太网 /127

4.3 生成树协议 STP /127

4.3.1 STP 的产生 /127

4.3.2 STP 的基本原理 /130

4.3.3 STP 端口状态 /134

4.4 以太网端口技术 /136

4.4.1 端口自协商技术 /136

4.4.2 端口聚合技术 /136

4.5 虚拟局域网 VLAN /137

4.5.1 VLAN 概述 /137

4.5.2 VLAN 的划分方式 /139

4.5.3 VLAN 技术原理 /140

4.5.4 VLAN 端口类型 /142

第 5 章 网络互联与互联网 /145

5.1 网络互联概述 /147

5.2 网络互联设备 /148

5.2.1 中继器 /148

5.2.2 网桥 /149

5.2.3 交换机 /151

5.2.4 路由器 /153

5.2.5 三层交换机 /156

5.2.6 网关 /161

5.2.7 无线网络互联设备 /162

5.3 广域网互联技术 /162

5.3.1 广域网的基本概念 /162

5.3.2 分组交换网 /164

5.3.3 帧中继 /165

5.3.4 ATM /168

5.4 Internet 地址 /176

5.4.1 IP 地址 /176

5.4.2 子网和子网掩码 /178

5.4.3 无分类编制 /181

5.4.4 域名 /183

5.4.5　IPv6　/187

5.4.6　NAT　/191

5.5　路由选择协议　/195

5.5.1　路由选择算法　/195

5.5.2　内部网关协议　/197

5.5.3　外部网关协议　/204

5.6　Internet 应用　/206

5.6.1　WWW 服务　/206

5.6.2　电子邮件　/208

5.6.3　文件传输服务　/211

5.6.4　DHCP　/213

5.6.5　SNMP　/214

第6章　计算机网络安全　/223

6.1　网络安全的基本概念　/225

6.1.1　什么是网络安全　/225

6.1.2　网络安全威胁　/225

6.1.3　网络安全的内容　/228

6.2　数据加密　/229

6.2.1　密码学发展历史　/229

6.2.2　密码学基本概念　/230

6.2.3　对称加密算法　/233

6.2.4　公开加密算法　/236

6.3　认证技术　/241

6.3.1　基于共享密钥的认证　/241

6.3.2　Needham-Schroeder 认证协议　/242

6.3.3　基于公钥的认证　/242

6.4　报文摘要　/244

6.5　防火墙技术　/246

6.5.1　防火墙的基本概念　/246

6.5.2　防火墙的类型　/248

6.5.3　防火墙的配置　/250

6.6　入侵检测系统　/252

6.7　虚拟专用网　/256

6.7.1　虚拟专用网的工作原理　/256

6.7.2　VPN 系统的组成　/258

6.7.3　VPN 协议　/259

6.7.4　VPN 的解决方案　/263

6.8　应用层安全协议　/266

6.8.1　S-HTTP　/266

6.8.2　PGP　/267

6.8.3　S/MIME　/268

6.8.4　SET　/269

6.8.5　Kerberos　/270

参考文献　/273

第1章
计算机网络基础知识

　　计算机网络是计算机技术与通信技术相结合的产物。计算机网络是信息收集、发布、存储、处理的重要载体。计算机网络借助于电缆、光缆、无线电、微波和红外线等传输介质，把跨越不同地理区域相互独立的计算机连接起来而形成的信息通信网络。计算机网络中所有的计算机共同遵循相同的通信规则，通常称为"协议"（protocol），在协议的控制下，计算机和计算机之间可以实现各类信息的通信以及软件、硬件和数据资源的共享。

　　计算机网络技术的发展和应用正改变着人们的传统观念和生活方式，使信息的传递和交换更加快捷。目前，计算机网络技术在全世界范围内迅猛发展，网络技术应用逐渐渗透到各领域和社会的各个方面，已经成为衡量一个国家水平和综合国力强弱的标志。

1.1　计算机网络的定义和基本功能

1. 计算机网络的定义

计算机网络，顾名思义是由计算机组成的网络系统。IEEE（Institute of Electrical and Electronics Engineers，电气和电子工程师协会）的定义为：计算机网络是一组自治的计算机互联的集合。自治是指每个计算机都有自主权；互联则是指使用传输介质进行计算机连接，并达到互相通信的目的。这个定义过于专业化，通俗地讲，计算机网络就是把分布在不同地理位置，两台或两台以上独立的计算机通过通信设备和传输介质相互连接，在网络软件的作用下完成资源共享和数据通信等基本任务的系统。其中，独立的计算机又称为自治的计算机，是指计算机网络中连接的主机，具有独立的处理能力，即能独立于计算机网络处理数据。网络软件是指网络系统软件（如网络操作系统）、网络应用软件和网络协议软件等。

由于计算机网络技术发展迅速，各种网络互联终端设备层出不穷，如计算机、打印机、WAP（wireless application protocol）手机、PDA（personal digital assistant）网络电话等，如图 1-1 所示。在未来，也许一切设备都会连到 Internet。

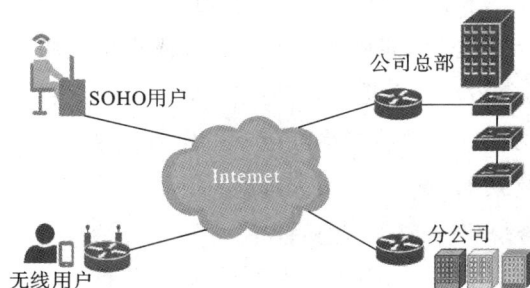

图 1-1　计算机网络

2. 计算机网络的基本功能

计算机网络是计算机技术与通信技术相结合的产物，它的应用范围不断扩大，功能也不断增强，主要包括为以下几个方面。

1）资源共享

现代计算机网络的主要目的是共享网络资源，包括：硬件资源，如大容量的硬盘、打印机等；软件资源，如各种网络应用软件等；数据资源，如文字、图形、图像、声音、视频等。

网络中的各种资源均可以根据不同的访问权限和访问级别，提供给入网的计算机用户共享使用，可以是全开放的，也可以按权限访问。即网络上用户都可以在权限范围内共享网络系统提供的共享资源。共享基于联网环境资源的计算机用户不受实际地理位置的限制。例如,客户端的用户可以在网络服务器上建立用户目录并将自己的数据文件存放到此目录下,也可以从服务器上读取共享的文件,还可以把打印作业送到网络连接的打印机上打印,当然也可以从网络中检索自己所需要的信息数据等。

在计算机网络中,如果某台计算机的处理任务过重,也就是太"忙"时,可通过网络将部分工作转交给较为"空闲"的计算机来完成,均衡使用网络资源。

资源共享使得网络中分散的资源能够为更多的用户服务,提高了资源的利用率,共享资源是组建计算机网络的重要目的之一。

2)数据通信

数据通信是计算机网络最基本的功能,它用来快速传输计算机与计算机之间的各种信息,包括文本、图形、图像、声音和视频信息等。利用这一特点,可实现将分散在不同地理位置的计算机用计算机网络连接起来,进行统一的调配、控制和管理。

利用计算机网络可以进行文件传送,作为仿真终端访问大型机,在异地同时举行网络会议,进行电子邮件的发送与接收,在家中办公或购物,从网络上欣赏音乐、电影、体育比赛节目等,还可以在网络上和他人进行聊天或讨论问题等。

3)分布式处理

在具有分布处理能力的计算机网络中,可以将任务分散到多台计算机上进行处理,由网络来完成对多台计算机的协调工作。对于处理较大型的综合性问题,可按一定的算法将任务分配给网络中不同计算机进行分布处理,提高处理速度,有效利用设备。这样,在以往需要大型机才能完成的大型题目,即可由多台微型机或小型机构成的网络来协调完成,而且运行费用大大降低,运行效率大大提高,还能保证数据的安全性、完整性和一致性。

采用分布处理技术,往往能够将多台性能不一定很高的计算机连成具有高性能的计算机网络,使解决大型复杂问题的费用大大降低。

4)实时控制和综合处理

利用计算机网络,可以完成数据的实时采集、实时传输、实时处理和实时控制,这在实时性要求较高或环境恶劣的情况下非常有用。另外通过计算机网络可将分散在各地的数据信息进行集中或分级管理,通过综合分析处理后得到有价值的数据信息资料。

1.2 计算机网络的演进

计算机网络是计算机技术与通信技术两个领域的结合,一直以来它们紧密结合,相互促进、相互影响,共同推进了计算机网络的发展。在科技发达的今天,计算机网络成为信息社会最重要的基础设施,并将构成人类社会的信息高速公路。

1837 年,美国的 Samuel F. B. Morse 和英国的 Charles Wheatstone、William Cooke 发明了电报。它利用一根导线传送字符信息,通过将每个字母规定成长短不同的电脉冲信号,并可以在导线另一端解读文字信息。

1876 年,Alexander Graham Bell 进一步实现了通过导线传送声音的功能,成功构造了第一个电话系统,通话质量非常出色,Bell 的助手可以清晰地听到消息"Mr. Watson, come here.",电话系统由此得到广泛的应用和发展。从此开辟了近代通信技术发展的历史。通信技术在人类生活和两次世界大战中都发挥了极其重要的作用。至今电话系统已经覆盖了全世界,电话通信成为人们日常生活的一部分。

1946 年诞生了世界上第一台电子数字计算机,从而开辟了向信息社会迈进的新纪元。由于它价格昂贵,有近十年左右的时间,它只是为少数的研究机构所拥有,进行科学计算工作,计算机与通信并没有发生多少联系。人们有计算的需要,就到计算机机房去使用计算机。这导致计算机长时间空置,昂贵的计算机资源被严重浪费。为了处理更多的运算,批量地处理任务,人们开始考虑通过借助传统的电话线路,使用终端(如电传打印机、收发器等)远程访问计算机,由此而发展出计算机网络的雏形——主机互联形式。

1. 主机互联

这种产生于 20 世纪 60 年代初期,基于主机(Host)之间的低速串行(serial)连接的联机系统是计算机网络的最初雏形。在这种早期的网络中,终端借助电话线路访问计算机,由于计算机发送/接收的为数字信号,电话线传输的是模拟信号,这就要求在终端和主机间加入调制解调器(Modem),进行模/数转换。

在这种联机系统中,计算机是网络的中心,同时也是控制者。这是一种非常原始的计算机网络,它的主要任务是通过远程终端与计算机的连接,提供应用程序执行、远程打印和数据服务等功能。

如图 1-2 所示,每个终端都必须使用调制解调器通过电话网进行连接。后来,随着远程终端的数量不断增加,通信的费用随之增加,为了降低电话通信的连接费用,人们通过在终端与调制解调器之间加一个集中器(Concentrator),集中器再通过调制解调器与计算机相连,节省了占用通信线路的费用和连接每个终端的调制解调器的数量。

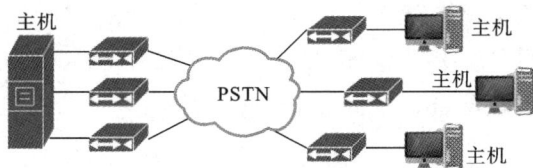

图 1-2　计算机与远程终端连接

20 世纪 60 年代,这种面向终端的计算机通信网获得很大的发展。IBM 的 SNA

(systems network architecture,系统网络体系结构)就是这种网络的典型例子。在这种网络中,SNA 网关提供终端到大型计算机的访问。SNA 是与 OSI(open system inter-connection reference model,开放系统互联参考模型)并行的一套网络总体架构。目前我国的很多银行网络采用的就是 SNA 结构。

但是,电话通信网络并不适合传送计算机或终端的数据。首先,用户所支付的通信线路费用是按占用线路的时间计算的,而在整个计费时间里,计算机的数据是突发式地和间歇性地出现在传输线路上。其次,由于计算机和各种终端的传送速率很不一样,在采用电话网进行数据的传输交换时,不同类型、不同规格、不同速率的终端很难相互进行通信。

因此,应该采用一些措施来适应这种情况。例如,不是使终端与计算机直接相连,而是使数据经过一些缓冲器暂存一下,经适当变换处理后再进行发送或接收。此外,计算机通信还要求非常可靠和准确无误地传送每一个比特。这就需要采取有效的差错控制技术。由此可见,必须寻找出新的适合于计算机通信的技术。

2. 局域网

20 世纪 70 年代,随着计算机体积、价格的下降,出现了以个人计算机为主的商业计算模式。商业计算的复杂性要求大量终端设备的资源共享和协同操作,导致对本地大量计算机设备进行网络化连接的需求,局域网(Local Area Network,LAN)由此产生了。

图 1-3　局域网

当今主流局域网技术——以太网(Ethernet)就是在此时期产生的。1973 年,Xerox 公司的 Robert Metcalfe 博士(以太网之父)提出并实现了最初的以太网。后来 DEC、Intel 和 Xerox 合作制定了一个产品标准,该标准最初以这三家公司名称的首字母命名,称为 DIX 以太网。其他流行的 LAN 技术还有 IBM 的令牌环网技术等。一个局域网的简单示意图如图 1-3 所示。局域网的出现,大大降低了商业用户高昂的成本。

3. 互联网

由于单一的局域网无法满足对网络的多样性要求,20 世纪 70 年代后期,广域网技术逐渐发展起来,以便将分布在不同地域的局域网互相连接起来。1983 年,ARPANET 采纳 TCP(Transmission Control Protocol,传输控制协议)和 IP(Internet Protocol,网际协议)协议作为其主要的 TCP/IP 协议簇,使大范围的网络互联成为可能。彼此分离的局域网被连接起来,形成互联网(Internet),如图 1-4 所示。

4. Internet

20 世纪 80 年代到 90 年代是网络互联发展时期。在这一时期,ARPANET 网络的规模不断扩大,包含了全球无数的公司、校园、ISP(Internet Service Provider)和个人用户,最终演变成延伸到全球每一个角落的因特网(Internet),如图 1-5 所示。1990 年,AR-

PANET 正式被 Internet 取代,退出了历史舞台。越来越多的机构、个人参与到 Internet 中来,使得 Internet 获得了高速发展。

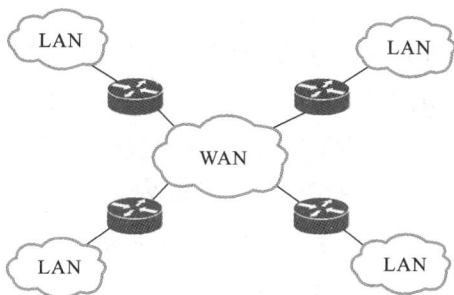

图 1-4 互联网

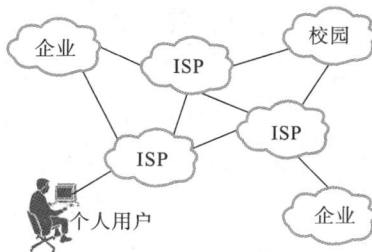

图 1-5 Internet

1.3 新时期计算机网络发展现状与趋势

1. 发展现状

1)光通信技术时代

光通信技术已有 30 年的历史。随着光器件、各种光复用技术和光网络协议的发展,光传输系统的容量已从 Mb/s 级跃迁到 Tb/s 级,提高了近 100 万倍。

光通信技术的发展主要有两个大的方向:一是主干传输向高速率、大容量的 OTN 光传送网发展,最终实现全光网络;二是接入向低成本、综合接入、宽带化光纤接入网发展,最终实现光纤到家庭和光纤到桌面。全光网络是指光信息流在网络中的传输及交换始终以光的形式实现,不再需要经过光/电、电/光变换,即信息从源节点到目的节点的传输过程中始终在光域内。

2)移动网络通信时代

从最初的 GSM 到现在的 4G、5G 技术,移动通信以其绝对的优势占据着网络通信的重要地位,同时也成为人们交流和互动的工具。

3)多媒体技术时代

多媒体技术以其直观性和形象性受到了人们的欢迎,它不仅能够实现人们之间信息的传输,而且还能够以视频、音频等方式进行展现,这也是计算机网络技术发展的一个新里程碑。

2. 发展趋势

1)网络整合大发展

把光通信技术、移动通信技术和多媒体信息技术进行有效整合,从而衍生出一种更加方便、快捷、信息处理能力更加强大的多元化的通信系统。

2）发展和完善

无线网络通信技术的发展和移动网络通信技术的完善工作肯定是要继续的,就如目前刚刚出现的5G,代替了之前的4G。5G系统以数据智联为基础,其高带宽、超低延迟、海量连接数和极强的移动性等特点使得5G应用前景非常广泛。5G系统最大的带宽达到10 Gb/s,是4G速率的100倍,可以满足高清视频、虚拟现实等大数据量传输;5G系统的时延由50 ms降低到1 ms,对未来工业控制、远程机器人控制、自动驾驶和车联网带来可能;5G系统海量的连接数量,可以实现精准管理和控制,满足物联网通信;5G时代,移动性由4G时期的300 km提高到500 km,就是在飞机上仍然可以享受网上购物。

新机遇带来了消费市场的变革,通过高清视频、浸入式游戏以及社交和电子商务的模式,使交互方式得到改变。产业互联网对车联网、智能制造、医疗、远程教育、智慧城市等垂直行业带来变革,使得移动终端成为泛智能化,不仅是手机,还有车联网和智能家居,都会使万物互联。今后还会迎来6G、7G等技术。

1.4　计算机网络的拓扑结构

计算机网络的拓扑机构,是指网络中的通信线路和节点间的几何排序,并用以标识网络的整体结构外貌,同时也反映了各组成模块之间的结构关系。它影响整个网路的设计、功能、可靠性、通信费用等方面,是计算机网络研究的主要内容之一。拓扑结构有很多种,主要有星型、总线型、环型、网状、树型和混合型等拓扑结构。

1. 星型拓扑结构

星型结构由一中心节点和一些与它相连的从节点组成,如图1-6所示。主节点可与从节点直接通信,而从节点之间必须经中心节点转接才能通信。星型结构一般有两类:一类是中心主节点为功能很强的计算机,它具有数据处理和转接双重功能,为存储转发方式,转接会产生时间延迟;另一类是中心节点仅起各从节点的连通作用。

星型结构网络的优点是:维护管理容易;重新配置灵活;故障隔离和检测容易;网络延迟时间较短。但其网络共享能力较差,通信线路利用率低,中心节点负荷太重。

2. 总线型拓扑结构

总线结构采用公共总线作为传输介质,各节点都通过相应的硬件接口直接连到总线,信号沿介质进行广播式传送,如图1-7所示。由于总线拓扑共享无源总线,通信处理为分布式控制,故入网节点必须具有智能,能执行介质访问控制协议。

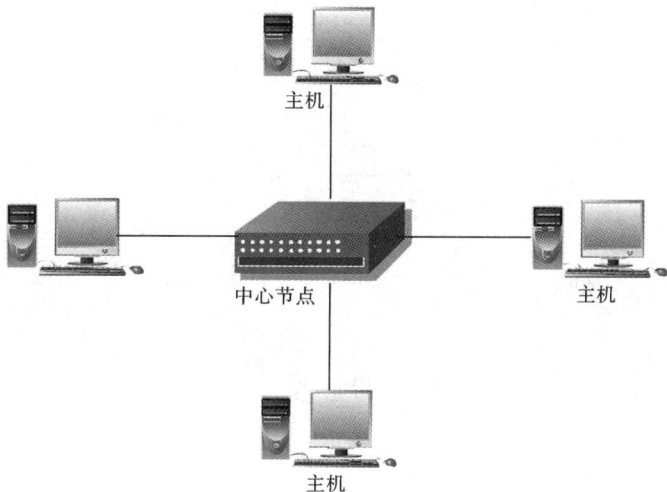

图 1-6　星型拓扑结构

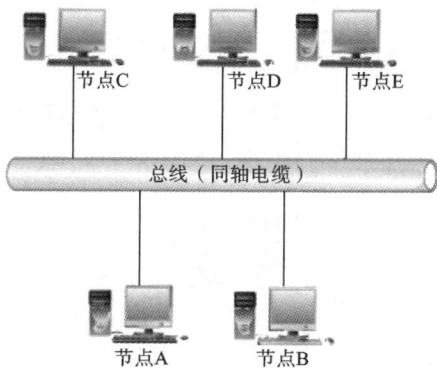

图 1-7　总线拓扑结构

总线型结构的特点是：结构简单灵活，非常便于扩充；可靠性高，网络响应速度快，设备量少，价格低，安装使用方便，共享资源能力强，便于广播工作，即一个节点发送，所有节点都可接收，但其故障诊断和隔离比较困难。

3. 环型拓扑结构

环型结构为一封闭环形，各节点通过中继器连入网内，各中继器间由点到点链路首尾连接，信息单向沿环路逐点传送，如图 1-8 所示。

环型结构网络的特点是：信息在网络中沿固定方向流动，两个节点间仅有唯一通路，大大简化了路径选择的控制。某个节点发生故障时，可以自动旁路，可靠性较高；由于信息是串行穿过多个节点环路接口，当节点过多时，影响传输效率，使网络响应时间变长。但当网络确定时，其延迟固定，另外由于环路封闭故扩充不方便。

4. 网状拓扑结构

网状结构又称为分布式结构，无严格的布点规定和构形，节点之间有多条线路可供

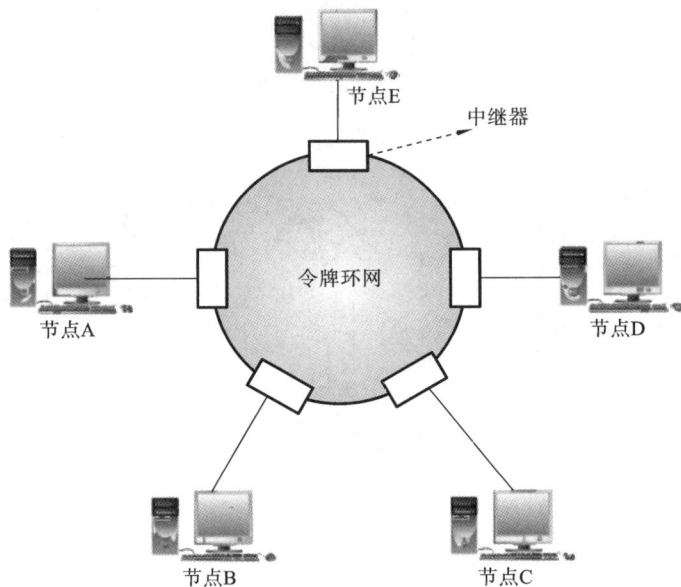

图 1-8　环型拓扑结构

选择，如图 1-9 所示。由于卫星和微波通信是采用无线电波传输的，因此就无所谓网络的构形，也可以看作是一种任意形和无约束的网状结构。

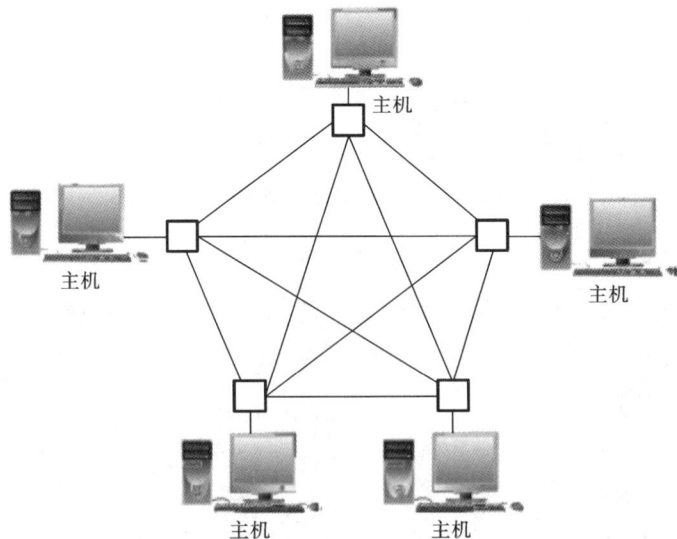

图 1-9　网状拓扑结构

在网状拓扑结构中，当某一线路或节点发生故障时不会影响整个网络的工作，具有较高的可靠性，而且资源共享方便。

由于各个节点通常和另外多个节点相连，故各个节点都应具有选路和流控制的功能，网络管理软件比较复杂，硬件成本较高。

5. 树型拓扑结构

树型结构是从总线型和星型拓扑结构演变过来的,形状像一棵倒置的树,顶端有一个带分支的根,每个分支还可延伸出子分支,如图1-10所示。其特点是综合了总线型与星型的优缺点。

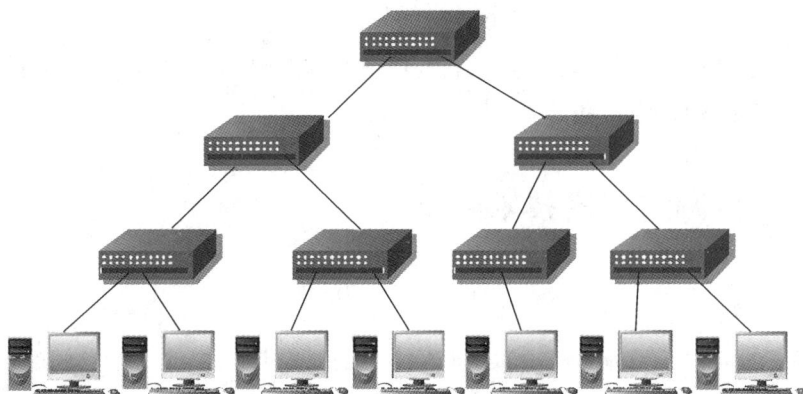

图1-10　树型拓扑结构

6. 混合型拓扑结构

多个不同拓扑结构类型网络互联组成混合型拓扑结构,如图1-11所示。

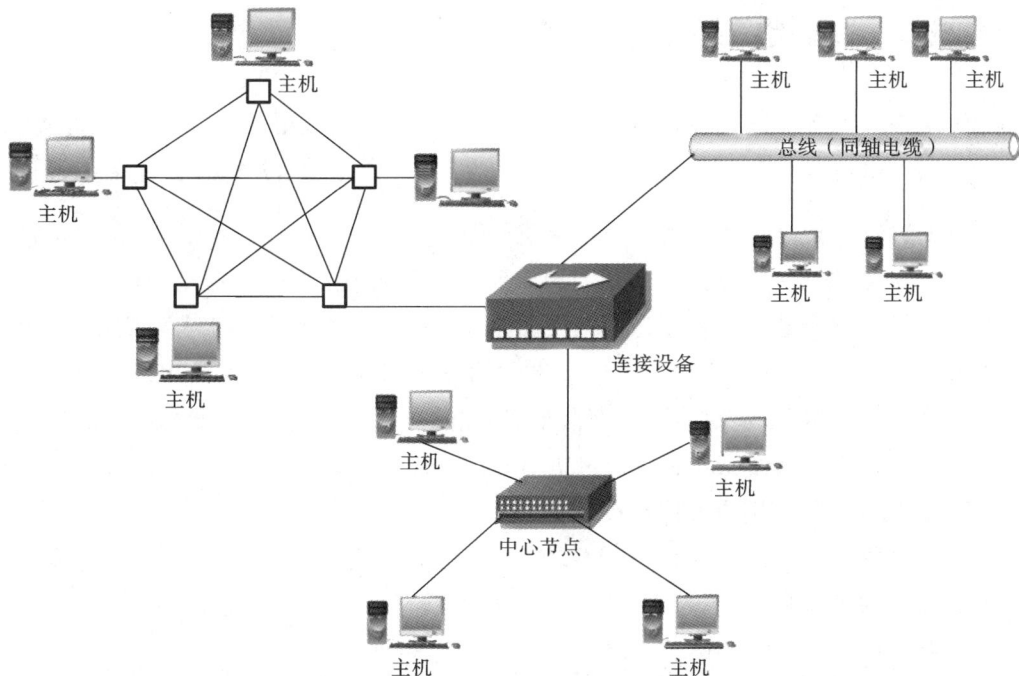

图1-11　混合型拓扑结构

1.5 计算机网络的分类

计算机网络有许多种分类方法,其中最常用的有三种分类依据,即网络的传输技术、网络的规模和网络的拓扑结构。

1.5.1 按网络传输技术分类

1. 广播网络

广播网络的通信信道是共享介质,即网络上的所有计算机都共享它们的传输通道。

2. 点到点网络

点到点网络也称为分组交换网,点到点网络使得发送者和接收者之间有许多条连接通道,分组要通过通信设备,而且每一个分组所经历的路径是不确定的。因此,路由算法在点到点网络中起着重要的作用。

1.5.2 按网络覆盖范围分类

计算机网络按照网络的覆盖范围分,可以分为局域网(Local Area Network,LAN)、城域网(Metropolitan Area Network,MAN)和广域网(Wide Area Network,WAN)。

1. 局域网

局域网通常指几千米范围以内的,可以通过某种介质互联的计算机、打印机或其他设备的集合。局域网连接的是小范围内的计算机,系统覆盖半径从几米到几千米,覆盖范围局限在房间、大楼或园区内。一个局域网为一个组织所有,常用于连接公司办公室或企业内的个人计算机和工作站,以便共享资源和交换信息。传统局域网的传输速率为$10\sim100$ Mb/s,传输延迟(几十微秒),出错率低。而新的局域网传输速率可超过 10 Gb/s。局域网与其他网络的区别主要体现在以下几个方面:

(1) 网络所覆盖的物理范围;

(2) 网络的拓扑结构;

(3) 网络所使用的传输技术。

由于局域网分布范围极小,一方面容易管理与配置,另一方面容易构成简洁规整的拓扑结构,加上网络延迟小、数据传输速率高、传输可靠、拓扑结构灵活的优点,使之得到广泛的应用,成为实现有限区域内信息交换与共享的典型有效的途径。

2. 城域网

城域网覆盖范围为中等规模,介于局域网和广域网之间,通常是在一个城市内的网络连接(距离为 10 km 左右)。目前城域网建设主要采用 IP 技术和 ATM 技术,宽带 IP 城域网是根据业务发展和竞争的需要而建设的城市范围内(可能包括所辖的县区等)的宽带多媒体通信网络,是宽带骨干网络(如中国电信 IP 骨干网络、联通骨干 ATM 网络等)在城市范围内的延伸。城域网作为本地公共信息服务平台的组成部分,负责承载各种多媒体业务的需求,因此,宽带 IP 城域网必须是可管理、可扩展的电信运营网络。

城域网划分为"城域网城域部分"和"城域网接入部分"。城域网城域部分为运营商网络,由运营商统一规划与建设,又可分为城域核心层和城域汇聚层。城域核心层主要完成城域网内部信息的高速转发,实现与其他网络的互联互通,而城域汇聚层主要完成信息的汇聚与分发。

城域网接入部分可由运营商、企业、建筑商以及物业管理部门建设,其不仅仅提供传统意义上的接入功能,还可能需要向用户提供本地业务。城域网接入部分又分为接入汇聚层和用户接入层,接入汇聚层完成信息的汇聚与分发,实现用户管理、城域网接入部分的业务提供、计费等功能,而用户接入层为用户提供具体的接入手段。

3. 广域网

广域网是连接不同地区局域网或城域网的远程网络。通常跨接很大的物理范围,所覆盖的范围从几十千米到几千千米,它能连接多个地区、城市和国家,或横跨几个洲并能提供远距离通信,形成国际性的远程网络。广域网通常由专门负责公共数据通信的机构提供。它的特点可以归纳为:

(1) 覆盖范围广,可以形成全球性网络,如广域网是 Internat 的核心部分。

(2) 数据传输率高,连接广域网各节点交换机的链路一般都是高速链路,具有较大的通信容量。

(3) 通信线路一般使用电信部门的公用线路或专线,如公用电话网(PSTN)、综合业务网(ISDN)、DDN、ADSL 等。

1.5.3　按网络的拓扑结构分类

网络中各个节点相互连接的方法和形式成为网络拓扑。按照网络的拓扑结构,网络可分成总线型、星型、环型、树型和混合型等网络。

1.5.4　其他网络分类方法

(1) 按网络控制方式,计算机网络可分为分布式和集中式两种网络。

（2）按信息交换方式，计算机网络可分为分组交换网、报文交换网、电路交换网和综合业务数字网等。

（3）按网络环境，计算机网络分成企业网、园区网和校园网等。

（4）计算机网络还可按通信速率分为 3 类：低速网、中速网和高速网。

① 低速网的数据传输速率为 300 b/s～1.4 Mb/s，系统通常是借助调制解调器利用电话网来实现的。

② 中速网的数据传输速率为 1.5～45 Mb/s，这种系统主要是传统的数字式公用数据网。

③ 高速网的数据传输速率为 50～1000 Mb/s。信息高速公路的数据传输速率将会更高，ATM 网的传输速率为 2.5 Gb/s。

（5）按网络配置分类，这主要是对客户机/服务器模式的网络进行分类。

在这类系统中，根据互联计算机在网络中的作用可分为服务器和工作站两类。于是，按配置的不同，计算机网络可分为同类网、单服务器网和混合网，几乎所有这种客户机/服务器模式的网络都是这三种网络中的一种。网络中的服务器是指向其他计算机提供服务的计算机，工作站是接收服务器提供服务的计算机。

（6）按照传输介质带宽，计算机网络可分为基带网络和宽带网络。数据的原始数字信号所固有的频带（没有加以调制的）叫基本频带，或称基带。这种原始的数字信号称为基带信号。数字数据直接用基带信号在信道中传输，称为基带传输，其网络称为基带网络。基带信号占用的频带宽，往往独占通信线路，不利于信道的复用，且抗干扰能力差，容易发生衰减和畸变，不利于远距离传输。把调制的不同频率的多种信号在同一传输线路中传输称为宽带传输，这种网络称为宽带网。

（7）按网络协议，计算机网络可分为以太网（Ethernet）、令牌环网（Token Ring）、光纤分布式数据接口网络（FDDI）、X.25 分组交换网络、TCP/IP 网络、系统网络架构（System Network Architecture，SNA）网络、异步转移模式（ATM）网络等。Ethernet、Token Ring、FDDI、X.25、TCP/IP、SNA 等都是访问传输介质的方法或网络采用的协议。

1.6　计算机网络的基本组成

计算机网络技术包括计算机软、硬件技术，网络系统结构技术以及通信技术等内容。

按网络的物理组成，计算机网络是由若干计算机（服务器、客户机）及各种通信设备通过电缆、电话线等通信线路连接组成；按数据通信和数据处理的功能，计算机网络是由内层通信子网和外层资源子网组成。通信子网由通信设备和通信线路组成，承担全网的数据传输、交换、加工和变换等通信处理工作。资源子网由网上的用户主机、通信子网接口设备和软件组成,用于数据处理和资源共享。

1. 计算机网络的系统组成

计算机网络要完成数据处理与数据通信两大基本功能,因此从逻辑功能上一个计算机网络分为两个部分:负责数据处理的计算机与终端;负责数据通信的通信控制处理机与通信链路。从计算机网络系统组成的角度来看,典型的计算机网络从逻辑功能上可以分为资源子网和通信子网两部分。从计算机网络功能角度讲,资源子网是负责数据处理的子网,通信子网是负责数据传输的子网。一个典型的计算机网络组成如图1-12所示。

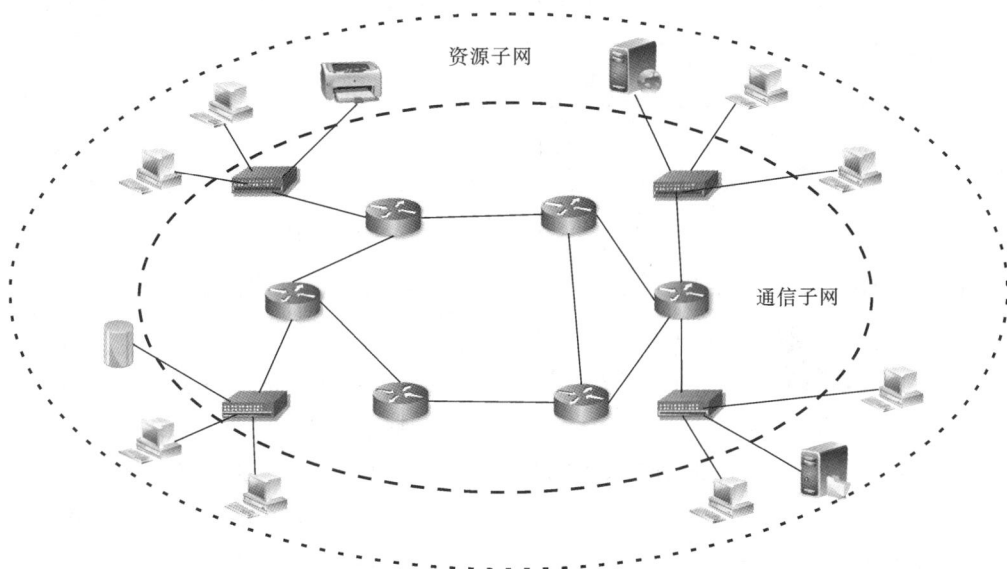

图1-12 计算机网络的基本组成

1)资源子网

资源子网由主机、终端、终端控制器、联网外设、各种软件资源与信息资源组成。资源子网的主要任务是:提供资源共享所需的硬件、软件及数据等资源,提供访问计算机网络和处理数据的能力。

网络中的主机可以是大型机、中型机、小型机、工作站或微型机。主机是资源子网的主要组成单元,它通过高速通信线路与通信子网的控制处理机相连接。普通的用户终端通过主机接入网内,主机要为本地用户访问网络其他主机设备与资源提供服务,同时要为网络中远程用户共享本地资源提供服务。随着微型机的广泛应用,接入计算机网络的微型机数量日益增多,它可以作为主机的一种类型直接通过通信控制处理机接入网内,也可以通过联网的大、中、小型计算机系统间接接入网内。

终端控制器连接一组终端,负责这些终端和主机的信息通信,或直接作为网络节点。

终端是直接面向用户的交互设备,可以是由键盘和显示器组成的简单的终端,也可以是微型计算机系统。

计算机外设主要是网络中的一些共享设备,如大型的硬盘机、高速打印机、大型绘图仪等。

2) 通信子网

通信子网由通信控制处理机、通信线路、信号变换设备及其他通信设备组成,完成数据的传输、交换以及通信控制,为计算机网络的通信功能提供服务。

通信控制处理机在通信子网中又被称为网络节点。它一方面作为与资源子网的主机、终端连接的接口,将主机和终端接入网内;另一方面它又作为通信子网中的分组存储转发节点,完成分组的接收、校验、存储和转发等功能,实现将源主机分组准确发送到目的主机的作用。

通信线路为通信控制处理机与通信控制处理机、通信控制处理机与主机之间提供通信信道。计算机网络采用了多种通信线路,如电话线、双绞线、同轴电缆、光纤、无线通信信道、微波与卫星通信信道等。

信号变换设备的功能是对信号进行变换以适应不同传输媒介的要求。这些设备一般有将计算机输出的数字信号变换为电话线上传送的模拟信号的调制解调器、无线通信接收和发送器、用于光纤通信的编码解码器等。

另外,计算机网络还应具有功能完善的软件系统,支持数据处理和资源共享功能。同时为了在网络各个单元之间能够进行正确的数据通信,通信双方必须遵守一致的规则或约定,如数据传输格式、传输速度、传输标志、正确性验证、错误纠正等,这些规则或约定称为网络协议。不同的网络具有不同的网络协议。同一网络根据不同的功能又有若干协议,组成该网络的协议组。

2. 计算机网络的组成部分

1) 服务器

服务器是一台高性能计算机,用于网络管理、运行服务程序、处理各网络工作站成员的信息请求等,并连接一些外部设备(如打印机、CD-ROM 等)。根据其作用的不同,服务器可分为文件服务器、应用程序服务器、通信服务器和数据库服务器等。

2) 客户机

客户机也称工作站,连入网络中的由服务器进行管理和提供服务的任何计算机都属于客户机,其性能一般低于服务器。个人计算机接入 Internet 后,在获取 Internet 服务的同时,其本身就成为一台 Internet 上的客户机。

3) 网络适配器

网络适配器也称网卡,在局域网中用于将用户计算机与网络相连,大多数局域网采用以太(Ethernet)网卡。

4）网络传输介质

网络传输介质用于网络设备之间的通信连接，常用的网络传输介质有双绞线、同轴电缆、光缆和无线介质等。

5）网络操作系统

网络操作系统（NOS）是用于管理的核心软件。在目前网络系统软件市场上，常用的网络系统软件有 UNIX 系统（如 IBM AIX、Sun Solaris、HPUX 等）、PC UNIX 系统（SCO UNIX、Solaris X86 等）、Novell NetWare、Windows NT、Apple Macintosh、Linux 等。UNIX 因其悠久的历史、强大的通信和管理功能以及可靠的安全性等特性得到较为普遍的认可。Windows NT 则利用价格优势、友好的用户界面、简易的操作方式和丰富的应用软件等特性，在短短几年的时间内就在小型网络系统市场竞争中脱颖而出。由于 Windows NT 有较好的扩展性、优良的兼容性、易于管理和维护，故小型网络系统平台通常均选用它。

6）协议

协议是网络设备之间进行互相通信的语言和规范。常用的网络协议有以下几种。

（1）TCP/IP 协议：TCP（transmission control protocol，传输控制协议）和 IP（Internet protocol，网间协议）是当今最通用的协议之一，TCP/IP 是互联网中使用的基本的通信协议。虽然从名字上看 TCP/IP 包括两个协议，但它实际上是一组协议，包括上百个各种功能的协议，如远程登录、文件传输和电子邮件等，而 TCP 协议和 1P 协议是保证数据完整传输的两个基本的重要协议。通常说 TCP/IP 是指 Internet 协议族，而不单单是指 TCP 和 IP。

（2）IPX/SPX 网络协议：是指 IPX（Internetwork packet exchange，网间数据包交换协议）和 SPX（sequenced packet exchange，顺序包交换协议），其中，IPX 协议负责数据包的传送；SPX 负责数据包传输的完整性。

（3）NetBEUI 协议：是指 NetBEUI（NetBIOS extended user Interface，NetBIOS 扩展用户接口）是对 NetBIOS（Network basic input/output system，网络基本输入/输出系统）的一种扩展，NetBEUI 协议主要用于本地局域网中，一般不能用于与其他网络的计算机进行沟通。

（4）万维网（WWW）协议：WWW 是 World Wide Web（环球信息网）的缩写，也可以简称为 Web，中文名字为万维网。把万维网页面传送给浏览器的协议是 HTTP（hypertext transport protocol，超文本传送协议）。从技术角度上说，环球信息网是 Internet 上那些支持 WWW 协议和 HTTP 协议的客户机与服务器的集合，透过它可以存取世界各地的超媒体文件，内容包括文字、图形、声音、动画、资料库以及各式各样的软件。

7）客户软件和服务软件

客户机（网络工作站）上使用的应用软件通称为客户软件，它用于应用和获取网络上的共享资源。用在服务器上的服务软件则使网络用户可以获取服务器上的各种服务。

1.7 衡量计算机网络的主要性能指标

性能指标从不同的方面来衡量计算机网络的优劣,计算机网络主要的性能指标有传输速率、带宽、吞吐量、延迟和利用率等。

1. 传输速率

比特(bit)是计算机中数据存储的最小单位,也是信息论中使用的信息量的单位。bit全称 binary digit,意思是一个"二进制数字",因此一个比特就是二进制数中的一个 0 或 1。计算机网络中的传输速率是指计算机在单位时间内往通信信道上传送比特数,速率的单位为 bit/s(比特每秒),有时写作 b/s 或 bps(bit per second)。日常使用过程中,往往省略单位中的 b/s,如 100M 网络表示传输速率为 100 Mb/s 的网络。

在计算机网络中,传输速率常用的单位及换算如下:

(1) 1 Kb/s$=2^{10}$ b/s$=1024$ b/s(或 K$=10^3$ 称为"千");

(2) 1 Mb/s$=2^{10}$ kb/s$=1024$ kb/s(或 M$=10^6$ 称为"兆");

(3) 1 Gb/s$=2^{10}$ Mb/s$=1024$ Mb/s(或 G$=10^9$ 称为"吉");

(4) 1 Tb/s$=2^{10}$ Gb/s$=1024$ Gb/s(或 T$=10^{12}$ 称为"特")。

2. 带宽

"带宽(bandwidth)"一词原指模拟信号的频带范围,单位为赫兹(Hz),而在计算机网络中主要传输的是数字信号,在计算机网络中,仍然沿用了"带宽"一词,但表示的意义为单位时间内从网络中一个节点到另外一个节点所能通过的"最高传输速率",单位为 b/s。

3. 吞吐量

吞吐量(throughput)表示在单位时间内通过某个网络接口(或信道)的数据量,吞吐量经常用作对实际网络的一种测量,单位为 b/s。吞吐量往往小于网络的带宽。

4. 时延

时延(delay)是指数据从网络的发送端到接收端所需要的时间。计算机网络时延主要包括处理时延、发送时延和传播时延三部分,计算机网络时延的组成如图 1-13 所示。

1) 处理时延

处理时延主要包括网络节点中数据排队和处理花费的时间,计算机中数据以并行的方式传输,计算机网络中信号以串行的方式进行传输,因此需要将并行的数据发往串行信道上,需要进行排队处理。另外数据分组到达每个网络节点一般需要提取分组的首部,分析首部中的控制部分和数据部分,如对收到的数据进行差错检验、查找合适的路径

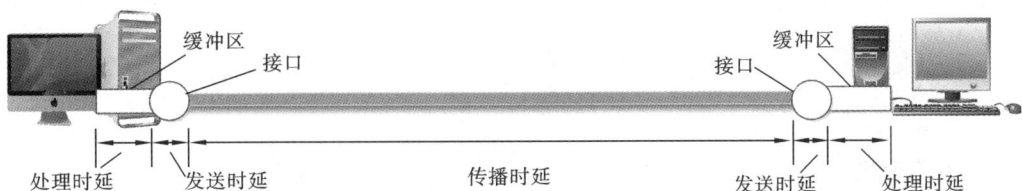

图 1-13 计算机网络时延的组成

等产生的延迟。

2）发送时延

发送时延是指网络中各主机和通信设备通过接口将数据编码成电磁信号发送到链路上所需要的时间的总和，接口的发送时延为：发送时延＝数据长度（bit）/接口的带宽（b/s）。

3）传播时延

传播时延是指电磁信号在信道中传播所需要时间的总和。信道上的传播时延为：传播时延＝信道长度（m）/电磁信号在信道中传播速度（m/s）。电磁信号的理想传播速度为光速（3.0×10^5 km/s），在传输介质中比理想传播略低一些，例如，在铜线中的传输速度为 2.3×10^5 km/s，在光纤中的传播速度为 2.0×10^5 km/s。

综上所述，总时延＝总处理时延＋总发送时延＋总传播时延。处理时延在特定的网络中受计算机和通信设备的性能影响，处理时延无法人为控制，发送时延与接口带宽成反比，即随着带宽的增加，发送时延随之减少，在特定的计算机网络中，无法改变网络的传播时延。因此，我们一般只能通过增加接口（信道）的带宽来减少网络时延。

5．利用率

利用率有信道利用率和网络利用率等。信道利用率是指某信道有百分之几的时间是被利用的（有数据通过）。完全空闲的信道利用率是零。网络利用率则是全网络的信道利用率的加权平均值。信道利用率并非越高越好。这是因为，根据排队论，当某信道的利用率增大时，该信道引起的时延也迅速增加。信道或网络的利用率过高会产生非常大的时延。当网络的利用率达到 1/2 左右时，时延会急剧增加，接近 1

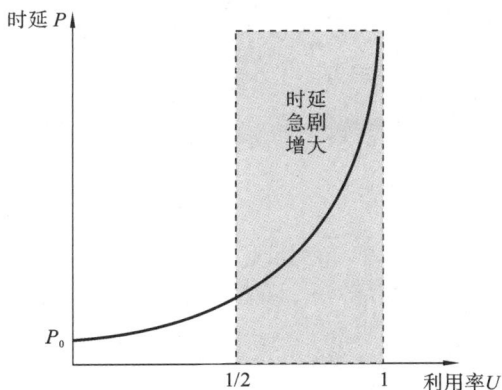

图 1-14 时延与利用率的关系

时，网络的时延趋于无穷大，因此，网络利用率控制在 1/2 之内，如果超过 1/2，就要准备扩容，增加信道的带宽。网络时延 P 与利用率 U 之间的关系如图 1-14 所示。

习题 1

学生扫码做题

第2章
数据通信技术

　　现代社会正经历着信息技术的迅猛发展,通信技术、计算机技术等现代通信技术的发展与融合,扩宽了信息的传递和应用范围,使人们随时随地地获取和交换信息成为可能。尤其随着网络的普及,通信系统已成为现代文明的标志之一,是现代社会必不可少的组成元素,对人们日常生活、社会活动及发展将起到更加重要的作用。通信系统正变得越来越复杂,学习通信系统和通信网的基本概念,是掌握计算机网络技术的基础。

2.1 数据通信的基本概念

数据通信(data communication)是指在计算机之间、计算机与终端以及终端与终端之间传送表示字符、数字、语音、图像的二进制代码0、1比特序列的过程。数据通信系统是由计算机、远程终端和数据电路以及有关通信设备组成的一个完整系统。任何一个远程信息处理系统或计算机网络都必须实现数据通信与信息处理两方面的功能,前得为后者提供信息传输服务,而后者则是在利用前者提供的服务基础上实现系统的应用。

2.1.1 数据、信息和信号

数据通信的目的是传递信息,信息的载体可以是数字、文字、语音、图形或图像等,计算机产生的信息一般是数字、文字、语音、图形或图像的组合。为了传送这些信息,首先要将数字、文字、语音、图形或图像用二进制代码的数据(数字数据)来表示。因此,在数据通信技术中,数据(data)、信息(information)与信号(signal)是十分重要的概念。

1. 数据

对于数据通信来说,被传输的二进制代码称为"数据";数据是信息的载体。数据涉及对事物的表示形式,是通信双方交换的具体内容。数据通信的任务就是要传输二进制代码比特序列,而不需要解释代码所表示的内容。

数据又分为模拟数据和数字数据。模拟数据的取值是连续的(现实生活中的数据大多是连续的,如人的语音强度、电压高低);数字数据的取值只在有限的离散的点上取值(如计算机输出的二进制数只有"0"和"1"两种状态)。数字数据比较容易存储、处理和传输,模拟数据经过处理也很容易变成数字数据,这就是为什么人们要从模拟电视系统发展到数字电视系统的原因。当然,数字数据传输也有它的缺点,如系统庞大、设备复杂,所以在某些需要简化设备的情况下,模拟数据传输还会被采用。

2. 信息

信息是数据的内涵,信息需要通过数据表示出来,涉及对数据所表示内容的解释。信息的载体可以是数字、文字、语音、图形或图像。计算机产生的信息一般是字母、数字、符号的组合。为了传送这些信息,首先要将每一个字母、数字或符号用二进制代码表示。

信息作为一种社会资源,古来有之,现代社会中信息更是多而复杂。但借助计算机才能更有效地接收、传递、加工与利用信息资源。由于计算机具有快速、高效、智能化、存储记忆和自动处理等一系列的特点，在信息化社会中，对信息的采集、加工、处理、存储、检索、识别、控制和分析都是离不开计算机的。

3. 信号

信号是数据在传输过程中的电磁波的表示形式。在数据通信中，信息被转换为适合在通信信道上传输的电磁编码或光编码。这种在信道上传输的电/光编码称为信号。按照在传输介质上传输的信号类型，信号可以分为模拟信号和数字信号两类。

模拟信号（analog signal）是指信号的幅度随时间呈连续变化的信号。普通电视里的图像和语音信号是模拟信号。普通电话线上传送的电信号是随着通话者的声音大小的变化而变化的，这个变化的电信号无论在时间上或是在幅度上都是连续的，这种信号也是模拟信号。模拟信号无论在时间和幅值上均是连续变化的，它在一定的范围内可能取任意值。图 2-1 所示的为模拟信号的一个例子。

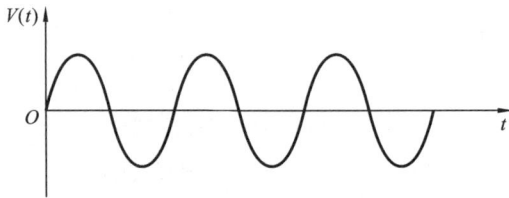

图 2-1　模拟信号示例

数字信号（digital signal）是在时间上不连续的、离散性的信号，一般由脉冲电压 0 和 1 两种状态组成。数字脉冲在一个短时间内维持一个固定的值，然后快速变换为另一个值。数字信号的每个脉冲被称为一个二进制数或位，一位有 0 和 1 两种可能的值，连续 8 位组成一个字节。图 2-2 所示的为数字信号的一个例子。

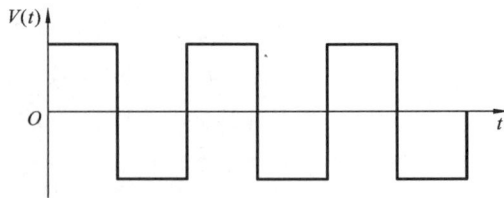

图 2-2　数字信号示例

2.1.2　数据通信系统的组成

通信系统中产生和发送信息的一端称为信源，接收信息的一端称为信宿，信源和信宿之间的通信线路称为信道。信息进入信道时要变换为适合信道传输的形式，在进入信宿时又要变换为适合信宿接收的形式。信道的物理性质不同，对信道的速率和传输质量的影响也不同。另外,信息在传输过程中可能会受到外界的干扰,把这种干扰称为噪声。不同的物理信道受各种干扰的影响不同。通信系统模型包括五个基本组件:信源、发送器、信道(噪声)、接收器和信宿。把除去两端设备的部分称为信息传输系统,如图 2-3 所示。

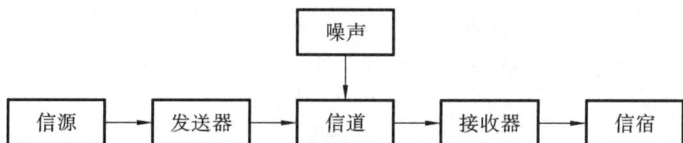

图 2-3　通信系统的基本模型

1. 信源和信宿

信源就是信息的发送端,是发出待传送信息的人或设备;信宿就是信息的接收端,是接收所传送信息的人或设备。大部分信源和信宿都是计算机或其他数据终端设备(data terminal equipment,DTE)。

2. 信道

信道是通信双方以传输介质为基础的传输信息的通道,它是建立在通信线路及其附属设备(如收发设备)上的。该定义似乎与传输介质一样,但实际上两者并不完全相同。一条通信介质构成的线路上往往包含多个信道。

信道本身也可以是模拟或数字方式的,用于传输模拟信号的信道称为模拟信道,用于传输数字信号的信道称为数字信道。模拟信道只能传输模拟信号,数字信道只能传输数字信号。因此,数字信号要想通过模拟信道,必须先将数字信号转换成模拟信号。

3. 发送设备和接收设备

发送设备的作用是将信源发出的信息变换成适合在信道上传输的信号。对应不同的信源和信道,发送设备有不同的组成和变换功能。发送设备可以是编码器或调制器,接收设备相对应的就是译码器或解调器。

编码器的功能是把信源或其他设备输入的二进制数字序列作相应的变换,使之成为其他形式的数字信号或不同形式的模拟信号。编码的目的有二个:一是将信源输出的信息变换后便于在信道上有效传输,此为信源编码;二是将信源输出的信息或经过信源编码后的信息再根据一定规则加入一些冗余码,以便接收设备能够正确识别信号,降低信号在传输过程中可能出现差错的概率,提高信息传输的可靠性,此为信道编码。译码器是在接收端完成编码的反过程。

调制器把信源或编码器输出的二进制脉冲信号变换(调制)成模拟信号,以便在模拟信道上进行远距离传输;解调器的作用是把接收端接收的模拟信号还原为二进制脉冲数字信号。

由于网络中绝大多数信息都是双向传输的,所以在大多数情况下,信源也作信宿,信宿也作信源;编码器也具有译码功能,译码器也应能编码,因此合并通称为编码译码器。同样调制器也能解调,解调器也可调制,因此合并通称为调制解调器。

4. 噪声

一个通信系统客观上是不可避免地存在着噪声干扰的,而这些干扰分布在数据传输过程的各个部分。为分析或研究问题方便,通常把它们等效为一个作用于信道上的噪声。

2.1.3 通信信道的分类

信道是数据信号传输的必经之路,它一般由传输线路和传输设备组成。

1. 物理信道和逻辑信道

物理信道是指用来传送信号或数据的物理通路,它由传输介质及有关通信设备组成。逻辑信道也是网络上的一种通路,在信号的接收和发送之间不仅存在一条物理上的传输介质,而且在此物理信道的基础上,还在节点内部实现了其他"连接",通常把这些"连接"称为逻辑信道。因此,同一物理信道上可以提供多条逻辑信道;而每一逻辑信道上只允许一路信号通过。

2. 有线信道和无线信道

根据传输介质是否有形,物理信道可以分为有线信道和无线信道。有线信道包括电话线、双绞线、同轴电缆、光缆等有形传输介质。无线信道包括无线电、微波、卫星通信信道、激光和红外线等无形传输介质。

3. 模拟信道和数字信道

按照信道中传输数据信号类型的不同,物理信道又可以分为模拟信道和数字信道。模拟信道中传输的是模拟信号,而在数字信道中直接传输的是二进制数字脉冲信号。如果要在模拟信道上传输计算机直接输出的二进制数字脉冲信号,则需要在信道两边分别安装调制解调器,对数字脉冲信号和模拟信号进行调制或解调。

4. 专用信道和公共交换信道

按照信道的使用方式,物理信道又可以分为专用信道和公共交换信道。专用信道又称专线,这是一种连接用户之间设备的固定线路,它可以是自行架设的专门线路,也可以是向电信部门租用的专线。专用线路一般用在距离较短或数据传输量较大的场合。公共交换信道是一种通过公共交换机转接,为大量用户提供服务的信道。顾名思义,采用公共交换信道时,用户与用户之间的通信,通过公共交换机到交换机之间的线路转接。公共电话交换网就属于公共交换信道。

2.1.4 通信信道的特性

1. 信道带宽

模拟信道的带宽如图 2-4 所示,信道的带宽 $W = f_2 - f_1$,其中 f_1 是信道能通过的最低频率,f_2 是信道能通过的最高频率,两者都是由信道的物理特性确定的。信道一旦建立,信道的带宽就确定了,为了使信号传输中失真小些,信道要有足够的带宽。

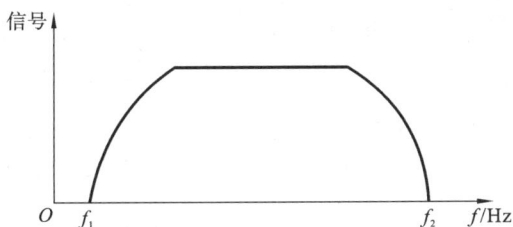

图 2-4 模拟信道的利用率

数字信道是一种离散信道,它只能传送取离散值的数字信号。信道的带宽决定了信道中能不失真地传输的脉冲序列的最高速率。一个数字脉冲称为一个码元,用码元率表示单位时间内通过信号波形的个数,即单位时间内通过信道传输的码元的个数。码元速率的单位为波特(Baud),所以码元速率也叫波特率。早在 1924 年,贝尔实验室的研究员亨利·奈奎斯特(Harry Nyquist)就推导出了有限带宽无噪声信道的极限波特率,称为奈奎斯特定理。若信道带宽为 W,则奈奎斯特定理指出,最大码元速率为:$B = 2W$(Baud)。奈奎斯特定理确定的信道容量也做奈奎斯特极限,这是由信道的物理特性决定的。

码元携带的信息量由码元取的离散值个数决定的。若码元取两个离散值,则一个码元携带 1 位比特。若码元取 4 种离散值,则一个码元携带 2 位比特。总之,一个码元携带的信息量 n(位)与码元的种类数 N 的关系:$n = \log_2 N (N = 2^n)$。

单位时间内在信道上传送的信息量(位数)称为数据速率。在一定的波特率下提高速率的途径是用一个码元表示更多的位数。如果把 2 位编码为一个码元,数据速率可成倍提高。计算公式为:$R = B\log_2 N = 2W\log_2 N$(b/s),其中,$R$ 表示数据速率,单位为 b/s。

【例 2-1】 在无噪声情况下,若某通信链路的带宽为 6 kHz,采用 4 个相位,每个相位具有 4 种振幅的 QAM 调制技术,求该通信链路的最大数据传输速率。

解 依题意,某通信链路的带宽 $W = 6$ kHz;采用 4 个相位,每个相位具有 4 种振幅的 QAM 调制技术,则信号状态个数共有 $N = 4 \times 4 = 16$ 种。一种状态携带比特个数为 $n = \log_2 N = 4$。在无噪声情况下,根据奈奎斯特定理可知信道最大码元速率,即 $B = 2W = 2 \times 6 \times 10^3$ Baud $= 12 \times 10^3$ Baud。所以,该信道链路的最大数据传输速率 $C_{max} = nB = 4 \times 12 \times 10^3$ b/s $= 48000$ b/s $= 48$ Kb/s。

数据速率和波特率是两个不同的概念。仅当码元取两个离散值时两者的数值才相等。对于普通电话线路,带宽为 3000 Hz,最高波特率为 6000 Baud,而最高数据速率可随着调制方式的不同而取不同的值。这些都是在无噪声的理想情况下的极限值。实际信道会受到各种噪声的干扰,因而远远达不到奈奎斯特定理计算出的数据传送速率。香农(Shannon)的研究表明,有噪声信道的极限数据速率的计算公式:$C=W\log_2(1+S/N)$,这个公式称为香农定理,其中,W 为信道带宽,S 为信号的平均功率,N 为噪声平均功率,S/N 称为信噪比。由于在实际使用中 S 和 N 的比值太大,故常取其分贝数(dB)。

分贝与噪声比的关系为:$dB=10\lg(1+S/N)$。

【例 2-2】 信道带宽为 3000 Hz,信噪比为 30 dB,求信道最大数据速率。

解 信噪比为 30 dB,则 $30=10\lg S/N$,即 $S/N=1000$。

根据香农公式,信道最大数据速率为

$$C_{\max}=W\log_2(1+S/N)=3000\times\log_2(1+1000)\ \text{b/s}\approx30000\ \text{b/s}=30\ \text{Kb/s}$$

2. 误码率

在有噪声的信道中,数据速率的增加意味着传输中出现差错的概率增加。用误码率来表示传输二进制位时出现差错的概率。误码率的计算公式为

$$P_e=N_e(\text{出错的位数})/N(\text{传送的总位数})$$

在计算机网络中,误码率一般要求低于 10^{-6},即平均每传送 1 兆位才允许错 1 位。在误码率低于一定的数值时,可以用差错控制的办法进行检错和纠错。

3. 信道延迟

信号在信道中传播,从信源到达信宿需要一定的时间。这个时间与信源和信宿之间的距离有关,也与具体信道中信号传播速度有关。信道延迟的计算公式:$T=S/C$,其中 T 为信道延迟,S 为信源和信宿之间网络通信线路的最大长度,C 为信号在信道中传播速度。电信号传播速度一般以接近光速(300 m/μs),但随传输介质的不同而略有差别,如电缆中信号传播速度为光速的 77%,即 200 m/μs 左右。

2.2 数据通信方式

在数据通信系统中,数据的传输方式不是唯一的,不同的传输方式使用的范围不同。

2.2.1 串行传输和并行传输

数据传输方式有并行传输和串行传输两种。并行传输一般是一次同时传送一个字

节,即 8 位同时进行传输。实际上只要同时传输 2 位或 2 位以上数据时,就称为并行传输。串行传输是一次只传输 1 位,如有 8 位数据要发送,则至少需传输 8 次。

并行传输的传输速率高,适用于近距离、要求快速传输数据的地方,在传输距离较远时,一般不采用并行传送方式。因为并行传输各数据线间容易受电磁干扰而导致数据传输错误,而且随着线路的增长,错误也会增加。串行传送的传输速率虽然低,但可以节省通信线路的投资,是网络中普遍采用的方式。由于计算机内部操作一般采用并行方式,当数据通信系统采用串行传输时,信源要通过并/串转换装置将并行数据变为串行数据,再送到信道上传送,在信宿通过串/并转换装置还原为并行数据。在网络中,这种数据的并/串相互转换是由网卡来完成的。

1. 串行传输的特点

(1) 所需要的线路数少,一般只需要一条线路,线路利用率高,投资小。

(2) 由于计算机内部操作多采用并行传输方式,因此在信源和信宿要进行并/串和串/并转换。

(3) 串行传输的传输速率比并行传输的低。

目前大多数的数据传输系统,特别是长距离的传输系统,一般采用串行传输方式。串行传输的示意图如图 2-5(a)所示。

2. 并行传输的特点

(1) 终端装置与线路之间不需要对传输代码作时序变换,因而能简化终端装置的结构。

(2) 需要多条信道的传输设备,故其成本较高。

(3) 传输速率高。

因而并行传输常用于要求传输速率高的近距离数据传输,并行传输的示意图如图 2-5(b)所示。

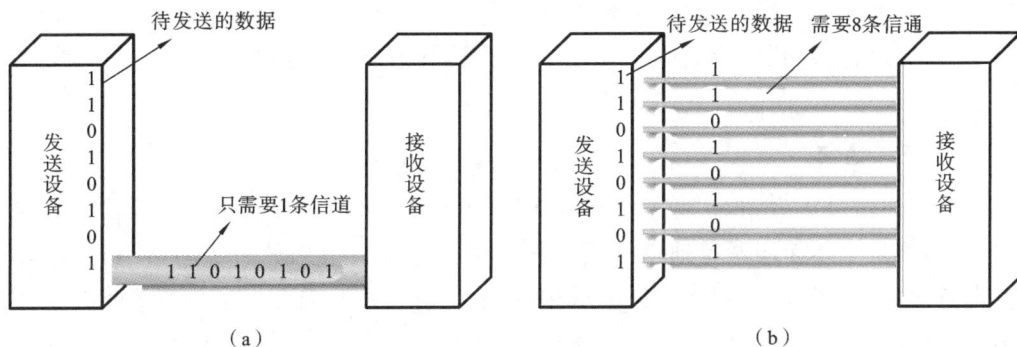

图 2-5　串行传输和并行传输

2.2.2 单工、半双工和全双工通信方式

对串行传输来说,有三种不同传输方式,即单工、半双工和全双工通信方式。

1. 单工通信

单工通信(simplex transmission)方式是指信息仅能以一个固定的方向进行传送,传送的方向不能改变,如图 2-6(a)所示。信源只能发送信息,不能接收信息。同样,信宿只能接收信息,不能发送信息。如打印机仅需从计算机接收数据来进行打印,故可采用单工通信方式。

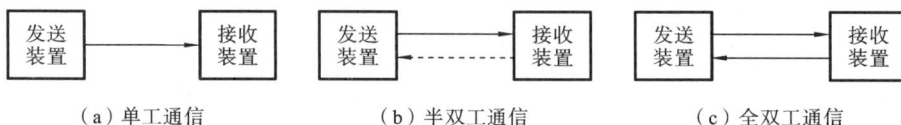

(a)单工通信　　　　(b)半双工通信　　　　(c)全双工通信

图 2-6　三种传输方式

单工通信在日常生活中很常见,如电视机、收音机等,它们只能接收电台发出的电磁波信息,但不能给电台返回信息。

2. 半双工通信

半双工通信(half-duplex transmission)方式指在数据传输过程中,允许信号向任何一个方向传送,但不能同时进行,必须交替进行。也就是在某一时刻,只允许在某一方向上传输,一个设备发送数据,另一个设备接收数据,不能双向同时传输数据。若想改为反方向传输,还需利用开关进行切换。如图 2-6(b)所示,通信双方均有发送装置和接收装置,通过开关在发送装置与接收装置之间进行切换交替连接线路。例如,无线电对讲机,一方讲话另一方只能接听,等对方讲完切换传输方式后才可以向对方讲话。在计算机网络中,利用同轴电缆联网时,通信方式就属于半双工通信方式。

半双工通信方式仍是两线制,但在通信过程中要频繁地切换开关,以实现半双工通信。

3. 全双工通信

全双工通信(full-duplex transmission)方式中,能实现在两个方向上同时进行数据发送和接收,但是必须使用两条通信信道。相当于两个相反方向的单工通信组合,因此可以提高总的数据流量。如图 2-6(c)所示,全双工通信方式要求发送设备和接收设备都具有独立的接收和发送能力。这里所说的两条不同方向的传输通道是个逻辑概念,它们可以由实际的两条物理线路来实现,也可以在一条线路上通过多路复用技术来实现。在计算机网络中,利用双绞线联网时,通信方式既可以采用半双工方式,也可以采用全双工通信方式。

在局域网中,如果传输介质采用同轴电缆,则只能采用半双工通信方式进行数据的传输。如果传输介质采用双绞线,则可以采用全双工通信方式进行数据的传输,当然,如果采用全双工通信方式,必须把网卡的工作方式也设置为全双工方式。

2.2.3　数据的同步技术

以上所讨论的通信及传输方式,是从信息流对接角度考虑的,其着眼点仅在于发送方发送的数字信号能够被传送到接收方,至于接收方是否能够正确地接收,还必须要有一定的传输方法来保证,同步方法就是从可靠性角度来考虑数字信息传输的。

对于串行传输,为了有效地区分到达接收方的一系列比特流,从而达到正确译码,需要采用字符码组的同步传输。目前所采用的同步方式有两种:一种是同步传输方式;另一种是异步传输方式。下面简单介绍它们的原理。

1. 同步传输

同步传输方式是以固定的时钟节拍来串行发送数字信号的一种方法。在数字信息流中,各码元的宽度相同且字符间无间隙。为使接收方能够从连续不断的数据流中正确区分出每个比特,则需首先建立收发双方的同步时钟。实质上,在同步传输方式中,不管是否传送信息,要求收发两端的时钟都必须在每个比特(位)上保持一致。因此,同步传输方式又常被称为比特同步或位同步,如图 2-7 所示。

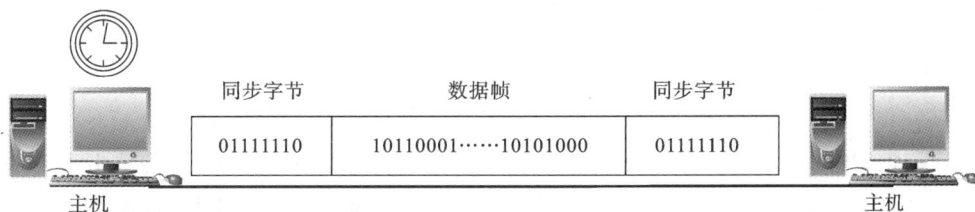

图 2-7　同步传输技术

在同步传输中,数据的发送一般是以分组(或帧)为单位。每个数据块头部和尾部都要附加一个特殊的字符或比特序列,标记开始和结束,形式分为面向字符和面向位流两种,前者在数据头用一个或多个"SYN"标记,数据尾用"ETX"标记;后者头尾用一个特殊比特序列标记,如 01111110。当数据部分中出现连续的 1 时,每连续 5 个便插入一个 0,接收方将每连续 5 个 1 后的 0 去掉,恢复原来的数据部分,这种方法称为 0 比特填充法。

同步通信就是使接收端接收的每一位数据块或一组字符都要和发送端准确地保持同步,在时间轴上,每个数据码字占据等长的固定时间间隔,码字之间一般不得留有空隙,前后码字接连传送,中间没有间断时间。收发双方不仅保持着码元(位)同步关系,而且保持着码字(群)同步关系。如果在某一期间内无数据可发,则使用某一种无意义码字或位同步序列进行填充,以便始终保持不变的数据串格式和同步关系。否则,在下一串数据发送之前,必须发送同步序列(一般是在开始使用同步字符 SYN"01101000"或一个同步字节"01111110"表示,并且在结束时使用同步字符或同步字节),以完成数据的同步传输过程。

实现同步传输方式的收发时钟同步方法有外同步法和自同步法两种,外同步法在传输线路中增加一根时钟信号线连接到接收设备的时钟上,在发送数据信号前,先向接收端发送一串同步时钟脉冲,接收端则按照这个频率来调制其内部时钟,并把接收时钟重复频率锁定在同步频率上。该方法适用于近距离传输。另一种方法称为自同步法,其基本原理是让接收方的调制解调器从接收数据信息波形中直接提取同步信号,并用锁相技术获得与发送时钟完全相同的接收时钟,当然,这要对线路上的传输编码提出一定要求,也就是说,线路的编码必须能把同步和代码信息一起传输到接收端,如曼彻斯特编码就具有这个功能。自同步法常用于远距离传输。

2. 异步传输

异步传输方式又称为起止式同步方式,它是以字符为单位进行同步的,且每一字符的起始时刻可以为任意。为了给接收主机提供一个字符开始和结尾的信息,在每个字符前设置"起"信号和在结尾处设置"止"信号,如图 2-8 所示。

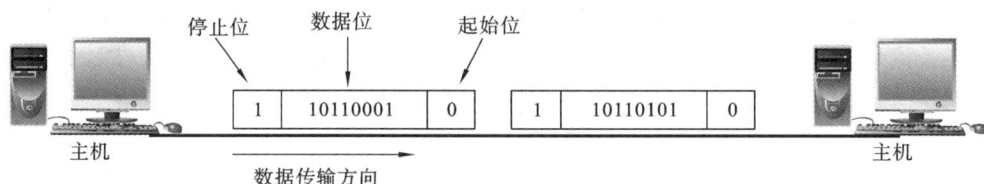

图 2-8　异步传输方式

在异步传输方式中,字符可以被单独发送或连续发送,字符与字符的间隔期间可以连续发送"1"状态,而且当不传字符时,不要求收发时钟同步,而仅在传输字符时,收发时钟才需在字符的每一位上均同步。同步的具体过程是:若发端有信息要发送时,即将自己从不传信息的平时态转到起始态,接收端检测出这种极性改变时,就利用该极性的反转启动接收时钟以实现收发时钟的同步。同理,接收端一旦收到终止位,就将定时器复位以准备接收下一个字符。

异步传输方式的优点是每一个字符本身就包括了本字符的同步信息,不需要在线路两端设置专门的同步设备,使收发同步简单,其缺点是每发一个字符就要添加一对起止信号,造成线路的附加开销,降低了有效性。异步传输方式常用于小于或等于 1200 b/s 的低速数据传输中,且目前仍在广泛使用。

【例 2-3】　在异步通信中,每个字符包含 1 位起始位、7 位数据位、1 位奇偶校验位和 1 位终止位,每秒钟传送 200 个字符,采用 DPSK 调制,求码元速率和有效数据速率。

　　解　DPSK 调制技术是将载波的相位分别移相 4 种不同角度的一种调制方法,而载波的振幅和频率不变。4 相位调制每次信号变换可传输 $\log_2 4=2$ bit。

依题意，该异步通信系统的传输速率 $C=200\times(1+7+1+1)$ b/s=2000 bps，码元速率为 $B=C/2=2000/2$ Baud=1000 Baud，其有效数据速率为 $C_{有效}=C\times7/(1+7+1+1)$ b/s=1400 b/s。

2.2.4 数据传输类型

各种传输介质所能传输的信号不同，有些传输介质可以传输数字信号，有些则可以传输模拟信号。因此，数据的传输也相应地分为基带传输方式和频带传输方式两类。

1. 基带传输

在通信系统中，由信息源发出的未经转换器转换的、表示二进制数 0 和 1 的原始脉冲信号称为基带信号，基带信号是数字信号。如果将这种信号直接通过有线线路进行传输，则称为基带传输。

基带传输通常需要对原始数据进行变换和处理，使之真正适合于在相应系统中传输。即在发送端将数据进行编码，然后进行传输，到了接收端再进行解码，还原为原始数据。基带传输一般用于近距离的数据传输。

2. 频带传输

频带传输是一种利用调制器对传输信号进行频率交换的传输方式。信号调制的目的是为了更好地适应信号传输信道的频率特性，传输信号通过调制处理也能克服基带传输同频带过宽的缺点，提高线路的利用率。但调制后的信号在接收端需解调还原，所以传输的收发两端需要专门的信号频率变换设备。远距离通信信道多为模拟信道，因此计算机网络的远距离通信通常采用频带传输。

2.2.5 扩频通信

扩展频谱通信，简称扩频通信，是一种数据传输方式，主要想法是将信号散布到更宽的带宽上以减少发生阻塞和干扰的机会。扩频方式主要由直接序列扩频（direct sequence spectrum，DSSS）和跳频扩频（frequency-hopping spread spectrum，FHSS）。这两种扩频技术主要应用在无线局域网中。

如图 2-9 所示，输入的数据首先进入信道编码器，产生一个接近其中央频谱的较窄带宽的模拟信号。再用一个伪随机序列对这个信号进行调制。调制的结果是大大拓宽了信号的带宽，即扩展了频谱。在接收端，使用同样的伪随机序列来恢复原来的信号，最后再进入信道解码器来恢复数据。

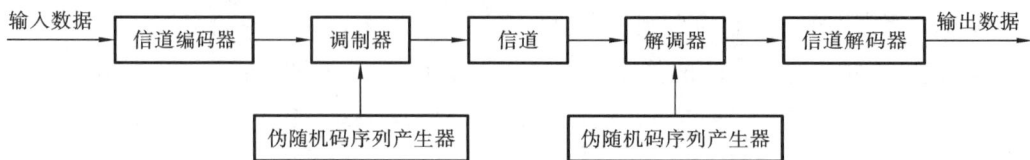

图 2-9 扩频通信系统模型

1. 直接序列扩频

直接序列扩频就是用高码率的扩频码序列在发送端直接去扩展信号的频谱,在接收端直接用相同的扩频序列对扩展的信号频谱进行解调,还原出原始的数据。直接序列扩频信号由于将信号扩展成很宽的频带,它的功率频谱密度比噪声还要低,使它能隐蔽在噪声之中,不容易被检测出来,对于干扰信号,接收机的码序列将对它进行相关处理,使干扰电平显著下降而被抑制。这种方式运用最为普遍,称为行业领域研究的热点。

2. 跳频扩频

跳频扩频利用整个频谱并将其分割为更小的子信道。发送方和接收方在每个通道上工作一段时间,然后转移到另一个通道。发送方将第一组数据放置在一个频率上,将第二组数据放置在另一个频率上,以此类推。在这种扩频方式中,信号按照看似随机的无线电频谱发送,每一个分组都采用不同的频率传输。传输一个比特数据要用到很多比特。接收方和发送方同步地跳动,因而可以正确地接收信息。监听的入侵者只能收到一些无法理解的信号,干扰信号也只能破坏一部分传输的数据。

2.3 数据的编码技术

二进制数字信息在传输过程中可以采用不同的代码,各种代码的抗噪声和同步能力各不相同,实现成本也不一样。常见的编码技术有不归零编码、归零编码、曼彻斯特编码等。

1. 不归零编码

1) 单极性不归零编码

单极性不归零编码(NRZ)的波形如图 2-10(a)所示。该码在每一码元时间间隔内,用高电平和低电平(常为零电平)分别表示二进制数据的 1 和 0。容易看出,这种信号在一个码元周期 T 内电平保持不变,电脉冲之间无间隔,极性单一,有直流分量。解调时,通常将每一个码元的中心时间作为抽样时间,判决门限设为半幅度电平,即 $0.5E$。若接收信号的值在 $0.5E$ 与 E 之间,则判为 1;若在 0 与 $0.5E$ 之间,则判为 0。单极性不归零编码适用于近距离信号传输。

2) 双极性不归零编码

双极性不归零编码(BNRZ)的波形如图 2-10(b)所示。该码在每一码元时间间隔内,用正电平和负电平分别表示二进制数据的 1 和 0,正的幅值和负的幅值相等。与单极性不归零编码一样,在一个码元周期 T 内电平保持不变,电脉冲之间无间隔。这种码中不存在零电平,当 1、0 符号等概率出现时,无直流成分。解调时,这种情况的判决门限定为零电平。接收信号的值如在零电平以上,判为 1;接收信号的值如在零电平以下,判为 0。双极性不归零编码的抗干扰能力较强,适用于有线信号传输。

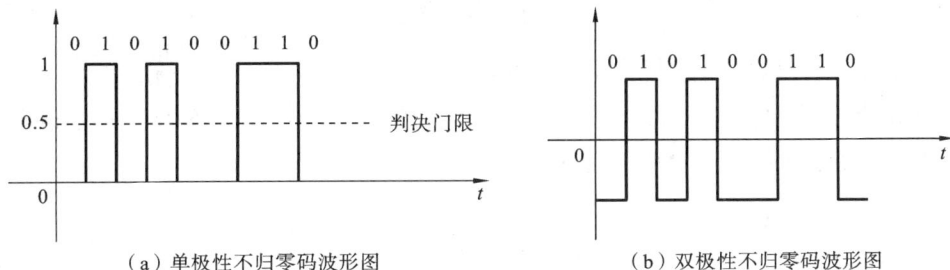

(a) 单极性不归零码波形图　　　　(b) 双极性不归零码波形图

图 2-10　不归零编码

以上两种不归零编码信号属于全宽码,即每一位码占用全部的码元宽度,如重复发送 1,就要连续发送正电平;如重复发送 0,就要连续发送零电平或负电平。这样,上一位码元和下一位码元之间没有间隙,不易互相识别,并且无法提取位同步,需要有某种方法来使发送器和接收器进行定时或同步。此外,如果传输中 1 或 0 占优势的话,则将有累积的直流分量。这样,使用变压器,并在数据通信设备和所处环境之间提供良好的绝缘的交流耦合将是不可能的。

2. 归零编码

1) 单极性归零编码

单极性归零编码(RZ)是指它的电脉冲宽度比码元周期 T 窄,当发 1 时,只在码元周期 T 内持续一段时间的高电平后降为零电平,其余时间内则为零电平,所以称这种码为归零编码,如图 2-11(a)所示。单极性归零编码的脉冲窄,有利于减小码元间波形的干扰;码元间隔明显,有利于同步时钟提取。但因脉冲窄,码元能量小,接收输出信噪比较低。

2) 双极性归零编码

双极性归零编码(BRZ)是指在每一码元周期 T 内,当发 1 时,发出正的窄脉冲;当发 0 时,发出负的窄脉冲,如图 2-11(b)所示。相邻脉冲之间必定留有零电平的间隔,间隔时间可以大于每一个窄脉冲的宽度。解调时,通常将抽样时间对准窄脉冲的中心位置。双极性归零编码的特点与单极性归零编码的基本相同。

3) 交替双极性归零编码

交替双极性归零编码(AMI)是双极性归零编码的另一种形式。其编码规则是:在发

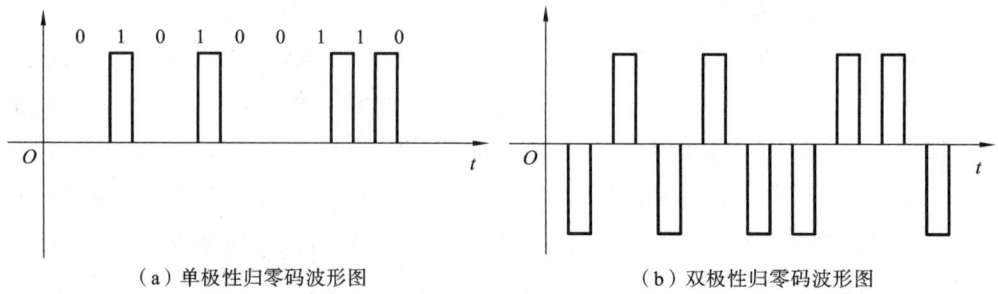

（a）单极性归零码波形图   （b）双极性归零码波形图

图 2-11   归零编码

1 时发一窄脉冲,且脉冲的极性总是交替的,即如果发前一个 1 时是正脉冲,则发后一个 1 时是负脉冲;而发 0 时不发脉冲,其波形如图 2-12 所示。这种交替的双极性码元也可用全宽码,采样定时信号仍对准每一脉冲的中心位置。

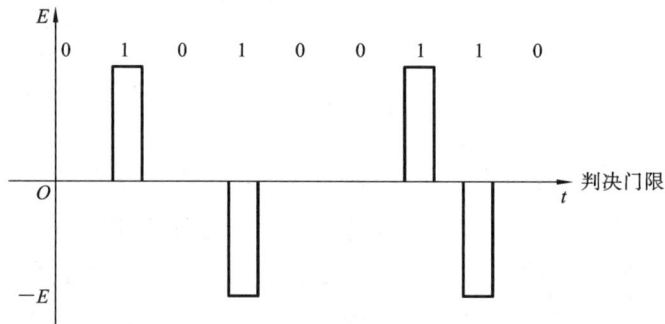

图 2-12   交替双极性归零编码

3. 曼彻斯特编码与差分曼彻特编码

1）曼彻斯特编码

曼彻斯特编码（Manchester）又称双相码,波形如图 2-13 所示。曼彻斯特编码方式中,当发 0 时,在码元的中间时刻电平从低向高跃变;当发 1 时,在码元的中间时刻电平从高向低跃变。曼彻斯特编码的特点是不管信号的特性如何,在每一位的中间都有一个跃变,位中间的跃变既作为时钟,又作为数据,因此也称为自同步编码。此外,在任一个码元周期内,信号正负电平各占一半,因而无直流分量。曼彻斯特编码的编码过程简单,

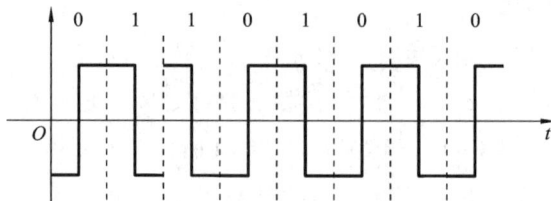

图 2-13   曼彻斯特编码

但占用的带宽较宽。用2个波特表示1个比特,故曼彻斯特编码效率为1/2＝50％。

2）差分曼彻斯特编码

差分曼彻斯特编码是曼彻斯特编码的改进形式,如图2-14所示。在每一码元周期内,无论发送1或0,在每一位的中间都有一个电平的跃变,但发送1时,码元周期开始时刻不跃变(即与前一码元周期相位相反);发送0时,码元周期开始时刻就跃变(即与前一码元周期相位相同)。

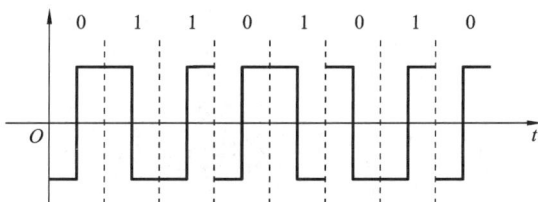

图2-14 差分曼彻斯特编码

以上的各种编码各有优缺点,选择应用时应注意:第一,脉冲宽度越大,发送信号的能量就越大,这对于提高接收端的信噪比有利;第二,脉冲时间宽度与传输频带宽度成反比关系,归零码在频谱中包含了码元的速率,即在发送信号的频谱中包含有码元的定时信息;第三,双极性码与单极性码相比,直流分量和低频成分减少了,如果数据序列中1的位数和0的位数相等,则双极性码就没有直流分量输出,交替双极性码也没有直流分量输出,这一点对于在实践中的传输是有利的;第四,曼彻斯特编码和差分曼彻斯特编码在每个码元中间均有跃变,也没有直流分量,利用这些跃变可以自动计时,因而便于同步(即自同步)。在这些编码中,曼彻斯特编码和差分曼彻斯特编码的应用较为普遍,成为局域网的标准编码。

4. 4B/5B 编码

为了提高编码的效率,降低电路成本,可以采用4B/5B编码。这种编码方法的原理为将欲发送的数据流每4bit作为一个组,然后按照4B/5B编码规则(见表2-1)将其转换成相应5bit码。5bit码共有32种组合,但只采用其中的16种对应4bit码的16种,其他的16种或者未用或者用作控制码,以表示帧的开始和结束、光纤线路的状态(静止、空闲、暂停)等。用5位数字表示4位数字,故编码效率为4/5＝80％。

表2-1 4B/5B 编码规则

十六进制数	4 位二进制数	4B/5B 编码	十六进制数	4 位二进制数	4B/5B 编码
0	0000	11110	8	1000	10010
1	0001	01001	9	1001	10011
2	0010	10100	A	1010	10110
3	0011	10101	B	1011	10111

十六进制数	4 位二进制数	4B/5B 编码	十六进制数	4 位二进制数	4B/5B 编码
4	0100	01010	C	1100	11010
5	0101	01011	D	1101	11011
6	0110	01110	E	1110	11100
7	0111	01111	F	1111	11101

2.4　数据的调制技术

一个数字通信系统如果直接传输未经调制的原始数字信号,这种传输形式称为基带传输,基带传输由于带宽有限,信号频率低,不能实现远距离传输。通过调制技术对原始数字信号进行一定形式的调制后在进行传输,称为宽带传输,也称为频带传输。宽带传输可以实现信息的远距离传送。

1. 模拟数据的模拟调制

模拟数据经过模拟通信系统传输时不需要进行变换,但是,由于考虑到无线传输和复用传输的需要,模拟数据可在高频正弦波下进行模拟调制。模拟调制有幅度调制(AM)、频率调制(FM)和相位调制(PM)3 种调制技术,最常用的两种调制技术是幅度调制和频率调制。

1)幅度调制

幅度调制是载波的幅度会随着原始模拟数据的幅度作线性变化的过程,如图 2-15 所示。载波的幅度会在整个调制过程中变动,而载波的频率是相同的。接收端接收到幅度

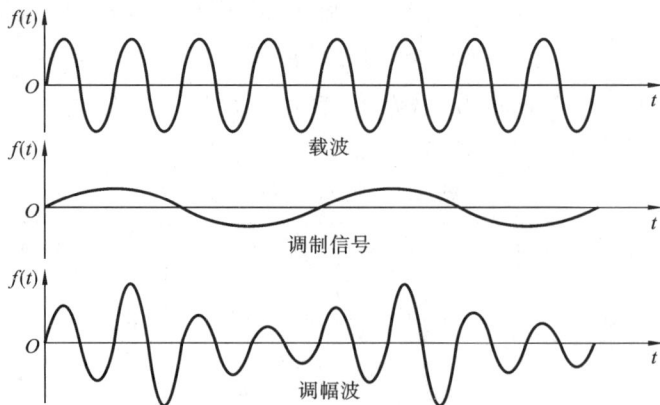

图 2-15　幅度调制

调制的信号后,通过解调,可恢复成原始的模拟数据。

2）频率调制

频率调制是一种高频载波的频率会随着原始模拟信号的幅度变化而变化的过程。因此,载波频率会在整个调制过程中波动,而载波的幅度不变,如图 2-16 所示。接收端接收到频率调制的信号后,进行解调,以恢复成原始的模拟数据。

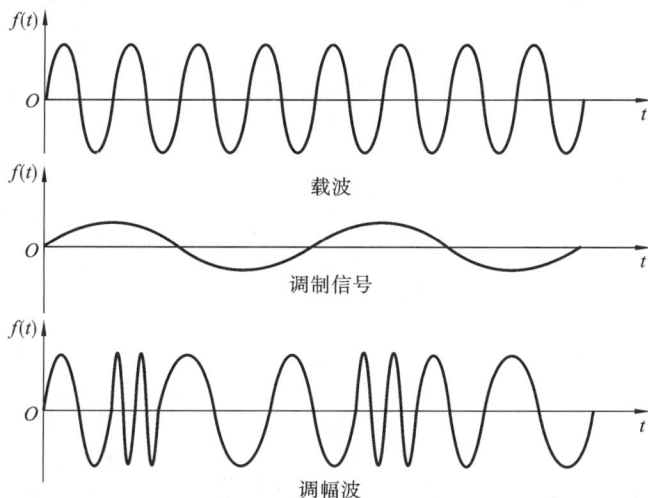

图 2-16　频率调制

2. 数字数据的模拟调制

使用模拟通信系统传输数字数据时,需要借助于调制解调装置,把数字信号(基带脉冲)调制成模拟信号,使其变为适合于模拟通信线路传输的信号,经过调制的信号称为已调信号。已调信号通过线路传输到接收端,在接收端经解调恢复为原始基带脉冲。

相应于载波信号的振幅、频率和相位这 3 个特征,数字信号的模拟调制有 3 种基本调制技术:幅度键控法(amplitude-shift keying,ASK)、频移键控法(frequency-shift keying,FSK)和相移键控法(phase-shift keying,PSK)。下面分别介绍这 3 种调制技术。

1）幅度键控法

幅度键控又叫振幅键控,即用数字的基带信号控制正弦载波信号的振幅。在幅度键控方式下,通常用载波频率的两个不同的幅度来表示两个二进制值。当传输的基带信号为 1 时,幅度键控信号的幅度为改变后的振幅,即有载波信号发射;当传输的基带信号为 0 时,幅度为原始波形的振幅,即没有载波信号发射。幅度键控信号如图 2-17 所示。

幅度键控实际上相当于用一个数字基带信号控制的开关来开启和关闭正弦载波信号。幅度键控方式容易受增益变化的影响,是一种效率相当低的调制技术。利用音频通信线路传送幅度键控信号时,通常允许的极限传输速率为 1200 b/s。

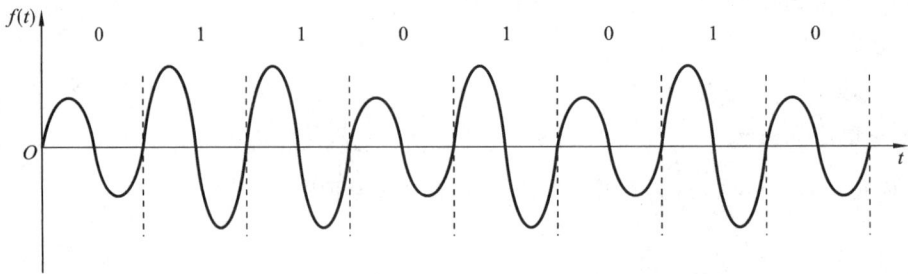

图 2-17　幅度键控

2）频移键控法

频移键控也叫频率键控，是用基带信号控制正弦载波信号的频率。频移键控信号如图 2-18 所示。在频移键控方式下，通常用载波频率附近的两个不同频率来表示 2 位二进制值。原始波形表示 0，频率改变后的波形表示 1。

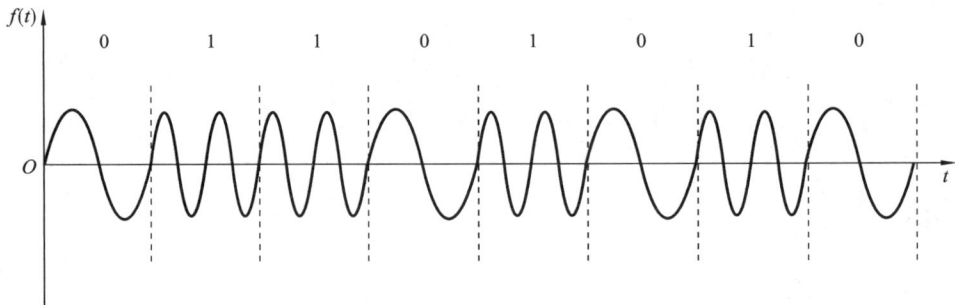

图 2-18　频移键控

频移键控方式相对幅度键控方式来说，不容易受干扰信号的影响。利用音频通信线路传送频移键控信号时，通常传输速率可达 1200 b/s。这种方式一般也用于高频（3～30 MHz）的无线电传输。

3）相移键控法

相移键控也叫相位键控，是用数字基带信号控制正弦载波信号的相位。相移键控又可以分为绝对相移键控（APSK）和相对相移键控（DPSK）。相移键控法也可以使用多于两相的位移，例如，四相系统能把每个信号编码为 2 位二进制值。

绝对相移就是利用正弦载波的不同相位直接表示数字。例如，用载波信号的相位差为 π 的两个不同相位来表示两个二进制值。当传输的基带信号为 1 时，绝对相移键控信号和载波信号的相位差为 0；当传输的基带信号为 0 时，绝对相移键控信号和载波信号的相位差为 π。如果基带信号是不归零单极性脉冲序列，则绝对相移键控信号如图 2-19 所示。

相对相移键控是利用前后码元信号相位的相对变化来传送数字信息的。例如，用载波信号的相位差为 π 的两个不同相位来表示前后码元信号是否变化，当传输的基带信号

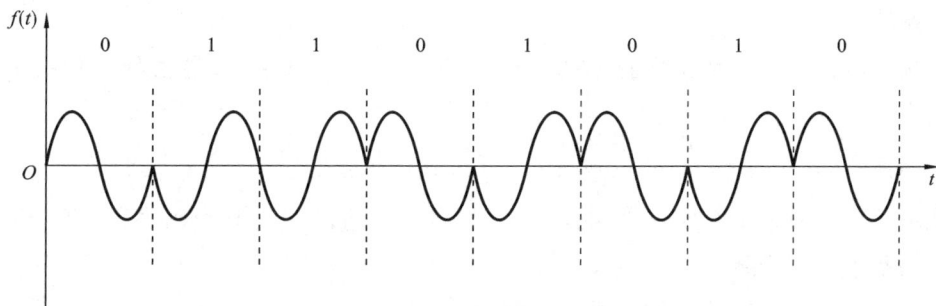

图 2-19 绝对相移键控

为 1 时,后一个码元信号和前一个码元信号的相位差为 π;当传输的基带信号为 0 时,后一个码元信号和前一个码元信号的相位差为 0。

相移键控技术有较强的抗干扰能力,而且比 FSK 方式更有效;在音频通信线路上,相移键控信号的传输速率可达 9600 b/s。

各种编码技术也可以组合起来使用。常见的组合是相移键控法和幅度键控法,组合后在两个振幅上均可以分别出现部分相移或整体相移。

2.5 脉冲编码调制

模拟数据通过数字信道传输时效率高、失真小,而且可以开发新的通信业务,例如,通过数字信道传输声音、图像和视频等模拟数据。把模拟数据转化成数字信号,要使用编码解码器。它把模拟数据变换成数字信号,经传输到达接收端再解码还原为模拟数据。用编码器把模拟数据变换为数字信号的过程叫模拟数据的数字化。常用的数字化技术就是脉冲编码调制技术(pulse code modulation,PCM),简称脉码调制。PCM 的原理如下所述。

1. 采样

每隔一定时间间隔,取模拟信号的当前幅度值作为样本,该样本代表了模拟信号在某一时刻的瞬间值。一系列连续的样本可用来代表模拟信号幅度随时间变化的情况。以什么样的频率取样,才能得到近似于原信号的样本空间呢? 奈奎斯特取样定理告诉我们:如果取样频率大于模拟信号最高频率的 2 倍,则可以用得到的样本空间恢复原来的模拟信号,即

$$f = 1/T > 2f_{max}$$

式中:f 为采样频率;T 为采样周期;f_{max} 为信号的最高频率。

2. 量化

取样后得到的样本是连续值,这些样本必须量化为离散值,离散值的个数决定了量化的精度。

3. 编码

把量化后的样本值变成二进制代码,可以得到相应的二进制代码序列,其中每个二进制代码都可用一个脉冲串来表示,这 4 位一组的脉冲序列就代表了经 PCM 编码的模拟信号。脉冲编码调制的过程如图 2-20 所示。

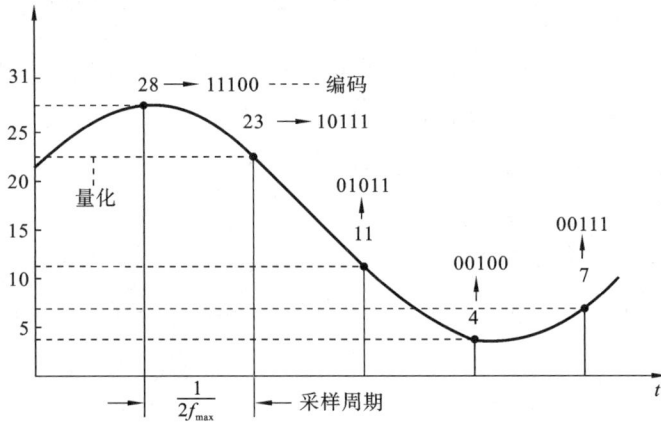

图 2-20 脉冲编码调制的过程

2.6 传 输 介 质

传输介质是构成信道的主要部分,它是数据信号在异地之间传输的真实媒介。传输介质是网络中连接收发双方的物理通路,也是通信中实际传送信息的载体。传输介质的特性直接影响通信的质量,我们可以从 5 个方面了解传输介质的特性:物理特性、传输特性、连通性、抗干扰性、地理范围。下面简要介绍几种最常用的传输介质。

2.6.1 有线传输介质

1. 双绞线

双绞线是在短距离范围内(如局域网中)最常用的传输介质。双绞线是将两根相互绝缘的导线按一定的规格相互缠绕起来,然后在外层再套上一层保护套或屏蔽套而构成的。如果两根导线相互平行地靠在一起,就相当于一个天线的作用,信号会从一根导线进入另一根导线中,称为串扰现象。为了避免串扰,就需要将导线按一定的规则缠绕起来。双绞线分为非屏蔽双绞线和屏蔽双绞线,通常情况下,使用非屏蔽双绞线,如图 2-21 (a)所示。屏蔽双绞线的外面加了一层屏蔽层,如图 2-21(b)所示。在通过强电磁场区域,通常要使用屏蔽双绞线来减少或避免电磁场的干扰。

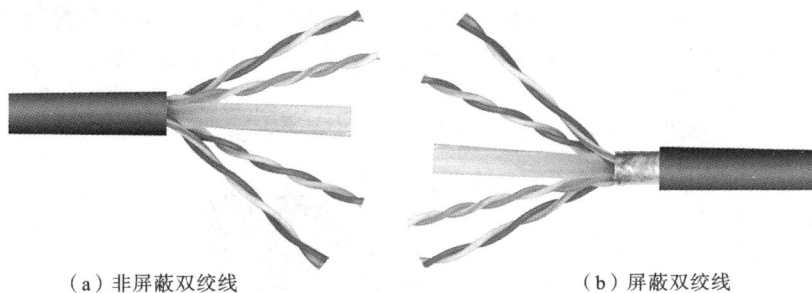

（a）非屏蔽双绞线　　　　　　　　　　（b）屏蔽双绞线

图 2-21　双绞线

双绞线具有以下特性。

（1）物理特性:双绞线由按规则螺旋状排列的 2 根、4 根或 8 根绝缘导线组成。一对线可以作为一条通信线路,各个线对螺旋排列的目的是为了使各线对之间的电磁干扰最小。

（2）传输特性:在局域网中常用的双绞线根据传输特性可以分为 5 类。在典型的 Ethernet 网中,常用第 3 类、第 4 类与第 5 类非屏蔽双绞线,通常简称为 3 类线、4 类线与 5 类线。如表 2-2 所示,3 类线带宽为 16 MHz,适用于语音及 10 Mb/s 以下的数据传输; 4 类线的带宽为 20 Mb/s,适用于基于令牌的局域网;5 类线带宽为 100 MHz,适用于语音及 100 Mb/s 的高速数据传输,甚至可以支持 155 Mb/s 的 ATM 数据传输。

表 2-2　双绞线的分类

双绞线种类	类型	带宽/(Mb/s)
屏蔽双绞线	3 类	10
非屏蔽双绞线	3 类	1100
	4 类	20
	5 类	100
	超 5 类	155
	6 类	200

（3）连通性:双绞线既可用于点到点连接,也可用于多点连接。

（4）地理范围:双绞线用作远程中继线时,最大距离可达 15 km;用于 10 Mb/s 局域网时,与集线器的距离最大为 100 m。

（5）抗干扰性:双绞线的抗干扰性取决于在一束线中相邻线对的扭曲长度及适当的屏蔽装置。

2. 同轴电缆

同轴电缆由导体铜质芯线(单股实心线或多股胶合线)、绝缘层、外导体屏蔽层及塑料保护外套等构成,如图 2-22 所示。同轴电缆的一个重要性能指标是阻抗,其单位为欧姆(Ω)。若两端电缆阻抗不匹配,电流传输时会在接头处产生反射,形成很强的噪声,所以必须使用阻抗相同的电缆互相连接。另外,在网络两端也必须加上匹配的终端电阻吸收电信号,否则由于电缆与空气阻抗不同也会产生反射,干扰网络的正常使用。

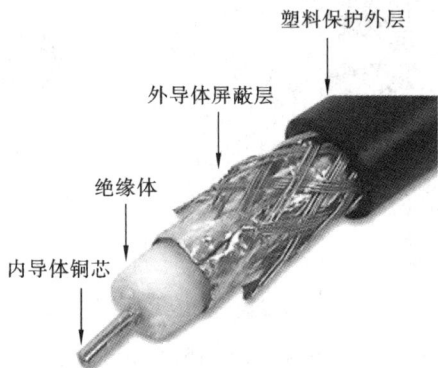

塑料保护外层

外导体屏蔽层

绝缘体

内导体铜芯

图 2-22 同轴电缆

目前经常用于局域网的同轴电缆有两种:一种是专门用在符合 IEEE 802.3 标准以太网环中阻抗为 50 Ω 的电缆,只用于数字信号发送,称为基带同轴电缆;另一种是用于模拟信号发送,阻抗为 75 Ω 的电缆,称为频带(宽带)同轴电缆。

同轴电缆具有以下特性。

(1)物理特性:单根同轴电缆直径为 1.02~2.54 cm,可在较宽频范围工作。

(2)传输特性:基带同轴电缆仅用于数字传输,阻抗为 50 Ω,并使用曼彻斯特编码,数据传输速率最高可达 10 Mb/s。宽带同轴电缆可用于模拟信号和数字信号传输,阻抗为 75 Ω,对于模拟信号,带宽可达 300~450 MHz。在 CATV 电缆上,每个电视通道分配 6 MHz 带宽,而广播通道的带宽要窄得多,因此,在同轴电缆上使用频分多路复用技术可以支持大量的视音频通信。

(3)连通性:可用于多点连接或点到点连接。

(4)地理范围:基带同轴电缆的最大距离限制在几千米;宽带电缆的最大距离可以达几十千米。

(5)抗干扰性:抗干扰能力比双绞线的强。

3. 光缆

随着光电子技术的发展和成熟,利用光纤(全称光导纤维)来传输信号的光纤通信已经成为一个重要的通信技术领域。光纤主要由纤芯和包层构成双层同心圆柱体,纤芯通常由非常透明的石英玻璃拉成细丝而成。光纤的核心就在于其中间的玻璃纤维,它是光波的通道。光纤使用光的全反射原理将携带数据的光信号从光纤一端不断全反射到另外一端。光缆是由光纤组成的,光缆的结构图如图 2-23 所示。

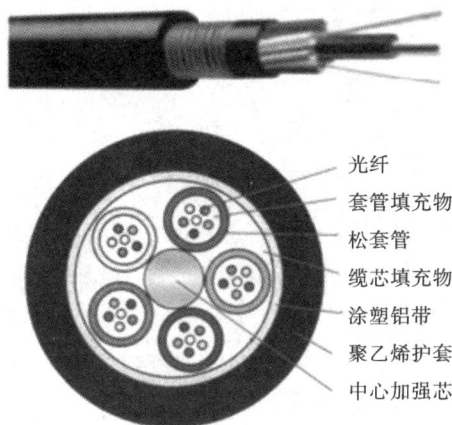

光纤
套管填充物
松套管
缆芯填充物
涂塑铝带
聚乙烯护套
中心加强芯

图 2-23 光缆

光纤和同轴电缆相似,只是没有网状屏蔽层,中心是光传播的玻璃芯。光纤分为单模光纤和多模光纤两类(所谓模,是指以一定的角度进入光纤的一束光)。单模光纤的发光源为半导体激光器,适用于远距离传输。多模光纤的发光源为光电二极管,适用于楼宇之间或室内等短距离传输。

正是由于光纤的数据传输率高(目前已达到每秒几十吉比特)、传输距离远(无中继传输距离达几十至几百千米)的特点,所以在计算机网络布线中得到了广泛的应用。目前光缆主要是用于交换机之间的连接,但随着千兆位局域网络应用的不断普及和光纤产品及其设备价格的不断下降,光纤连接到桌面也将成为网络发展的一个趋势。

但是光纤也存在一些缺点,就是将两根光纤精确地连接所需要的技术要求较高。

光纤具有以下特性。

(1) 物理特性:在计算机网络中均采用两根光纤(一来一去)组成传输系统。按波长范围可分为三种:$0.85~\mu m$ 波长($0.8\sim0.9~\mu m$)、$1.3~\mu m$ 波长($1.25\sim1.35~\mu m$)和 $1.55~\mu m$ 波长区($1.53\sim1.58~\mu m$)。不同波长范围的光纤损耗特性也不同,其中 $0.85~\mu m$ 波长区为多模光纤通信方式,$1.55~\mu m$ 波长区为单模光纤通信方式,$1.3~\mu m$ 波长区有多模和单模两种方式。

(2) 传输特性:光纤通过内部的全反射来传输一束经过编码的光信号,内部的全反射可以在任何折射指数高于包层媒体折射指数的透明媒介中进行。光纤的数据传输率可达 Gb/s 级,传输距离达数十到几百千米。目前,一条光纤线路上一般传输一个载波,随着技术的进一步发展,会出现实用的多路复用光纤。

(3) 连通性:采用点到点连接。

(4) 地理范围:可以在 $6\sim8~km$ 的距离内不用中继器传输,因此光纤适合于在几个建筑物之间通过点到点的链路连接局域网。

（5）抗干扰性：不受噪声或电磁影响，适宜在长距离内保持高数据传输率，而且能够提供良好的安全性。

2.6.2 无线传输介质

双绞线、同轴电缆和光纤都属于有线传输。有线传输不仅需要铺设传输线路，而且连接到网络上的设备也不能随意移动。反之，若采用无线传输介质，则不需要铺设传输线路，允许数字终端在一定范围内移动，非常适合那些难以铺设传输线的边远山区和沿海岛屿，也为大量的便携式计算机入网提供了条件。目前最常用的无线传送方式有无线电广播、微波、卫星、红外线和激光等，每种方式使用某一特定的频带，因此不同的无线通信方式不会相互干扰。例如，一个新的广播电台开始广播前，必须得到通信委员会的批准才能使用某一频率广播。

1. 无线电广播

提到无线电广播，最先想到的就是调频（FM）广播和调幅（AM）广播，无线电传送包括短波、民用波段（CB）、甚高频（VHF）和超高频（UHF）的电视传送。

无线电广播是全方向的，也就是说不需要将接收信号的天线放在一个特定的地方或某个特定的方向。例如，无论汽车在哪里行驶，只要它的收音机能够接收到当地广播电台的信号就能接收到电台的广播。屋顶上的电视天线无论指向哪里都能够接收到电视信号，但电视接收天线对无线广播信号方向更灵敏，因此调整电视接收天线使其直线指向发射台的方向可以接收到更清晰的图像。

调幅广播比调频广播使用的频率低，较低的频率意味着它的信号更易受到大气的干扰。如果在雷雨天收听调幅广播，每次闪电时都会收听到噼啪声，但调频广播就不会受到雷电的干扰。可是频率较低的调幅广播比调频广播传送的距离远，这在夜里（太阳的干扰减弱时）更明显。

短波和民用波段无线电广播也都是采用很低的频率。短波无线电广播必须得到批准，而且限制在某一特定的频率范围。任何拥有相应设备的人都可以收听到这些广播。

电视台使用的频率比无线电广播电台使用的频率高，广播电台只传送声音，而电视台用较高的频率传送图像和声音的混合信号。甚高频电视台使用 2～12 频道传送信号，超高频电视台使用的是大于 13 的频道。电视频道不同就是指传送信号的频率不同，电视机在每个频道以不同的频率接收不同的信号。

2. 微波与卫星通信

微波是指频率为 300 MHz～300 GHz 的电波，但主要是使用 2～40 GHz 的频率范围。微波通信是把微波作为载波信号，用被传输的模拟信号或数字信号来调制它，进行无线通信。它既可传输模拟信号,又可传输数字信号。由于微波段的频率很高,频段范围也很宽,故微波信道的容量很大,可同时传输大量信息。

微波能穿透电离层而不反射到地面,故只能使微波沿地球表面由源地址向目标地址直线传输。然而地球表面是曲面,因此微波的传播距离受到限制,一般只有 50 km 左右。若采用 100 m 高的天线塔,传播距离才能达到 100 km。这样微波通信就有两种主要方式,即地面微波接力通信和卫星通信。

地面微波接力通信是在一条无线通信信道的两个终端之间,建立若干个微波中继站,中继站把前一站送来的信号放大后,再发送到下一站,这就是所谓的接力。相邻站之间必须直视,不能有障碍物,而且微波的传输受恶劣天气的影响,保密性比电缆的差。

卫星通信是将微波中继站放在人造卫星上,形成卫星通信系统。所以通信卫星本质上是一种特殊的微波中继站,它用上面的中继站接收从地面发来的信号,加以放大后再发回地面。这样,只要用三个相差 120° 的卫星便可覆盖整个地球。在卫星上可装多个转发器,它们以一种频率段(5.925~6.425 GHz)接收从地面发来的信号,再以另一频率段(3.7~4.2 GHz)向地面发回信号,频带的宽度是 500 MHz,每一路卫星信道的容量相当于 100000 条音频线路。卫星通信的最大特点是通信距离远,而且通信费用与通信距离无关,当通信距离很远时,租用一条卫星音频信道远比租用一条地面音频信道便宜。卫星通信和微波接力通信相似,频带宽、容量大、信号所受的干扰小、通信稳定。但卫星通信的传播时延大,无论两个地面站相距多远,从一个地面站经卫星到另一个地面站的传播时延总在 250~300 μs,比地面微波接力通信链路和同轴电缆链路的传播时延都大。

3. 红外线通信

红外线通信是利用红外线来传输信号,在发送端设有红外线发送器,接收端设有红外线接收器。发送器和接收器可以任意安装在室内或室外,但它们之间必须在可视范围内,中间不能有障碍物。红外线信道有一定的带宽,当传输速率为 100 Kb/s 时,通信距离可大于 16 km,传输速率为 1.5 Mb/s 时,通信距离为 1.6 km。红外线具有很强的方向性,很难窃听、插入和干扰,但传输距离有限,易受环境(如雨、雾和障碍物)的干扰。

4. 激光通信

激光通信是利用激光束来传输信号,即将激光束调制成光脉冲,以便传输数据,因此激光通信与红外线通信一样是全数字的,不能传输模拟信号。激光通信必须配置一对激光收发器,而且要安装在视线范围内。激光的频率比微波的高,因此可获得更高的带宽。激光具有高度的方向性,因而很难窃听、插入和干扰,但同样易受环境的影响,传播距离不会很远。激光通信与红外线通信的不同之处,在于激光硬件会发出少量的射线而污染环境。

2.6.3　几种介质的安全性比较

数据通信的安全性是一个重要的问题。不同的传输介质具有不同的安全性。双绞线和同轴电缆用的都是铜导线,传输的是电信号,因而容易被窃听。数据沿导线传送时,可以简单地用另外的铜导线搭接在双绞线或同轴电缆上即可窃取数据,因此铜导线必须安装在不能被窃取的地方。

从光缆上窃取数据很困难,光线在光缆中必须没有中断才能正常传送数据。如果光缆断开或被窃听,就会立刻知道并且能够查出。光缆的这个特性使窃取数据很困难。

无线传输是不安全的,任何人使用接收天线都能接收数据。地面微波传送和无线微波传送都存在这个问题。提高无线电广播数据安全性的唯一方法就是给数据加密。给数据加密类似给电视信号编码,例如,有线电视机不用解码器就不能收看被编码的电视频道。

2.7　信道复用技术

为了提高传输介质的利用率,降低成本,提高有效性,人们提出了信道的复用问题。所谓信道复用,是指在数据传输系统中,允许两个或两个以上的数据源共享一条公共传输信道,就像每个数据源都有它自己的信道一样。所以,信道复用是一种将若干个彼此无关的信号合并为一个能在一条公共信道上传输的复合信号的方法。

信道复用(又称多路复用)技术是指在同一传输介质上同时传送多路信号的技术。因此,多路复用技术也就是在一条物理信道上建立多条逻辑通信信道的技术。

多路复用技术的实质就是共享物理信道,更加有效地利用通信线路。其工作原理为:首先,将一个区域的多个用户信息通过多路复用器汇集到一起;然后,将汇集起来的信息通过一条物理线路传送到接收设备的分用器;最后,接收设备端的多路分用器再将信息群分离成单个的信息,并将其一一发送给多个用户。这样就可以利用一对多路复用器和一条物理通信线路来代替多套发送、接收设备和多条通信线路。多路复用技术的工作原理如图 2-24 所示。

常用的多路复用技术有频分多路复用(frequency division multiplexing,FDM)、时分多路复用(time division multiplexing,TDM)、波分多路复用(wave division multiplexing,WDM)、码分多路复用(code division multiplexing,CDM)和空分多路复用(space division multiplexing,SDM)等。

2.7.1　频分多路复用

频分多路复用(FDM)就是按照频率区分信号的方法,将具有一定带宽的信道分割为

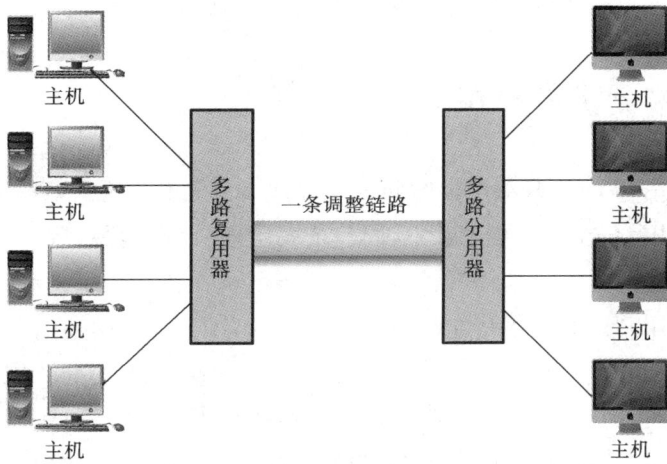

图 2-24　多路复用技术的原理

若干个有较小频带的子信道,每个子信道供一个用户使用。这样在信道中就可同时传送多个不同频率的信号。被分开的各子信道的中心频率不相重合,且各信道之间留有一定的空闲频带(也叫保护频带),以保证数据在各子信道上的可靠传输。频分多路复用实现的条件是信道的带宽远远大于每个子信道的带宽,如每个子信道的信号频率在几十、几百或几千赫兹,而共享信道的频率在几百兆赫兹或更高。如图 2-25 所示,输入 N 路具有相同带宽 W 的数据,线路上的频带是每个数据源的带宽的 N 倍以上,将线路的频带划分成 N 个带宽大于 W 且互不重叠的窄频带,分别作为 N 路输入数据源的子信道。在接收端的分用设备则利用已调信号的不同频段将各路信号分离出来,恢复为 N 路输出数据。

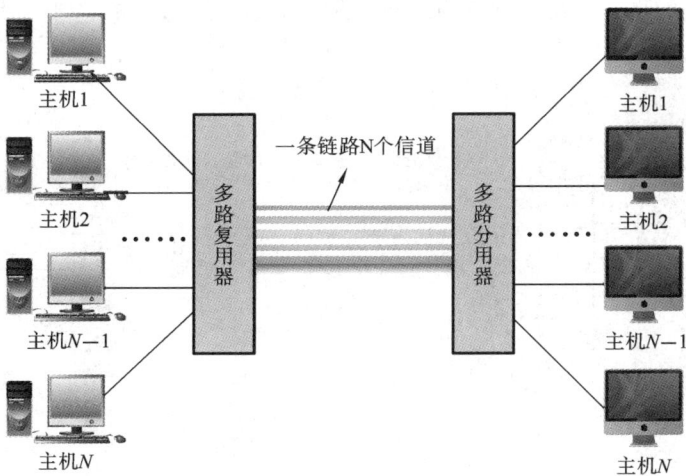

图 2-25　频分多路复用

频分多路复用技术适用于模拟信号。例如,将 FDM 用在电话系统中,传输的每一路语音信号的频谱一般在 $300\sim3000$ Hz,通常双绞线电缆的可用带宽是 100 kHz,因此,在同一对双绞电线上可采用频分复用技术传输多达24路语音信号。

2.7.2 时分多路复用

时分多路复用(TDM)是将传输时间划分为许多个短的互不重叠的时隙,而将若干个时隙组成时分复用帧,在每个复用帧中,同一个固定序号的时隙构成一子信道,每个子信道所占用的带宽相同。

时分多路复用利用每个信号在时间上交叉,可以在一个传输通路上传输多个数字信号,这种交叉可以是位一级的,也可以是由字节组成的块或更大量的信息。与频分多路复用类似,专门用于一个信号源的时间片序列被称为是一条通道时间片的一个周期(每个信号源一个),也称为一帧。时分多路复用不局限于传输数字信号,模拟信号也可以同时交叉传输。另外,对于模拟信号,时分多路复用和频分多路复用结合起来使用也是可能的。一个传输系统可以频分许多条通道,每条通道再用时分多路复用传输多路数据。

TDM 又分为同步时分复用(synchronous time division multiplexing,STDM)和异步时分复用(asynchronous time division multiplexing,ATDM)两类。

1. 同步时分复用

同步时分复用(STDM)采用固定时间片分配方式,即将传输信号的时间按特定长度连续地划分成特定时间段(一个周期),再将每一时间段划分成等长度的多个时隙,每个时隙以固定的方式分配给各路数字信号,各路数字信号在每一时间段都顺序分配到一个时隙,如图 2-26 所示。其中,一个周期的数据帧是指所有输入设备某个时隙发送数据的总和,比如第一周期,4 个终端分别占用一个时隙发送 A、B、C 和 D,则 ABCD 就是一帧。

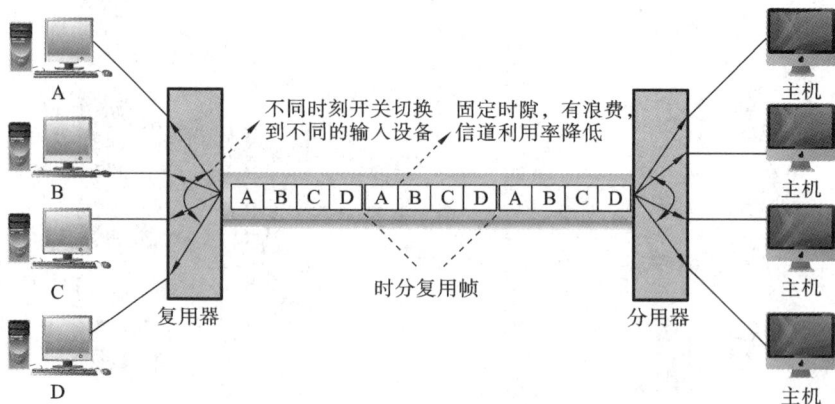

图 2-26 同步时分多路复用的工作原理

由于在同步时分复用方式中,时隙预先分配且固定不变,无论时隙拥有者是否传输数据都占有一定时隙,这就形成时隙浪费,其时隙的利用率很低。为了克服 STDM 的缺点,引入了异步时分复用技术。

2. 异步时分复用

异步时分复用(ATDM)又被称为统计时分复用,它能动态地按需分配时隙,以避免每个时间段中出现空闲时隙。ATDM 就是只有当某一路用户有数据要发送时才把时隙分配给它,当用户暂停发送数据时,则不给它分配时隙。电路的空闲时隙可用于其他用户的数据传输,如图 2-27 所示。假设一个传输周期为 4 个时隙,一帧有 4 个数据。复用器轮流扫描每一个输入端,先扫描第 1 个终端,将其数据 A 添加到帧中,然后扫描第 2 个终端、第 3 个终端和第 4 个终端,并分别添加数据 B 和 D,接着重新扫描第 1 个终端、第 2 个终端、第 3 个终端,并将数据 C 加到帧中。此时,第一个完整的数据帧形成。如此反复地连续工作。

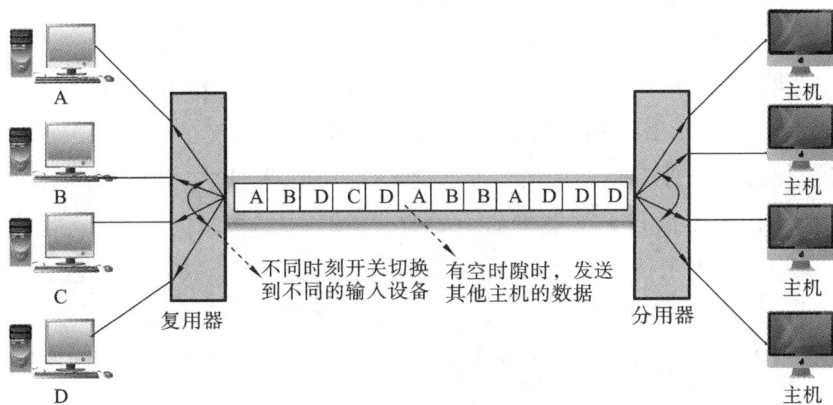

图 2-27 异步时分多路复用的工作原理

在扫描的过程中,若某个终端没有数据,则接着扫描下一个终端。因此,在所有的数据帧中,除最后一个帧外,其他数据帧不会出现空闲的时隙,这就提高了信道资源的利用率,也提高了传输速率。

另外,在 ATDM 中,每个用户可以通过多占用时隙来获得更高的传输速率,而且传输速率可以高于平均速率,最高速率可达到电路总的传输能力,即用户占有所有的时隙。

【例 2-4】 10 个 9.6 Kb/s 的信道按时分多路复用在一条线路上传输,如果忽略控制开销,在同步 TDM 情况下,复用信道的带宽应该是多少?在异步 TDM 情况下,假定某个子信道只有 30% 的时间忙,复用线路的控制开销为 10%,那么复用信道的带宽应该是多少?

解 在同步 TDM 传输中,复用信道的带宽等于各个子信道带宽之和,因而有:9.6 Kb/s×10＝96 Kb/s。

统计 TDM 情况下,由于每个子信道只有 30% 的时间忙,所以复用信道的数据速率平均为:9.6 Kb/s×30%×10＝28.8 Kb/s,又由于复用线路的控制开销为 10%,即只有 90% 的利用率,所以复用信道的带宽应为:28.8 Kb/s/90%＝32 Kb/s。

2.7.3 波分多路复用

波分多路复用(WDM)技术是频率分割技术在光纤介质中的应用,它主要用于全光纤网组成的通信系统中。所谓波分多路复用,是指在一根光纤上同时传送多个波长不同的光载波的复用技术。通过 WDM,可使原来在一根光纤上只能传输一个光载波的单一光信道,变为可传输多个不同波长光载波的光信道,使得光纤的传输能力成倍增加。也可以利用不同波长沿不同方向传输来实现单根光纤的双向传输。波分多路复用技术将是今后计算机网络系统主干的信道多路复用技术之一。WDM 技术的原理十分类似于FDM,不同的是它利用波分复用设备将不同信道的信号调制成不同波长的光,并复用到光纤信道上。在接收方,采用波分分用设备分离不同波长的光。

波分多路复用技术具有以下优点:

(1)在新建光缆线路或不改建原有光缆的基础上,使光缆传输容量扩大几十倍甚至上百倍,这在目前线路投资占很大比重的情况下,具有重要意义。

(2)目前使用的波分多路复用器主要是无源的光器件,其结构简单、体积小、可靠性高、易于光纤耦合、成本低且无中继传输距离长。

(3)在波分多路复用技术中,各波长的工作系统是彼此独立的,各系统中所用的调制方式、信号传输速率等都可以不一样,甚至模拟信号和数字信号都可以在同一根光纤中用不同的波长来传输。这样,由于波分多路复用系统传输的透明性,给使用带来了很大的方便性和灵活性。

(4)同一个波分多路复用器既可进行合波,又可分波,具有方向的可逆性,因此,可以在同一光纤上实现双向传输。

2.7.4 码分多路复用

码分多路复用(CDM)则是一种用于移动通信系统的新技术,笔记本电脑和掌上电脑等移动性计算机的联网通信广泛使用了码分多路复用技术。

CDM 的基础是微波扩频通信。扩频通信的特征是使用比发送的数据速率高许多倍的伪随机码对载荷数据的基带信号的频谱进行扩展,形成宽带低功率频谱密度的信号来发射。

CDM 就是利用扩频通信中的不同码型的扩频码之间的相关性,为每个用户分配一个扩频编码,以区别不同的用户信号。发送端可用不同的扩频编码,分别向不同的接收端发送数据;同样,接收端对不同的扩频编码进行解码,就可得到不同发送端送来的数据,实现了多址通信。CDM 的特点是频率和时间资源均为共享。因此,在频率和时间资源紧缺的情况下,CDM 技术是独占优势的,所以这也是 CDM 技术受到关注的原因。

【例 2-5】 共有四个站进行码分多址 CDMA 通信。四个站的码片序列为

A:$(-1\ -1\ -1\ +1\ +1\ -1\ +1\ +1)$ B:$(-1\ -1\ +1\ -1\ +1\ +1\ +1\ -1)$

C:$(-1\ +1\ -1\ +1\ +1\ +1\ -1\ -1)$ D:$(-1\ +1\ -1\ -1\ -1\ -1\ +1\ -1)$

现收到的码片序列为 S:$(-1\ +1\ -3\ +1\ -1\ -3\ +1\ +1)$。

问哪个站发送数据了？ 发送数据的站发送的 1 还是 0？

解 $A \cdot S = [(-1)\times(-1)+(-1)\times(+1)+(-1)\times(-3)+(+1)\times(+1)+(+1)\times(-1)+(-1)\times(-3)+(+1)\times(+1)+(+1)\times(+1)]/8 = (1-1+3+1-1+3+1+1)/8 = 1$； A 站发送了数据，发送的是 1。

同理，$B \cdot S = (+1-1-3-1-1-3+1-1)/8 = -1$； B 站发送了数据，发送的是 0

$C \cdot S = (+1+1+3+1-1-3-1-1)/8 = 0$； C 站没有发送数据

$D \cdot S = (+1+1+3-1+1+3+1-1)/8 = 1$； D 站发送了数据，发送的是 1

2.7.5 空分多路复用

空分多路复用（SDM）也叫空分多址（SDMA），这种技术是利用空间分割构成不同的信道。举例来说，在一颗卫星上使用多个天线，各个天线的波束射向地球表面的不同区域。地面上不同地区的地球站，它们在同一时间即使使用相同的频率进行工作，相互之间也不会形成干扰。

空分多址是一种信道增容的方式，可以实现频率的重复使用，充分利用频率资源。空分多址还可以和其他多址方式相互兼容，从而实现组合的多址技术。

2.8 数据交换技术

两台计算机之间数据通信的最简单形式是用某种传输介质直接将两台计算机连接起来。但当通信节点较多且传输距离较远时，在所有节点之间都建立固定的点到点连接是不可能的。通常是建立一个交错的通信网络，将希望通信的设备（如计算机、网络设备等）都连接到通信网络上，然后利用网络上的交换设备进行连接，负责数据的转接。

当网络中的计算机之间要进行数据传输时，在网络中选择一个个节点通路，建立起一条数据链路，将数据从源地发往目的地，从而实现通信，通信结束后数据链路就不存在了。这些中间节点并不关心数据内容，其作用只是提供一个传输设备，用它把数据从一条链路传到下一条链路，直至到达目的地。

常用的交换技术有电路交换（circuit switching）和存储转发交换（store and forward

switching)两大类。存储转发交换方式按照转发信息单位的不同,又可分为报文交换和分组交换(也称包交换),其中分组交换又可采用两种方式:数据报分组交换和虚电路分组交换。

2.8.1 电路交换

电路交换也称为线路交换,它是一种直接的交换方式,可以为一对需要进行通信的节点提供一条临时的专用通道,即在接通后提供一条专用的传输通道,该通道既可以是物理通道又可以是逻辑通道(使用时分或频分复用技术)。这条通道是由节点内部电路对节点间传输路径经过适当选择和连接而完成的,是一条由多个节点和多条节点间传输路径组成的链路。

从通信资源的分配角度来看,交换就是按照某种方式动态地分配传输线路资源。在使用电路交换打电话之前,必须先拨号建立连接。当拨号的信号通过多个交换机到达被叫用户所连接的交换机时,呼叫即完成。这时,从主叫端到被叫端建立了一条连接(物理通路),此后主叫和被叫双方才能进行通话。在通话的全部时间内,通话的两个用户始终占用端到端的固定传输带宽。通话完毕挂机后,挂机信号传送到交换机,交换机才释放所使用的物理通路。这种必须经过"建立连接→数据传输→释放连接"三个步骤的联网方式称为面向连接(connection-oriented)的交换方式。电路交换必定是面向连接的。

目前,公用电话交换网(public switched telephone network,PSTN)广泛使用的交换方式就是电路交换方式,如图 2-28 所示。电路交换链路的建立需要 3 个不同的阶段完成一次数据传输过程。

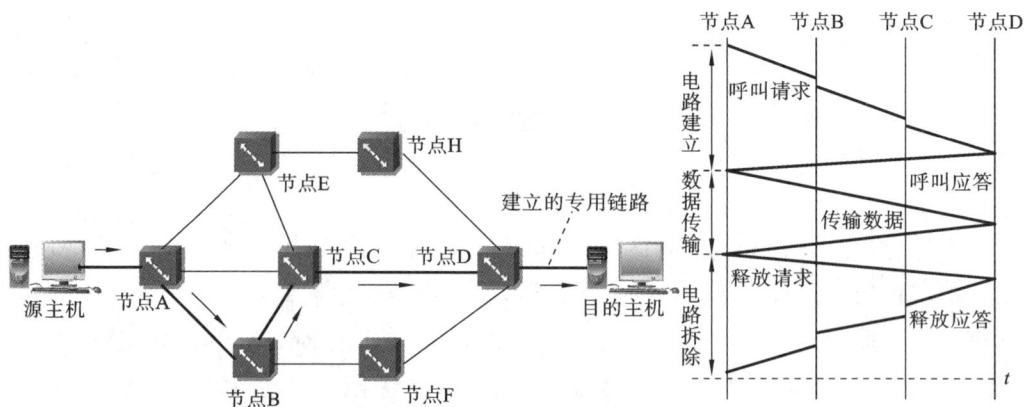

图 2-28 电路交换工作方式

1. 电路建立阶段

电路建立阶段是通过源节点请求建立链路完成交换网中相应节点的连接过程。这个过程建立了一条由源节点到目的节点的传输通道。首先,源主机发出呼叫请求信号,与源主机连接的交换节点 A 收到这个呼叫,就根据呼叫信号中的相关信息寻找通向目的主机的下一个交换节点 B;然后按照同样的方式,交换节点 B 再寻找下一个节点,最终到达节点 D;节点 D 将呼叫请求信息发给目的主机,如果目的主机接收呼叫,则通过已建立的专用链路(物理线路),向源主机发回呼叫应答信号。这样,从源节点到目的节点之间就建立了一条传输通道。

2. 数据传输阶段

当电路建立完成后,就可以在这条临时的专用电路上传输数据,通常为全双工传输。

3. 电路拆除阶段

在完成数据传输后,源节点发出释放请求信息,请求终止通信。若目的节点接受释放请求,则发回释放应答信息。在电路拆除阶段,各节点相应地拆除该电路的对应连接,释放由该电路占用的节点和信道资源。

电路交换具有如下特点:

(1)呼叫建立时间长且存在呼损。在电路建立阶段,在两结点之间建立一条专用通路需要花费一段时间,这段时间称为呼叫建立时间。在电路建立过程中由于交换网通信繁忙等原因而使建立失败,对于交换网则要拆除已建立的部分电路,用户需要挂断重拨,这个过程称为呼损。

(2)电路连通后提供给用户的是"透明通路",即交换网对用户信息的编码方法、信息格式以及传输控制程序等都不加以限制,但对通信双方而言,必须做到双方的收发速度、编码方法、信息格式和传输控制等一致时才能完成通信。

(3)一旦电路建立后,数据以固定的速率传输,除通过传输链路时的传输延迟以外,没有别的延迟,且在每个节点上的延迟是可以忽略的,因此传输速度快并且效率高,适用于实时、大批量、连续的数据传输需求。

(4)电路信道利用率低。首先建立起链路,然后进行数据传输,直至通信链路拆除为止,信道是专用的,再加上通信建立时间、拆除时间和呼损,使其链路的利用率降低。

2.8.2　报文交换

对较为连续的数据流(如语音)来说,电路交换是一种易于使用的技术。但对于数字数据通信,广泛使用的则是报文交换(message switching)技术。在报文交换网中,网络节点通常为一台专用计算机,备有足够的缓存,以便在报文进入时进行缓冲存储。节点接收一个报文之后,报文暂时存放在节点的缓存中,等输出电路空闲时,再根据报文中所指的目的地址转发到下一个合适的节点,如此反复,直到报文到达目标主机为止。

在报文交换中,每一个报文由传输的报文的报头和数据组成,报头中有源地址和目标地址。节点根据报头中的目标地址为报文进行路径选择,并对收发的报文进行相应的

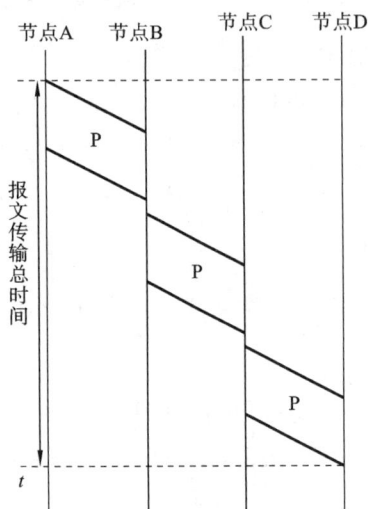

图 2-29　报文交换

处理,如差错控制、流量控制等,所以,报文交换是在两个节点间的链路上逐段传输的,不需要在两个主机间建立多个节点组成的电路通道。与电路交换方式相比,报文交换方式不要求交换网为通信双方预先建立通路,因此就不存在建立电路和拆除电路的过程,从而减少了开销。

如图 2-29 所示,报文 P 从节点 A 出发,不需要像电路交换一样建立连接,如果节点 A 到节点 B 之间链路空闲,就完整发送报文 P。同理,报文 P 从节点 B 到节点 C,最后到节点 D。

报文交换具有如下特点:

(1) 源节点和目标节点在通信时不需要建立一条专用的通路。与电路交换相比,报文交换没有建立电路和拆除电路所需的等待和时延,电路利用率高;节点间可根据电路情况选择不同的传输速率,能高效地传输数据,但要求节点具备足够的报文数据存储空间。数据传输的可靠性高,每个节点在存储转发中都进行差错控制,即检错和纠错。

(2) 转发节点增加了时延。由于采用了对完整报文的存储转发,而节点存储转发的时延较大,不适用于交互式通信,如电话通信。由于每个节点都要把报文完整地接收、存储、检错、纠错、转发,产生了节点延迟,并且报文交换对报文长度没有限制,报文可以很长,这样就有可能使报文长时间占用某两节点之间的链路,不利于实时交互通信。分组交换即所谓的包交换,正是针对报文交换的缺点而提出的一种改进方式。

2.8.3　分组交换

分组交换(packet switching)属于“存储转发”交换方式,但它不像报文交换那样以整个报文为单位进行交换和传输,而是以更短的、标准的“分组(packet)”为单位进行交换传输。分组是一组包含呼叫控制信息和数据的二进制数,把它作为一个整体加以转接,这些数据、呼叫控制信号以及可能附加的差错控制信息都是按规定的格式排列的。例如,如图 2-30 所示,源主机有一份比较长的报文 P 要发送给目的主机,则它首先将报文 P 按规定长度划分成 2 个分组 P1 和 P2,每个分组附加上控制信息,然后将这些分组发送到交换网的节点 A,由结点 A 分别将分组 P1 和 P2 进行转发,分组 P1 和 P2 可以以不同路径转发至节点 B,节点 B 将各分组发给目的主机,目的主机对分组进行组装,交付传输层。

如图 2-31 所示,分组 P1 和 P2 沿相同路径节点 1→节点 2→节点 3→节点 4,P1 和 P2 均以报文交换的方式进行传输,当 P1 从节点 2 发送到节点 3 时,节点 1 到节点 2 之间的链路空闲,分组 P2 可以从节点 1 传输到节点 2,依次类推,两个分组可以分段占用不同的

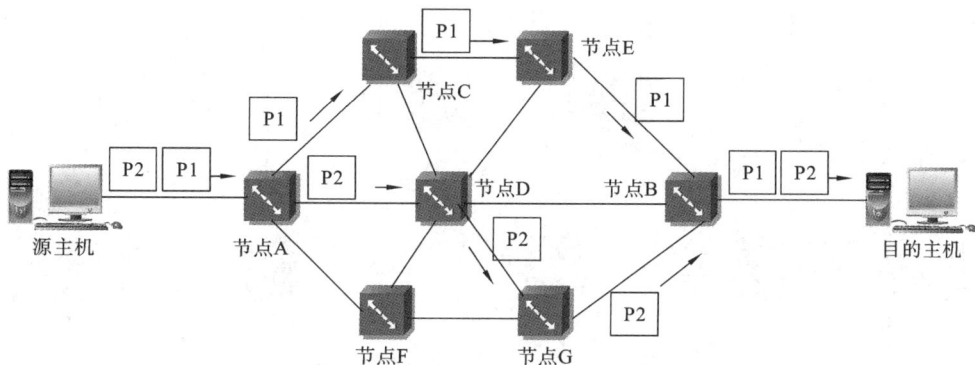

图 2-30　分组交换工作方式

链路,提高了链路的利用率。

交换网可采用两种方式,即数据报分组交换和虚电路分组交换。

1. 数据报分组交换

在数据报分组交换方式中,交换网把进网的任一分组都当作单独的"小报文"来处理,而不管它是属于哪个报文的分组,就像报文交换中把一份报文进行单独处理一样。这种分组交换的方式称为数据报分组交换,作为基本传输单位的"小报文"称为分组(或包)。

数据报分组交换方式具有如下特点:

(1)同一报文的不同分组可以由不同的传输路径通过通信子网。

(2)同一报文的不同分组到达目的节点时可能出现乱序、重复或丢失现象。

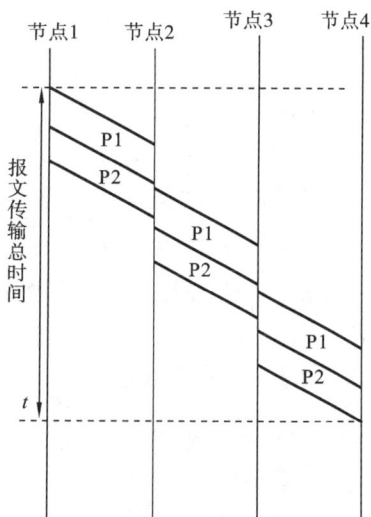

图 2-31　相同路径分组交换示意图

(3)每一分组在传输过程中都必须带有源主机地址和目的主机地址。

(4)有别于报文交换,分组交换不是将整个报文一次性转发。

综上所述,使用数据报分组交换方式时,数据报文传输延迟较大,每个分组中都要带有源主机地址和目的主机地址,增大了传输和存储开销。但基于数据报分组交换的精炼短小的特点,特别适用于突发性通信,但不适用于长报文和会话式通信。

2. 虚电路分组交换

虚电路就是两个用户的终端设备在开始传输数据之前需要建立一个逻辑连接,而不是建立一条专用的电路。用户需要在发送和接收数据时清除连接。

所有分组都必须沿着事先建立的虚电路传输,且存在一个虚呼叫建立阶段和拆除阶段,各分组在节点到节点之间传输时,使用分组交换方式在同一链路的不同信道上进行传输,如图 2-32 所示。

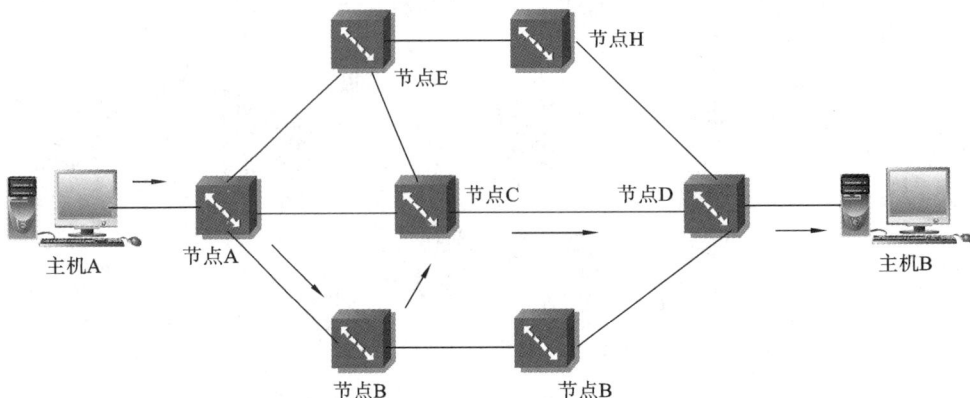

图 2-32　虚电路的工作方式

虚电路具有如下特点:

(1) 类似于电路交换但有别于电路交换。虚电路在每次报文分组发送之前必须在源主机与目的主机之间建立一条逻辑连接,也包括虚电路建立、数据传输和虚电路拆除 3 个阶段。但与电路交换相比,虚电路并不意味着通信节点间存在像电路交换方式那样的专用电路,而是选定了特定路径进行传输,报文分组途经的所有节点都对这些分组进行存储转发,而电路交换无此功能。

(2) 临时性专用链路。一次通信的所有报文分组都从这条逻辑连接的虚电路上通过,因此,报文分组不必带地址等辅助信息,只需要携带虚电路标识号。

(3) 报文分组通过每个虚电路上的节点时,节点只需做差错检测,而不需进行从源主机到目的主机的路径选择,但在节结点到下一个节点之间需要选择道路号。

(4) 通信子网中的每个节点可以和任何节点建立多条虚电路连接。

(5) 由于虚电路方式具有分组交换与线路交换两种方式的优点,因此在计算机网络中得到了广泛的应用。

2.9　无线通信网

2.9.1　移动通信网

移动通信(mobile communications)沟通移动用户与固定用户之间或移动用户之间

的通信方式。通信双方有一方或两方处于运动中的通信,包括陆、海、空移动通信。现代移动通信采用的频段遍及低频、中频、高频、甚高频和特高频。移动通信系统由移动台、基台、移动交换局组成。若要与某移动台通信,移动交换局通过各基台向全网发出呼叫,被叫台收到后发出应答信号,移动交换局收到应答后分配一个信道给该移动台并从此话路信道中传送信令使其振铃。

移动通信是进行无线通信的现代化技术,这种技术是电子计算机与移动互联网发展的重要成果之一。移动通信延续着每十年一代技术的发展规律,已经历 1G、2G、3G、4G 的发展,每一次代际跃迁,每一次技术进步,都极大地促进了产业升级和经济社会发展。从 1G 到 2G,实现了模拟通信到数字通信的过渡,移动通信走进了千家万户;从 2G 到 3G、4G,实现了语音业务到数据业务的转变,传输速率成百倍提升,促进了移动互联网的普及和繁荣。当前,移动网络已融入社会生活的方方面面,深刻改变了人们的沟通、交流乃至整个生活方式。4G 网络造就了繁荣的互联网经济,解决了人与人随时通信的问题,随着移动互联网快速发展,新服务、新业务不断涌现,移动数据业务流量爆炸式增长,4G 移动通信系统难以满足未来移动数据流量暴涨的需求。目前,已经迈入了 5G 移动通信阶段,这也是目前改变世界的几种主要技术之一。

1. 蜂窝移动通信系统

蜂窝移动通信系统是一种移动通信硬件架构,分为模拟蜂窝系统和数字蜂窝系统。由于构成系统覆盖的各通信基地台的信号覆盖呈六边形,从而使整个覆盖网络像一个蜂窝而得名。

在蜂窝移动通信系统中,把信号覆盖区域分成若干个称为蜂窝的小区(cell),它可以是六边形、正方形、圆形或其他形状,通常是六角蜂窝状。这些分区中的每一个被分配了多个频率($f_1 \sim f_6$),具有相应的基站。在其他分区中,可使用重复的频率,但相邻的分区不能使用相同频率,这会引起同信道干扰。

与单一基站相比,蜂窝移动通信系统在不同分区中可以使用相同的频率完成不同的数据传输(频率复用)。而单一基站在同一频率上,只能有一个数据传输。然而,蜂窝移动通信系统中相同频率的使用不可避免地会干扰到使用相同频率的其他基站。

2. 第二代移动通信系统(2G)

2G 网络标志着移动通信技术从模拟走向了数字时代。这个引入了数字信号处理技术的通信系统诞生于 1992 年。2G 系统第一次引入了流行的用户身份模块(SIM)卡。主流 2G 接入技术是 CDMA 和 TDMA。GSM 是一种非常成功的 TDMA 网络,它从 2G 时代到现在都在被广泛使用。2.5G 网络出现于 1995 年后,它引入了合并包交换技术,对 2G 系统进行了扩展。

3. 第三代移动通信系统(3G)

3G 的基本思想是在支持更高带宽和数据速率的同时,提供了多媒体服务。3G 同时采用了电路交换和包交换策略。主流 3G 接入技术是 TDMA、CDMA、宽频带 CDMA (WCDMA)、CDMA2000 和时分同步 CDMA(TD-SCDMA)。

TD-SCDMA 是由中国第一次提出并在此无线传输技术(RTT)的基础上与国际合作,完成了 TD-SCDMA 标准,成为 CDMA TDD 标准的一员,这是中国移动通信界的一次创举,也是中国对第三代移动通信发展的贡献。在与欧洲、美国各自提出的 3G 标准的竞争中,中国提出的 TD-SCDMA 已正式成为全球 3G 标准之一,这标志着中国在移动通信领域已经进入世界领先之列。该方案的主要技术集中在中国大唐公司手中,它的设计参照了 TDD(时分双工)在不成对的频带上的时域模式。

4. 第四代移动通信系统(4G)

4G 移动通信技术是在 3G 技术上的一次更好的改良,其相较于 3G 技术来说一个更大的优势,是将 WLAN 技术和 3G 通信技术进行了很好的结合,使图像的传输速度更快,让传输图像看起来更加清晰。在智能通信设备中应用 4G 通信技术让用户的上网速度更加迅速,速度可以高达 100 Mb/s。

LTE 是 long term evolution(长期演进)的缩写。3GPP 标准化组织最初制定 LTE 标准时,定位为 3G 技术的演进升级。后来,LTE 技术的发展远远超出了预期,LTE 的后续演进版本 Release10/11(即 LTE-A)被确定为 4G 标准。LTE 根据双工方式不同,分为 LTE-FDD 和 LTE-TDD(通常简称为 TD-LTE)两种制式。

4G 网络性能指标是指与 LTE 网络覆盖、容量、业务质量相关的一些指标,如覆盖率、小区吞吐量、边缘速率、无线接通率、切换成功率等。

(1)覆盖,主要指覆盖率。一般室外基站要求覆盖率满足 RSRP>－110 dBm 的概率大于 90%,室内要求覆盖率满足 RSRP>－105 dBm 的概率大于 90%。

(2)容量,主要包括单小区吞吐量、小区边缘用户速率等。考虑最极端的条件,在 TD-LTE 组网时,一般要求实际用户在 50% 的网络负荷下,单小区平均吞吐量上行可达 5 Mb/s,下行可达 20 Mb/s;小区边缘用户上行可达 150 Kb/s,下行可达 500 Kb/s。特别地,在网络空载时,小区边缘用户上行可达 250 Kb/s,下行可达 1 Mb/s。

(3)业务质量,包括接通率、掉话率、切换成功率等。在同频组网时,网络负荷在 50% 条件下,要求 TD-LTE 无线接通率大于 95%,掉话率小于 4%,系统内切换成功率大于 95%。同时要求在无线网络覆盖区域内的 90% 位置,99% 的时间可以接入网络,开展的数据业务块差错率小于 10%。

5. 第五代移动通信系统(5G)

5G 移动通信技术是具有高速率、低时延和大连接特点的新一代宽带移动通信技术,是实现人机物互联的网络基础设施。国际电信联盟(ITU)定义了 5G 的三大应用场景,即增强移动宽带(eMBB)、超高可靠低时延通信(uRLLC)和海量机器类通信(mMTC)。eMBB 主要面向移动互联网流量爆炸式增长,为移动互联网用户提供更加极致的应用体验；uRLLC 主要面向工业控制、远程医疗、自动驾驶等对时延和可靠性具有极高要求的垂直行业应用需求；mMTC 主要面向智慧城市、智能家居、环境监测等以传感和数据采集为目标的应用需求。

为满足 5G 多样化的应用场景需求，5G 的关键性能指标更加多元化。用户体验速率达 1 Gb/s，时延低至 1 ms，用户连接能力达 100 万连接/平方千米。5G 移动通信技术几个关键性能指标如下：

（1）峰值速率需要达到 10～20 Gb/s，以满足高清视频、虚拟现实等大数据量传输。

（2）空中接口时延低至 1 ms，满足自动驾驶、远程医疗等实时应用。

（3）具备百万连接/平方千米的设备连接能力，满足物联网通信。

（4）频谱效率要比 LTE 提升 3 倍以上。

（5）连续广域覆盖和高移动性下，用户体验速率达到 100 Mb/s。

（6）流量密度达到 10 Mb/s/m^2 以上。

（7）移动性支持 500 km/h 的高速移动。

2.9.2　无线局域网

无线局域网（wireless local area network，WLAN），指应用无线通信技术将计算机设备互联起来，构成可以互相通信和实现资源共享的网络体系。无线局域网本质的特点是不再使用通信电缆将计算机与网络连接起来，而是通过无线的方式连接，从而使网络的构建和终端的移动更加灵活。

无线局域网利用射频（radio frequency，RF）技术，使用电磁波，取代双绞铜线等有线介质所构成的局域网络，在空中进行通信连接，使得无线局域网络能利用简单的存取架构让用户透过它，达到"信息随身化、便利走天下"的理想境界。

1. IEEE 802.11 标准

IEEE 802.11 是现今无线局域网通用的标准，它是由电气和电子工程师协会（IEEE）所定义的无线网络通信的标准。IEEE 802.11 主要针对网络的物理层（PHY）和媒体访问控制（MAC）子层进行了规定。由于其在速率和传输距离上都不能满足人们的需要，随后 IEEE 工作小组又相继推出了 IEEE 802.11x 系列标准，常见的 IEEE 802.11x 标准如下。

（1）IEEE 802.11a，是 IEEE 802.11 原始标准的一个修订标准，于 1999 年推出，它工作在 5 GHz 频段，最大原始数据传输速率为 54 Mb/s。

（2）IEEE 802.11b，是无线局域网的一个标准。其载波的频率为 2.4 GHz，可提供 1 Mb/s、2 Mb/s、5.5 Mb/s 及 11 Mb/s 的多重传输速率。它有时也被错误地被标为 Wi-Fi，实际上 Wi-Fi 是 Wi-Fi 联盟的一个商标，使用该商标的商品互相之间可以合作，与标准实际上没有关系。

（3）IEEE 802.11g，在 2003 年推出，它工作在 2.4 GHz 频段，原始数据传输速率为 54 Mb/s。IEEE 802.11g 的设备向下与 IEEE 802.11b 兼容。

（4）IEEE 802.11i，是 IEEE 为了弥补 IEEE 802.11 脆弱的安全加密功能（wired equivalent privacy，WEP）而制定的修正案，于 2004 年完成。其中定义了基于 AES 的全新加密协议 CCMP（CTR with CBC-MAC protocol）。

（5）IEEE 802.11n，于 2009 年推出。该标准增加了对多输入多输出技术（multi-input multi-output，MIMO）的支持。允许 40 MHz 的无线频宽，最大传输速率理论值为 600 Mbps。

（6）IEEE 802.11ac，是一个正在发展中的 IEEE 802.11 无线通信标准，它通过 5 GHz 频带进行无线局域网通信。理论上，它能提供最少 1 Gb/s 带宽进行多站式无线局域网通信，或是最少 500 Mb/s 的单一连线传输带宽。

（7）IEEE 802.11ad，无线千兆联盟（wireless gigabit alliance，WiGig）是 2009 年成立的工业组织，致力于通过高频载波 60 GHz 频带进行通信，支持近 7 Gb/s 的吞吐量。IEEE 802.11ad 完全可以用来实现设备之间的文件传输和数据同步，其最主要的用途是用来实现高清信号的传输。

2. 移动 Ad Hoc 网络

IEEE 802.11 标准定义的 Ad Hoc 网络是由无线移动节点组成的对等网，可自由、动态地自组织成任意、临时网络拓扑，允许人和设备在没有任何预先设置通信基础设施的区域内无缝联网的系统。在这种网络中，每一个节点既是主机，又是路由器，它们之间相互转发分组，形成一种自组织的 MANET（mobile Ad Hoc network）网络。

与传统的有线网络相比，MANET 有以下特点：

（1）网络拓扑结构是动态变化的，由于无线终端的频繁移动，可能导致节点之间的相互位置和连接关系难以稳定。

（2）无线信道提供的带宽较小，而信号衰落和噪声干扰的影响却很大。由于各个终端信号覆盖范围的差别，或者地形地物的影响，还可能存在单向信道。

（3）无线终端携带的电源能量有限，应采用最节能的工作方式，因而要尽量减小网络通信开销，并根据通信距离的变化随时调整发射功率。

（4）由于无线链路的开放性，容易招致网络窃听、欺骗、拒绝服务等恶意攻击的威胁，所以需要特别的安全防护措施。

根据覆盖范围，Ad Hoc 网可划分为人体域（BodyArea）、个人域（PersonalArea）、局域（LocalArea）和广域（WideArea）四类。人体域网（BAN）是指可穿戴式计算机的部件（如头戴式显示器、话筒、耳机等）分布于人体相应部位，BAN 具有向它们提供连通性、自动配置、业务集成和与其他 BAN 互通的能力。可穿戴式部件的互联最好采用无线技术。

个人域网(PAN)是工作于个人周围环境的网络,其覆盖范围一般在 100 m 以内,用于用户携带的移动设备与其他移动或固定设备之间的连接。

无线 PAN 通常选用 2.4 GHz ISM 频段,采用扩频技术可降低干扰并利用带宽。BA 和 PA 的 Ad Hoc 网可利用较为成熟的蓝牙技术实现。局域网(LAN)通信范围一般在 100~500 m,它并不需要固定控制器,而是在参与通信的所有移动节点之间动态地选作控制器;与 BAN 和 PAN 一样,Ad Hoc LAN 属于单跳(single-hop)类型,IEEE 802.11 标准是实现单跳 Ad Hoc LAN 的良好平台。多跳(multi-hop)网络可覆盖几平方千米范围,有可能采用 IEEE 80.11 技术。然而由于 Ad Hoc 网络的特殊性,在媒体接入控制(MAC)、选路、Qos 保障、连接和流量管理、节能和安全性等方面的问题,尚需进一步研究解决。由于 Ad Hoc 网可根据需要,随时随地灵活建网,因此在军事、抗灾、会议以及各种应急通信中有很大应用潜力。

习题 2

学生扫码做题

第3章
计算机网络体系结构

计算机网络经过 50 多年的发展，特别是 Internet 在全球取得的巨大成功，使得计算机网络已经成为一个海量的、多样化的复杂系统。计算机网络的实现需要解决很多复杂的技术问题，由于各种机构越来越认识到网络技术能大大提高生产效率、节约成本，它们纷纷接入互联网，扩大了网络规模，同时也促进了网络技术快速发展和网络快速增长。但由于各种网络使用了不同的硬件和软件，早期许多网络不能兼容，而且很难在不同的网络之间进行通信，如当时 IBM 公司发布的 SNA 系统网络体系结构和 DEC 公司发布的 DNA 数字网络体系结构。

随着局域网和广域网规模不断扩大，不同设备互联成为头等大事，为了解决网络之间不能兼容和不能通信的问题，国际标准化组织(ISO)提出了网络模型的方案。该组织意识到需要建立网络模型，以帮助厂商生产出可互操作的网络产品。早在 20 世纪 80 年代早期，ISO 即开始致力于制定一套普遍适用的规范集合，以使得全球范围的计算机平台可进行开放式的通信。ISO 在 1979 年开始创建了一个有助于开发和理解计算机的通信模型，即开放系统互联(OSI)模型。1984 年正式发布，OSI 模型将网络结构划分为七层，即物理层、数据链路层、网络层、传输层、会话层、表示层和应用层。每一层均有自己的一套功能集，并与紧邻的上层和下层交互作用。在顶层，应用层与用户使用的软件(如文字处理程序或电子表格程序)进行交互。在 OSI 模型的底端是携带信号的网络电缆和连接器。总的来说，在顶端与底端之间的每一层均能确保数据以一种可读、无错、排序正确的格式被发送。

3.1　概　　述

计算机网络是一个复杂的计算机及通信系统的集合,在其发展过程中逐步形成一些公认的建立网络体系的模式,可将其视为建立网络体系通用的蓝图,称为网络体系结构(network architecture),用以指导网络的设计和实现。

3.1.1　计算机网络体系结构

计算机网络从概念上可分为两个层次,即提供信息传输服务的通信子网层和提供资源共享服务的资源子网层。

从两个子网的关系看,资源共享功能的实现依赖于通信子网的数据通信功能。通信子网为资源子网提供信息传输服务,而资源子网利用这种服务实现计算机间的资源共享。那么,通信子网提供的数据通信服务是否能满足资源子网的要求,使资源子网完成自己的资源共享任务呢?由于信息的类型不同,作用不同,使用的场合和方式不同,因此对于通信子网的服务要求就大不相同,必须采用不同的技术手段来满足这些不同的要求。那么,怎样构造计算机网络的通信功能,才能实现这些不同系统之间,尤其是异种计算机系统之间的相互通信,就成为网络体系结构要解决的问题。网络体系结构通常采用层次化结构定义计算机网络的协议、功能和提供的服务。

计算机网络体系结构的概念及内容都比较抽象,为了便于理解,先以两大城市(如广州和大连)民间邮寄信件的工作过程为例来说明。

邮政系统分为用户子系统、邮政子系统和运输子系统,如图 3-1 所示。用户子系统由寄信人与收信人组成,寄信人在写信时要采用双方都能理解的语言、文体、格式(称谓、落款)等,这样在收信人收到信件后才能看懂内容,知道写信人及写信时间等。信件写好装入信封后,投递给当地邮政局等待寄发,按邮局规定格式书写信封和给付足额的邮资(邮票)。邮局子系统由寄信人和收信人所在地的邮局组成,寄信人所在地邮局对信件进行分拣和分类,打包后在包裹上按规定填写收信人所在地邮局的地址等信息,打好包的包裹交付运输部门等待运输。运输子系统由邮局所在地的运输部门组成,运输部门(如民航、铁路或公路交通部门)负责运输,运输部门按照包裹上的信息和部门规定的运输线路进行运输,直至包裹送到目的邮局所在地。信件到达目的地后进行相反的过程,运输部门将包裹送往邮局,邮局将包裹拆包,将信件送到收信人,收信人拆信封阅读信件的内容。

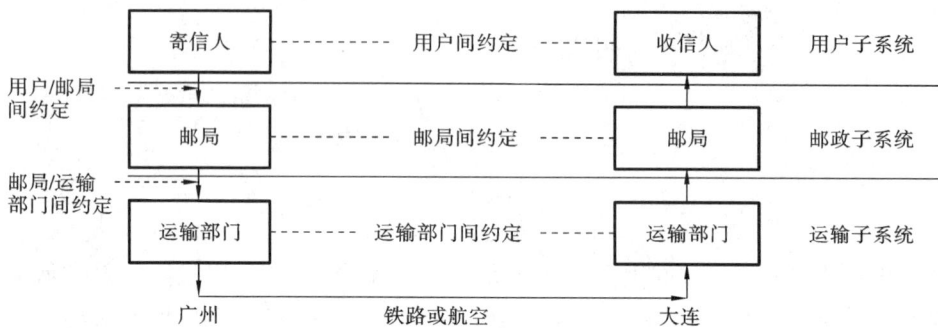

图 3-1 邮政系统分层模型

由本例可以看出,各种约定都是为了达到将信件从寄信人送到收信人这个目标而设计的。可以将这些约定分为同等机构间的约定(如用户间约定、邮局间约定、运输部门间约定等)和不同机构间的约定(如用户与邮局间的约定、邮局与运输部门间的约定)。虽然两个用户、两个邮局、两个运输部门分处两地,但它们分别对应于同等机构(属相同层次),同属一个子系统;而同处一地的不同机构(属不同层次)则不在一个子系统,它们之间的关系是服务与被服务的关系。很显然,这两种约定是不同的,前者是同等层次间的约定,后者是不同层次间的约定。还有,处于一地的不同层次间(垂直)的关系是直接的,处于两地的同等层次之间(水平)的关系是间接的。

在计算机网络环境中,两个端点的两个进程之间的通信过程类似于信件的投递过程。网络体系结构是计算机网络的分层、各层协议、功能和层间接口的集合。不同的计算机网络具有不同的体系结构,其层次的数量、各层的名称、内容和功能以及各相邻层之间的接口都不一样。然而,在任何网络中,每一层都是为了向它的相邻上层提供一定的服务而设置的,而且每一层都对上层屏蔽如何实现协议的具体细节。这样,网络体系结构就能做到与具体的物理实现无关,哪怕连接到网络中的主机和终端的型号及性能各不相同,只要它们共同遵守相同的协议就可以实现互联和互操作。

需要强调的是,网络体系结构只精确定义了计算机网络中的逻辑构成及所完成的功能,实际上是一组设计原则,它包括功能组织、数据结构和过程的说明,以及为用户应用网络的设计和实现的基础。因此,网络体系结构是一个抽象的概念,对于这些功能由何种硬件和软件实现未加说明。因此,网络的体系结构与网络的实现不是一回事,前者是抽象的,仅规定网络设计者"做什么",而不是"怎样做";而后者是具体的,是需要硬件和软件来完成的。

3.1.2 计算机网络协议

计算机网络协议是计算机网络上所有设备之间通信规则的集合,这些设备包括网络服务器、计算机、交换机、路由器、防火墙等。从本质上讲,协议是运行在各个网络设备上的程序或协议组件,用于定义通信时必须采用的数据格式及其含义,以便实现网络模型中各层的功能。常用的计算机网络协议有 NetBEUI、NWLink IPX/SPX 以及 TCP/IP 等。

计算机网络中,协议的定义是计算机网络中实体之间有关通信规则约定的集合。协议有以下 3 个要素,即:

(1) 语法(syntax),以二进制形式表示的命令和相应的结构,如数据与控制信息的格式、数据编码等。

(2) 语义(semantics),由发出的命令请求、完成的动作和返回的响应组成的集合,其控制信息的内容和需要做出的动作及响应。

(3) 时序(timing),定义何时做,规定时间实现顺序的详细说明,即确定通信状态的变化和过程,如通信双方的应答关系。

由此可见,网络协议是计算机网络中不可缺少的组成部分。实际上,要想让连接在网络上的另一台计算机做任何事情,都需要协议。但当仅在一台单独的计算机上进行文件存盘操作时,就不需要任何网络协议,除非这个用来存储文件的磁盘是网络上的某个文件服务器的磁盘。

协议通常有两种形式:一种是使用便于人来阅读和理解的文字描述;另一种是使用让计算机能够理解的程序代码。这两种不同形式的协议都必须能够对网络上信息交换过程做出精确的解释。

> **识记**
>
> 协议 3 要素:语法、语义和时序。语法描述协议的格式,语义描述协议的功能,时序描述协议的功能执行的顺序。

3.1.3 协议分层

计算机网络的整套协议是一个庞大复杂的体系,为了便于对协议的描述、设计和实现,现在都采用分层的体系结构。如图 3-2 所示,所谓层次结构就是指把一个复杂的系统设计问题分解成多个层次分明的局部问题,并规定每一层次所必须完成的功能,类似于信件投递过程。层次结构提供了一种按层次来观察网络的方法,它描述了网络中任意两个节点间的逻辑连接和信息传输。

1. 网络分层的概念

(1) 实体和系统:实体和系统两词都是泛指,实体的例子可以是一个用户应用程序,

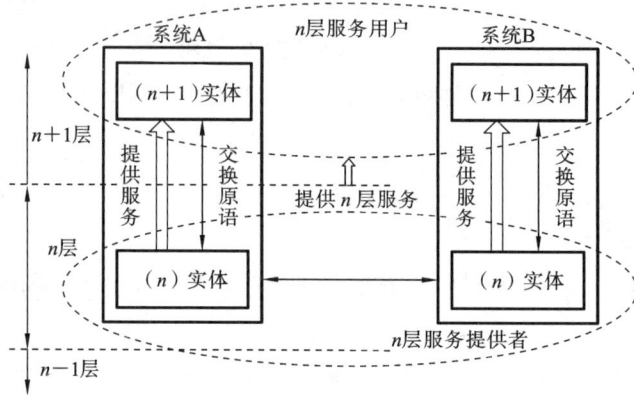

图 3-2　网络的层次结构

如文件传输系统、数据库管理系统、电子邮件系统等,也可以是一张网卡;系统可以是一台计算机或一台网络设备等。一般来说,实体能够发送或接收信息,而系统可以包容一个或多个实体,而且在物理上是实际存在的物体。位于不同系统的同一层次的实体称为对等实体。

(2) 接口和服务:接口是相邻两层之间的边界,下层通过接口为上层提供服务,上层通过接口使用下层提供的服务,上层是服务的使用者,下层是服务的提供者。相邻层通过它们之间的接口交换信息,高层并不需要知道下层是如何实现的,仅需要知道该层通过层间的接口所提供的服务,这样使得两层之间保持独立性。服务的使用者和提供者通过服务访问点直接联系。所谓服务访问点(service access point,SAP)是指相邻两层实体之间通过接口调用服务或提供服务的联系点。接口和服务的概念与程序设计中模块之间的函数调用十分类似,两个程序模块就可以看作服务使用者和提供者,服务访问点就是调用函数,函数的参数可以看作接口之间的控制信息和传递的数据。

(3) 协议栈:协议是位于同一层次的对等实体之间的概念,而协议栈是指特定系统中所有层次的协议的集合。

(4) 服务原语:服务通常是由一系列的服务原语来描述的。所谓原语,就是不可再细分的意思。在接口的服务访问点上,服务使用者看到的只是几个简单的原语,关于原语是如何实现的,完全是服务提供者自己层次内部的事情,在接口上完全不必考虑。

(5) 协议数据单元:协议数据单元(protocol data unit,PDU)是对等实体之间通过协议传送的数据单元,协议数据单元一般由两部分组成,即本层的控制信息和上层的协议数据单元。

同一系统体系结构中的各相邻层间的关系是:下层为上层提供服务,上层利用下层提供的服务完成自己的功能,同时再向更上一层提供服务。因此,上层可看成是下层的用户,下层是上层的服务提供者。

2. 网络分层的优点

网络分层的优点如下：

（1）各层之间是独立的。某一层并不需要知道它的下一层是如何实现的，而仅仅需要知道该层通过层间的接口（即界面）所提供的服务。

（2）灵活性好。当任何一层发生变化时，只要层间接口关系保持不变，则在该层以上或以下各层均不受影响。

（3）结构上可分割开。各层都可以采用最合适的技术来实现。

（4）易于实现和维护。这种结构使得实现和调试一个庞大而又复杂的系统变得容易，因为整个系统已被分解为若干个相对独立的子系统。

（5）能促进标准化工作。因为每一层的功能及其所提供的服务都已有了精确的说明。

3. 各层的功能

通常各层所要完成的功能主要有以下几种（可以只包括一种，也可以包括多种）：

（1）差错控制，使得和网络对等端的相应层次的通信更加可靠；

（2）流量控制，使得发送端的发送速率不要太快，要使接收端来得及接收；

（3）分段和重装，发送端将要发送的数据块划分为更小的单位，在接收端将其还原；

（4）复用和分用，发送端几个高层会话复用一条低层的连接，在接收端再进行分用；

（5）连接的建立和释放，交换数据前先建立一条逻辑连接，数据传送结束后释放连接等。

分层当然也有一些缺点，例如，有些功能会在不同的层次中重复出现，因而产生了额外开销。

> **识记** 👤
>
> 将复杂的系统设计问题分解成多个层次分明的局部问题，并规定每一层次所必须完成的功能。每个层次的功能应该是易于实现的，否则分层就没有意义。

3.1.4 网络服务

网络协议是作用在不同系统的同等层实体上的。在网络协议作用下，两个同等层实体间的通信使得本层能够向它相邻的上一层提供服务，以便上一层完成自己的功能。网络服务是指彼此相邻的两层间下层为上层提供通信能力或操作而屏蔽其细节的过程。

由于网络分层结构中的单向依赖关系，使得网络的每一层总是向它的上层提供服务，而每一层的服务又都是借助于其下层及以下各层的服务能力。

1．服务原语

层间的服务在形式上是由一种原语（或操作）来描述的，如库函数或系统调用等。在同一系统中，N＋1 层实体向 N 层实体请求服务时，服务用户和服务提供者之间要进行信息交互，交互的信息即为服务原语。这些原语通知服务提供者采取某些行动或报告某个同等实体的活动，供用户和其他实体访问该服务。服务原语可分为 4 类：

（1）请求（request）。使用户能从服务提供者那里请求一定的服务，如建立连接、发送数据、释放连接、报告状态等。

（2）指示（indication）。使服务提供者能向用户提示某种状态，如连接指示、输入数据、释放连接指示等。

（3）响应（response）。使用户能响应先前的指示原语，如接受连接或释放连接等。

（4）证实（confirmation）。使服务提供者能报告先前请求是否成功。

网络中每个层次通过服务访问点向相邻上层提供服务，而上层则通过原语或过程（procedure）调用相邻下层的服务。另外，相邻上层协议通过不同的服务访问点对下层协议进行调用，这与过程调用中不同的过程调用要使用不同的过程调用名一样。相邻层之间的接口则是指两相邻层之间所有的调用和服务访问点以及服务的集合。

2．服务形式

在网络体系结构中，下层向上层提供两种不同类型的服务，即面向连接的服务和无连接的服务。

1）面向连接的服务

所谓连接，是指在同等层的两个同等实体间所设定的逻辑通路。利用建立的连接进行数据传输的方式就是面向连接的服务（connection-oriented service）。面向连接的服务思想来源于电话传输系统，即在计算机开始通信之前，两台计算机必须通过通信网络建立连接，然后开始传输数据。数据传输结束后，再撤销这个连接。因此，面向连接的服务过程可分为 3 部分：建立连接、传输数据和撤销连接。在网络层中该服务类型称为虚电路。面向连接的服务只有在建立连接时发送的分组中才包含相应的目的地址。连接建立之后，所有传送的分组中将不再包含目的地址，而仅包含比目的地址更短的连接标识，从而减少了数据分组传输的负载。

面向连接的服务比较适合于数据量大、实时性要求高的数据传输应用场合。面向连接的服务又可分为永久性连接服务和非永久性连接服务。建立永久性连接类似于建立专用的电话线路，这适合需要进行频繁的数据传输的两个用户之间，可免除每次通信时的建立连接和释放连接的过程。

2）无连接的服务

无连接服务（connectionless service）的过程类似于邮政系统的信件通信。无论何时，计算机都可以向网络发送想要发送的数据。通信前，无需在两个同等层实体之间事先建立连接,通信链路资源完全在数据传输过程中动态地进行分配。此外在通信过程中,双方并非需要同时处于工作状态,如同在信件传递中,收信人没必要当时位于目的地一样。因此,无连接服务的优点是灵活方便,信道的利用率高,特别适合于短报文的传输。

与面向连接服务不同的是,由于无连接服务在通信前未建立连接,因此传输的每个数据分组中必须包括目的地址,同时,由于无连接方式不需要接收方的回答和确认,因此可能会出现分组的丢失、重复或失序等错误。

无连接服务可分为数据报、证实交付和请求回答三种类型。数据报是一种不可靠的服务,通信过程类似于一般平信的投递,接收端不需要做任何响应;证实交付是一种可靠的服务,它要求每个报文的传输都有一个证实给发送方的服务用户,该证实来自于接收方的服务提供者而不是服务用户,这就意味着该证实只能保证报文已经发送到目的站,而不能保证目的站的服务用户已收到该报文;请求应答也是一种可靠的服务,它要求接收方的服务用户每收到一个报文就向发送方的服务用户发送一个应答报文。

> **识记**
>
> 面向连接的服务是一种可靠的服务;面向无连接的服务是一种不可靠的服务,尽自己最大努力的服务。

在网络体系结构中,我们常提到"服务""功能"和"协议"这几个术语,它们有着完全不同的概念。"服务"是对上一层而言的,属于外观的表象;"功能"则是本层内部的活动,是为了实现对外服务而从事的活动;而"协议"则相当于一种工具,层次"内部"的功能和"对外"的服务都是在本层"协议"的支持下完成的。

> **识记**
>
> 水平的协议、垂直的服务;协议是实现对等层功能的集合;某一层协议的实现要依赖下一层的服务,实现本层的协议目的是为上一层提供服务。

3.2 OSI 参考模型

开放系统互联参考模型(open systems interconnection reference model,OSI),由国际标准化组织 ISO 在 20 世纪 80 年代初提出,即 ISO/IEC7498,定义了网络互联的基本参考模型。

最先提出计算机网络体系结构概念的是 IBM 公司,它于 1974 年提出了系统网络体系结构(systems network architecture,SNA),这是世界上第一个按照分层方法制定的网络设计标准。之后,DEC公司于1975年提出了数字网络体系结构(digital Network architecture,DNA)。其他计算机厂商也分别提出了各自的计算机网络体系结构。这些体系结构都采用了分层次的模型,但各有其特点以适应各公司的生产和商业目的,因此就造成了系统不兼容的问题,即不同厂家生产的计算机系统和网络设备不能互联成网。

在这种情况下,ISO提出了OSI参考模型,它的最大特点是开放性。不同厂家的网络产品,只要遵照这个参考模型,就可以实现互联、互操作,也就是说,任何遵循OSI标准的系统,只要物理上连接起来,它们之间都可以互相通信。

OSI参考模型定义了开放系统的层次结构和各层所提供的服务。OSI参考模型的一个成功之处在于,它清晰地分开了服务、接口和协议这3个容易混淆的概念。通过区分这些抽象概念,OSI参考模型将功能定义与实现细节分开了,概括性高,使它具有了普遍的适应能力。

3.2.1 OSI 参考模型结构

OSI是分层体系结构的一个实例,每一层是一个模块,用于执行某种主要功能,并具有自己的一套通信指令格式。用于相同层的两个功能之间通信的协议称为对等协议。根据分而治之的原则,ISO将整个通信功能划分为7个层次。如图3-3所示,自底向上的7个层次分别是物理层、数据链路层、网络层、传输层、会话层、表示层和应用层。

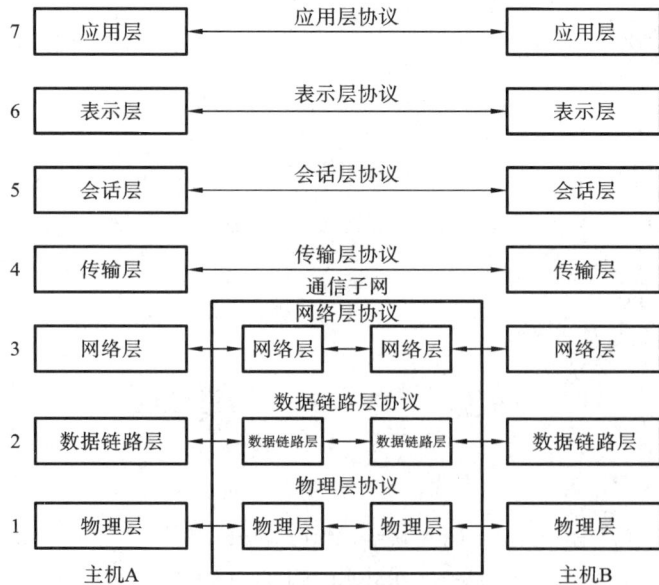

图 3-3 OSI 参考模型示意图

该模型有以下几个特点：

（1）每个层次的对应实体之间都通过各自的协议通信。

（2）各个计算机系统都有相同的层次结构。

（3）不同系统的相应层次有相同的功能。

（4）同一系统的各层次之间通过接口联系。

（5）相邻的两层之间，下层为上层提供服务，同时上层使用下层提供的服务。

划分层次的主要原则是：

（1）同一个网络中各节点都具有相同的层次。

（2）不同节点的同等层具有相同的功能。

（3）同一节点内相邻层之间通过接口通信。

（4）每一层可以使用下层提供的服务，并向其上层提供服务。

（5）不同节点的同等层通过协议来实现对等层之间的通信。其基本思想如图 3-4 所示。

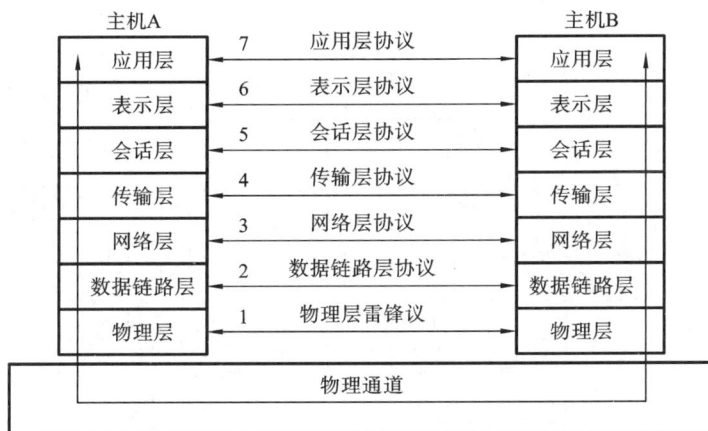

图 3-4 OSI 参考模型的基本思想

3.2.2 数据的封装与传递

在 OSI 参考模型中，对等层之间经常需要交换信息单元，对等层之间需要交换的信息单元称为协议数据单元（protocol data unit，PDU）。

节点的对等层之间的通信并不是直接通信，而是需要借助于下层提供的服务来完成，所以，通常说对等层之间的通信是虚通信，直接通信与虚通信的示意图如图 3-5 所示。

事实上，当某一层需要使用下一层提供的服务传送自己的 PDU 时，其当前层的下一层总是将上一层的 PDU 变为自己 PDU 的数据部分，然后利用其下一层提供的服务将信息传递出去。如图 3-6 所示，节点 A 将其应用层的信息逐层向下传递，最终变为能够在传输介质上传输的数据（二进制编码），并通过传输介质将编码传送到节点 B。

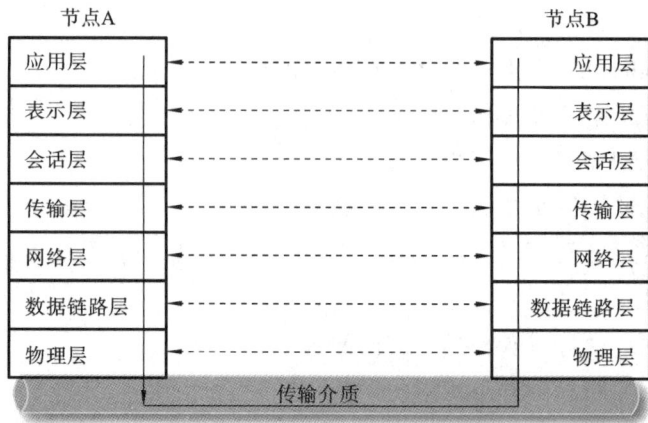

图 3-5　直接通信与虚通信

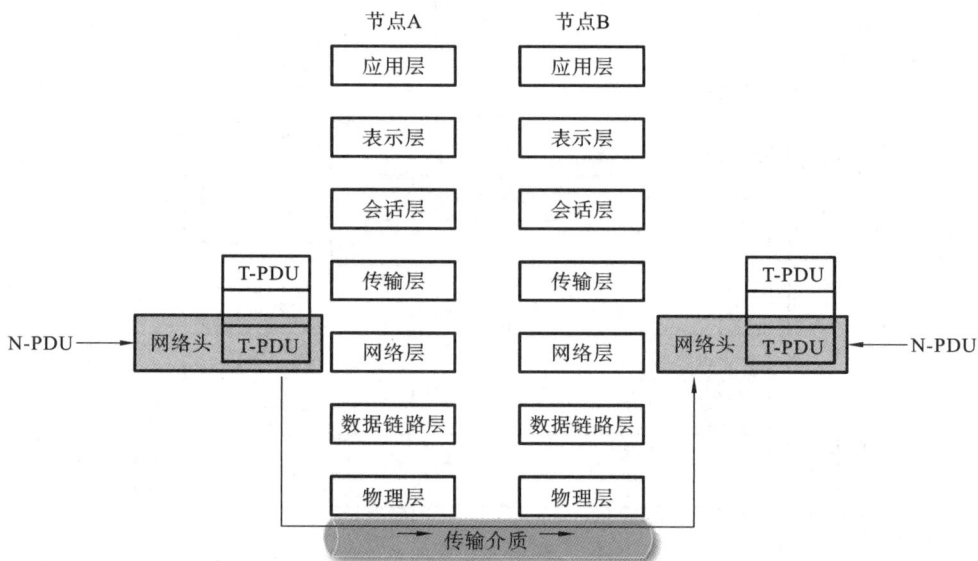

图 3-6　网络中数据的封装与解封

在网络中,对等层可以相互理解和解析对方信息的具体意义,如节点 B 的网络层收到节点 A 的网络层的 PDU(NH+L4DATA,即 L3DATA)时,可以理解该 PDU 的信息并知道如何处理该信息。如果不是对等层,则双方的信息就不可能也没有必要相互理解。

识记

各层协议数据单元都有自己的名称;传输层的 PDU 称为报文段;网络层的 PDU 称为 IP 数据报(包)或分组;数据链路层的 PDU 称为数据帧;物理层的 PDU 称为比特流。

1. 数据封装

为了实现对等层之间的通信,当数据需要通过网络从一个节点传送到另一节点前,必须在数据的首部和尾部加入特定的协议头或协议尾。这种增加数据首部和尾部的过程称为数据打包或数据封装。

例如,在图 3-7 中,主机 A 的网络层需要将数据传送到主机 B 的网络层,这时,主机 A 的网络层就需要使用其下邻层提供的服务。即首先将自己的 PDU(NH+L4DATA)交给其下邻层——数据链路层,主机 A 的数据链路层在收到该 PDU(NH+L4DATA)之后,将它变为自己 PDU 的数据部分 L3DATA,在其首部和尾部加入特定的协议头和协议尾 DH,封装为自己的 PDU(DH+L3DATA+DH),然后再传给其下邻层——物理层。最终将其应用层的信息变为能够在传输介质上传输的数据(二进制编码),并通过传输介质将编码传送到主机 B。

2. 数据解封装

在数据到达接收节点的对等层后,接收方将反向识别、提取和除去发送方对等层所增加的数据首部和尾部。接收方这种去除数据首部或尾部的过程称为数据拆包或数据解封装。例如,在图 3-7 中,主机 B 的数据链路层在传给网络层之前,按照对等层协议相同的原则,首先将自己的 PDU(DH+L3DATA+DT)去除其首部和尾部的协议头 DH 和协议尾 DT,还原为本层 PDU 的数据部分 L3DATA(NH+L4DATA),即网络层的 PDU,然后将其传给网络层。其他层依次进行类似处理,最后将数据交付给应用层。

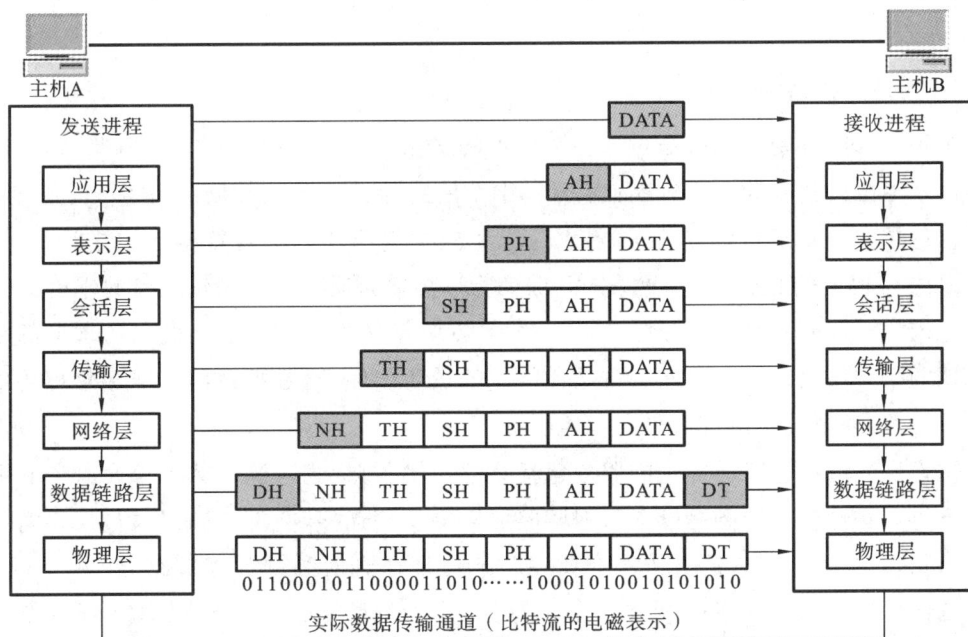

图 3-7 完整的 OSI 数据传递与流动过程

事实上,数据封装和解封装的过程与通过邮局发送信件的过程是相似的。当需要发送信件时,首先需要将写好的信纸放入信封中,然后按照一定的格式书写收信人姓名、收信人地址及发信人地址,这个过程就是一种封装的过程。当收信人收到信件后,要将信封拆开,取出信纸,这就是解封的过程。在信件通过邮局传递的过程中,邮局的工作人员仅需要识别和理解信封上的内容。对于信纸上书写的内容,他不可能也没必要知道。

尽管发送的数据在 OSI 参考模型中经过复杂的处理过程才能送到另一接收节点,但对于相互通信的计算机来说,OSI 参考模型中数据流的复杂处理过程是透明的。发送的数据好像是"直接"传送给接收节点,这是开放系统在网络通信过程中最主要的特点。

识记

数据在网络中传输,实际上就是不断封装和解封装的过程。

3.3 OSI 各层的主要功能及其实现

3.3.1 物理层

1. 物理层的基本概念

物理层(physical layer)是 OSI 参考模型的底层,是整个开放系统的基础。物理层保证通信信道上传输 0 和 1 二进制比特流,用以建立、维持和释放数据链路实体间的连接。

物理层并不是指物理传输介质,它是介于数据链路层和物理传输介质之间的一层,是 OSI 参考模型的底层,起着数据链路层到物理传输介质之间的逻辑接口的作用。

物理层协议是各种网络设备进行互联而必须遵守的底层协议。设立物理层的目的是实现两个网络物理设备之间二进制比特流的透明传输,对数据链路层屏蔽物理传输介质的特性,以便对高层协议有最大的透明性。

物理层向数据链路层提供的服务包括物理连接服务、物理服务数据单元服务和顺序化服务等。物理连接服务是指向数据链路层提供物理连接,数据链路层通过接口将数据传送给物理层,物理层就通过传输介质一位一位地送到对等的数据链路层实体,至于数据是如何传送的,数据链路层并不关心。物理服务数据单元服务是指在物理介质上传输非结构化的比特流。所谓非结构化的比特流,指顺序地传输 0、1 信号,而不必考虑这些 0、1 信号表示什么意义。顺序化服务是指 0、1 信号一定要按照原顺序传送给对方的物理层。

物理层协议被设计来控制传输介质，规定传输介质本身及与其相连接接口的机械、电气、功能和规程特性，以提供传输介质对计算机系统的独立性。信号可以通过有线传输介质（双绞线、同轴电缆、光纤等）传输，也可以通过无线传输介质（无线电广播和微波通信等）传输，它们并不包括在 OSI 的 7 层之内，其位置处在物理层的下面。这些接口和传输介质必须保证发送和接收信号的一致性，即发送的信号是比特 1 时，接收的信号也必须是 1，反之亦然。计算机和调制解调器的串行接口 RS-232C 标准就是物理层协议。

在几种常用的物理层标准中，通常将具有一定数据处理、发送、接收能力的设备称为数据终端设备（data terminal equipment，DTE），而把介于 DTE 与传输介质之间的设备称为数据电路终接设备（data circuit-terminating equipment，DCE）。DCE 在 DTE 与传输介质之间提供信号变换和编码功能，并负责建立、维护和释放物理连接。DTE 可以是一台计算机，也可以是一台 I/O 设备。

在物理层通信过程中，DCE 一方面要将 DTE 传送的数据按比特流顺序逐位发往传输介质，同时也需要将从传输介质接收到的比特流顺序传送给 DTE。因此，在 DTE 与DCE 之间，既有数据信息传输，也应有控制信息传输，这就需要高度协调地工作，需要制定 DTE 与 DCE 接口标准，而这些标准就是物理接口标准。

物理接口标准定义了物理层与物理传输介质之间的边界与接口。物理接口的 4 个特性是：机械特性、电气特性、功能特性与规程特性。

（1）机械特性：定义接口的尺寸、引线数目和排列顺序、固定装置和锁定装置等；

（2）电气特性：定义在接口的各条引线上出现的电压的范围；

（3）功能特性：定义在接口的各条引线上出现某一电压表示的意义；

（4）规程特性：定义对于不同功能的各种可能事件的出现顺序。

2．物理层的标准举例

不同物理接口标准在以上 4 个特性上都不尽相同。实际网络中比较广泛使用的物理接口标准有 EIA RS-232-D、EIA RS-449 等。下面以 EIA RS-232-D 接口标准为例说明物理层的标准。

EIA RS-232-D 是美国电子工业协会（Electronic Industries Association，EIA）制定的物理接口标准，也是目前数据通信与网络中应用最广泛的标准之一。它的前身是 EIA 在1969 年制定的 EIA RS-232-C 标准。RS 表示是 EIA 的一种"推荐标准"，232 是标准号。EIA RS-232-C 是 RS-232 标准的第三版。RS-232-C 是一种应用十分广泛的物理接口标准。经 1987 年 1 月修改后，定名为 EIA RS-232-D。由于两者相差不大，因此 RS-232-D 与 RS-232-C 在物理接口标准中基本成为等同的标准，人们经常简称它们为"RS-232 标准"。

（1）EIA RS-232-D 物理特性：EIA RS-232-D 规定使用一个 25 根插针的标准连接器（DB-25），结构如图 3-8 所示，这一点与 ISO 2110 标准是一致的。EIA RS-232-D 对DB-25 连接器的机械尺寸及每根针排列的位置均做了明确的规定，从而保证符合 EIA

RS-232-D 标准的接口在国际上是通用的。

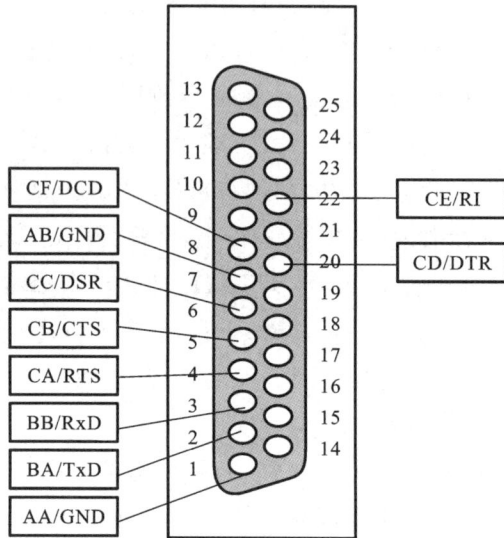

图 3-8   DB-25 连接器结构图

（2）EIA RS-232-D 电气特性：EIA RS-232-D 与 CCITT V. 28 建议书是一致的。EIA RS-232-D 采用负逻辑，即逻辑 0 用 5～15 V 表示，逻辑 1 用－5～－15 V 表示。由于 EIA RS-232-D 电平与 TTL 电平是不一致的，目前采用专用的电平转换器实现 TTL 电平与 EIA RS-232-D 的转换，EIA RS-232-D 的发送器和接收器均采用非平衡电路，这就决定了 DTE 与 DCE 之间的 EIA RS-232-D 连接电缆的长度、数据传输速率与抗干扰能力。非平衡的 EIA RS-232-D 的 DTE 与 DCE 电缆长度为 15 m 时，数据传输速率最大为 20 Kb/s。

（3）EIA RS-232-D 功能特性：EIA RS-232-D 与 CCITT V. 24 建议书一致。EIA RS-232-D 定义了 DB-25 连接器中 20 条连接线的功能，其中最常用的 9 条连接线功能定义如表 3-1 所示。

表 3-1   DB-25 中常用连接线功能定义

针号	功　　能	数据传输方向
2	发送数据 TxD,Transmit Data	DTE-DCE
3	接收数据 RxD,Received Data	DCE-DTE
4	请求发送 RTS,Request To Send	DTE-DCE
5	清除发送 CTS,Clear To Send	
6	数据设备准备好 DSR,Data Set Ready	
7	信号地 SG,Signal Ground	
8	载波检测 DCD,Data Carrier Detect	DCE-DTE
20	数据终端准备好 DTR,Data Terminal Ready	DCE-DTE
22	振铃指示 RI,Ring Indication	DCE-DTE

表 3-1 中的连线可以根据其传递信号的功能分为以下 3 类：

① 数据线：TxD、RxD。

② 控制线：RTS、CTS、DSR、DCD、DTR、RI。

③ 地线：SG。

标准的 DTE 与 DCE 按 EIA RS-232-D 接口标准的全连接方式，如图 3-9 所示。还有一种情况是将两台计算机通过 EIA RS-232-D 直接连接，或者是一台终端与一台主机通过 EIA RS-232-D 直接连接。这种不需要使用 DCE 的 DTE 与 DTE 直接连接中，一台 DTE 的发送数据 TxD 输出端应与另一台 DTE 的接收数据 RxD 输入端直接连接，而其他控制信号线的连接方法可以按图 3-10 所示进行连接。

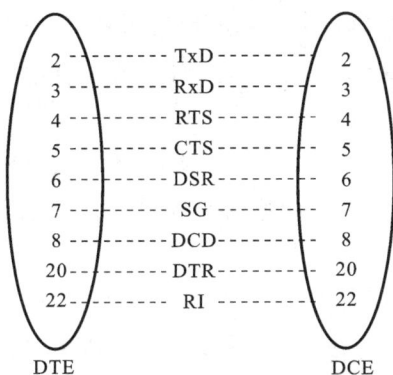

图 3-9 DTE 与 DCE 连接示意图　　　图 3-10 DTE 与 DTE 连接示意图

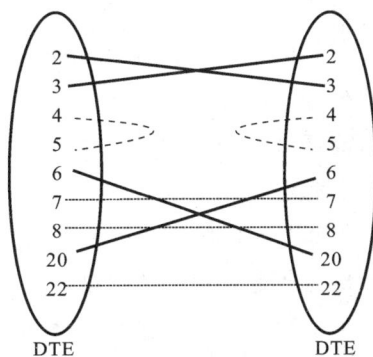

（4）EIA RS-232-D 规程特性：EIA RS-232-D 与 CCITT V.24 建议书一致。EIA RS-232-D 的规程特性比较复杂，它规定了 DTE 与 DCE 之间控制信号与数据信号的发送时序、应答关系与操作规程。

两台计算机通过 Modem 进行通信，采用电话交换互联的结构。如果它们采用 EIA RS-232-D 协议，那么 EIA RS-232-D 规程特性规定了作为 DTE 的计算机与作为 DCE 的 Modem 通过 EIA RS-232-D 接口，按以下阶段进行工作：

（1）物理连接建立阶段；

（2）比特流传输阶段；

（3）物理连接释放阶段。

3. 物理层的实现

中继器（repeater）是连接网络线路的一种装置，主要完成物理层的功能，负责在两个节点的物理层上按位传输比特，完成信号的复制、调整和放大功能，以此来延长网络的传输距离。信号在传输介质上进行传输过程中存在损耗，在线路上传输的信号功率会逐渐衰减，衰减到一定的程度时将造成信号失真，因此会导致比特错误。中继器就是为了解决这一问题而设计的。它完成物理线路的连接，对衰减的信号进行放大，保持与原数据相同。

81

识记 👤

用硬件实现物理层的相关功能,包括透明传输比特流、接口特性的定义等,常用中继器、集线器、调制解调器等设备实现物理层的功能。

3.3.2 数据链路层

1. 数据链路层基本概念

数据链路层(data link layer)的主要功能是在物理层提供的比特服务的基础上,在相邻节点之间提供简单的通信链路,传输以"帧"为单位的数据,同时它还负责数据链路的流量控制和差错控制等。

数据链路层是 OSI 参考模型中极其重要的一层。发送方的数据链路层将网络层的协议数据单元封装成帧,接收方的数据链路层将物理层的比特流恢复成帧。数据链路层负责帧在相邻节点之间的无差错传递。

在物理介质上传输的数据难免受到各种不可靠因素的影响而产生差错,数据链路层的功能是加强物理层原始比特流的传输功能,建立、维持和释放网络实体之间的数据链路连接,使之对网络层呈现为一条无差错通路。数据链路层将本质上不可靠的传输介质变成可靠的传输通路提供给网络层。

在 OSI 参考模型中,数据链路层完成以下功能:

(1)数据链路建立、维护与释放的链路管理工作。

(2)数据链路层协议数据单元帧的传输。

(3)差错检测与控制。

(4)数据流量控制。

(5)在多点连接或多条数据链路连接的情况下,提供数据链路端口标志的识别,支持网络层实体建立网络连接。

(6)帧接收顺序控制。

2. 成帧

在发送端,数据链路层要将上层的协议数据单元进行封装,加上本层的控制信息(寻址和差错控制等)形成数据链路层的协议数据单元(即帧)。

在接收端,比特流通过物理层的处理和传输介质的实际传输,接收方从物理层收到比特流,例如,01010011101010111010101000111000……,上交给数据链路层后,数据链路层要从这个比特流中分离出哪些位表示控制信息,哪些位是数据部分(网络层 PDU),其中还包括空转填充比特,即数据链路层要将下层上交的比特流恢复成帧。

接收方要能够准确识别哪些比特构成一帧,必须判断帧的开始和结尾。解决成帧问题有以下 3 种方法。

(1) 面向字符填充。

面向字符填充的方法是把每一帧看成一个字节(字符)集,如图 3-11 所示,表示某一种数据链路层协议帧的格式。每个字段上方的数字表示该字段所占比特的个数。

8	8	8			8	16	8	8
SYN	SYN	STX	首部	分组	ETX	CRC	SYN	SYN

帧

图 3-11　面向字符成帧

一帧的开始用发送一个特定的 SYN(同步码)字符表示。帧的数据部分在特殊的填充字符 STX(正文开始符)和 ETX(正文结束符)之间。然而字符填充方法的问题是,ETX 字符可能出现在帧的数据部分。一般的做法是无论 ETX 何时在帧中出现,在其前加一个 DLE(数据链路转换码)字符,避免 ETX 字符出现在帧的数据部分中;帧中的 DLE 字符也采用类似的方法(在其前多加一个 DLE)。这类似于引号出现在一个字符串中时用反斜线来避免出错的处理方法。这种方法经常被称为字符填充,因为在帧的数据部分中插入额外的字符。帧格式还包括一个用于检验传输差错的字段,标记为 CRC(循环冗余校验)。应用面向字符填充方法的协议有 PPP、BISYNC 等。

(2) 长度填充。

用一个首部字段给出帧的长度(以比特或字节为单位)。接收器可以计数到一帧的结束并找到下一帧的开始,接收器查看下一帧首部中相应的长度字段来确定这一分组的长度。

长度计数的问题是难以进行错误恢复,在长度计数中出现错误后需要再同步。

还有其他长度计数方法,如固定长度分组(如 ATM),所有分组具有相同的长度,在 ATM 网络中所有的分组是 53 字节。初始化时需要同步。这种方法的问题是报文长度不是分组长度的整数倍时,需要在报文的最后一个分组中进行填充,快速完成分组和重组装的开销很大。

(3) 比特填充。

标志字段是一些用于表示一个帧的开始和结束的确定的比特串,可以用一个单独的标志字段表示一个帧的开始和结束。理论上,可以使用任意的比特串,但必须以某种方式防止标志字段出现在数据中。例如,标准协议使用 8 比特串"01111110"作为标志字段。所有"01111110"不能出现在数据部分,通常采用比特填充方法来防止该字段出现在数据部分。

比特填充方法如下:

发送方在原始帧的数据部分中的每 5 个连续 1 之后填一个"0",接收方删掉帧的数据部分中的每 5 个连续 1 之后的"0"。

3. 差错检验

在传输过程中有时会发生比特差错。例如,由于电磁干扰或热噪声,就会发生这样的差错,尽管差错很少,但还是需要各种机制来检测这些差错,以便纠错。

检错只是问题的一部分,另一部分是一旦发现差错就立即纠错。当数据的接收方检测到差错时,可以采取两种基本方法:一种方法是通知发送方数据出错,以便发送方重新发送该数据的拷贝,如果比特差错很少,那么重传的拷贝很有可能没有差错;另一种方法是采用一些差错检测算法,允许接收方在数据出错后重新构造正确的数据,这些算法依赖于纠错码。

差错检验的一项最普通的技术称为循环冗余检验(cyclic redundancy check,CRC),它几乎用在所有链路层协议中,如 HDLC、DDCMP 等。在讨论 CRC 算法前,先考虑两种被广泛应用的简单差错检验方法:奇偶校验和校验和。

任何差错检验方法的基本思想都是在帧中加入冗余信息来确定是否存在差错。极端情况下,传输数据的两个完整拷贝,也就是冗余信息就是数据的拷贝,那么可能它们都是正确的,如果不同,那么其中之一(或者两者)有错误,必须将它们丢弃。

所谓冗余信息,是指它们不是向数据部分中加入新的数据,而是用某种定义明确的算法直接从原始数据中导出的数据。发送方将该冗余算法应用在数据上产生冗余比特。然后,它将该数据和那几个额外的比特都传输出去。当接收方对收到的数据应用同一算法时,应该产生与发送方得到相同的结果。如果不同,表示数据或冗余比特出错,对此必须采取适当的措施,即丢弃该数据或在可能的情况下进行纠错。

(1)奇偶校验。

奇偶校验是一种简单的校验方法,通常把额外的 1 比特附加在 7 比特编码上,用来平衡字节中 1 的个数。奇(偶)校验使字节中 1 的个数为奇数(偶数),设置第 8 个比特位为 0 或 1。

【例 3-1】 在奇校验系统中,发送数据为 1101100,其中 1 的个数为偶数,因此在后面附加一个 1 比特,发送数据变为 11011001,1 的个数为奇数。接收方如果收到数据为 11011001,计算 1 的个数为奇数,则去掉附加的 1 比特,还原为原始数据 1101100,交给上层;如果收到的数据中 1 的个数为偶数,则丢弃该数据,要求发送方重新发送。

(2)校验和算法。

差错检验的校验和算法通常用在 Internet 中,这种方法用在传输层或其他层,不用在数据链路层,但仍然提供了与 CRC 和奇偶校验同样的功能,因此放在这里一起讨论。

校验和思想是将传输的所有字(16 位二进制)加起来,然后传输这个结果,此结果称为校验和。接收方对收到的数据执行同样的计算,然后把得到的结果与收到的校验和进行比较,如果传输的任何数据,包括校验和本身出错,那么结果将不匹配,接收方就知道产生了错误。

校验和思想有许多不同的变种。Internet 协议通常把计算校验和数据看作一个 16 比特整数的序列,采用 16 比特 1 补码算法将它们加在一起,然后对结果取 1 补码,那个 16 比特数即为校验和。

【例 3-2】 IP 协议使用校验和算法对数据包的首部(20 字节)进行差错检验,其中预留 16 个比特(第 6 行)的位置给校验和,用 16 个 0 表示。将 IP 协议首部以 16bit 为单位进行校验和运算:

```
0101010001111010
1010100001111010
1110001010101011
1110101010101110
1001011101010110
0000000000000000      预留校验和存放位置
1111110111010101
1000000101011101
1101111000011010
1000101010101010
-----------------
0101001101101011      校验和
```

发送时,将校验和替换预留校验和存放位置处的 16 个 0,发送原始数据和附加的校验和,接收方将收到的 IP 协议首部以 16bit 为单位进行校验和运算:

```
0101010001111010
1010100001111010
1110001010101011
1110101010101110
1001011101010110
0101001101101011      附加的校验和
1111110111010101
1000000101011101
1101111000011010
1000101010101010
-----------------
0000000000000000      校验和
```

如果运算的结果为全 0,说明收到的 IP 协议首部是正确的,否则是错误的。

(3) 循环冗余检验。

设计差错检验算法的主要目的是用最少的冗余比特使检错的可能性最大。循环冗余检验使用一些数学算法来达到这一目的。例如,一个 32 比特的 CRC 相对于上千字节的数据中一般的比特差错具有很强的检测能力。

首先,考虑一个 $(n+1)$ 比特数据由一个 n 次多项式表示,即最高次项是 x^n 的多项式。通过用数据中的每一比特值作为多项式中每一项的系数,并从最高位代表最高次项开始,用一个多项式表示该数据。例如,一个 8 比特数据 10011010 对应的多项式为

$$M(x)=1\times x^7+0\times x^6+0\times x^5+1\times x^4+1\times x^3+0\times x^2+1\times x^1+0\times x^0$$
$$=x^7+x^4+x^3+x^1$$

这样,我们可以认为发送方和接收方在互相交换多项式。

为了计算 CRC,发送方和接收方必须协商一个除数多项式 $C(x)$。$C(x)$ 是一个 k 次多项式。例如,假设 $C(x)=x^3+1$,这种情况下,$k=3$。$C(x)$ 的选择对于能被可靠检测的差错类型有重要影响。有少数除数多项式对于各种环境都是很好的选择,并且这个确切的选择通常是协议的一部分。例如,以太网标准使用一个众所周知的 32 次多项式 CRC-32。

当发送方要传输一个 k 比特长的数据 $M(x)$ 时,实际发送的是该 k 比特的消息加上 r 比特的冗余码 R,将这个包括冗余比特的被传输的完整数据称为 $P(x)$,如图 3-12 所示。我们要做的是使表示 $P(x)$ 的多项式恰好能被 $C(x)$ 整除。如果在一条线路上传输 $P(x)$,并且在传输过程中没有发生差错,那么接收方应该恰好能用 $C(x)$ 整除 $P(x)$,余数为 0;如果在传输过程中 $P(x)$ 中出现了某个差错,那么收到的多项式将不再能被 $C(x)$ 整除,并且接收方得到的余数非零,说明发生了一个差错。

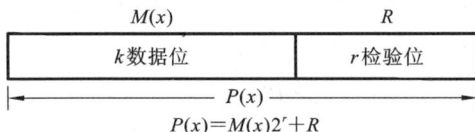

图 3-12 $P(x)$ 的构成

现在广泛使用的 $C(x)$ 有以下几种:

$$\text{CRC-16}=X^{16}+X^{15}+X^2+1$$

$$\text{CRC-CCITT}=X^{16}+X^{12}+X^5+1$$

$$\text{CRC-32}=X^{32}+X^{26}+X^{23}+X^{22}+X^{16}+X^{12}+X^{11}+X^{10}+X^8+X^7+X^5+X^4+X^2+X+1$$

下面以一个实际例子说明 CRC 的计算过程。

【例 3-3】 要发送的数据 $M(x)$ 为 110101,$k=6$。选择 $C(x)$ 为 1001,$C(x)$ 的最高次幂是 3,所以 R 的位数为 $r=3$,即 $M(x)2^r=110101000$。经过如图 3-13(a)所示的模 2 除法运算,得到 $R=011$。这样得到要发送的完整数据 $P(x)=110101011$。

接收方收到的 $P(x)$ 经过同样的运算,如图 3-13(b)所示。得到的余数为 0,表示传输的数据无差错,否则,表示传输的数据有差错。

```
       发送方                          接收方
        110011                          110011
1001 / 110101000              1001 / 110101011
       1001                            1001
       ────                            ────
       1000                            1000
       1001           模2除法          1001
       ────                            ────
       1100                            1101
       1001                            1001
       ────                            ────
       1010                            1001
       1001                            1001
       ────                            ────
        011  = R(3bit)                  000  = 无错误
        (a)                             (b)
```

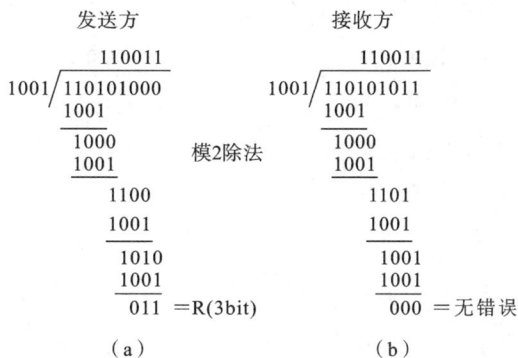

图 3-13　循环冗余检验计算过程

4. 数据链路层协议举例

数据链路层的协议是数据链路层功能的集合,因此每种数据链路层的协议要完成数据链路层的相关功能。数据链路层常见的协议有 HDLC、MAC 和 PPP 等。

HDLC 是面向比特的数据链路层控制协议的典型代表,该协议不依赖于任何一种字符编码集;数据帧可透明传输,用于实现透明传输的"0 比特填充法",易于硬件实现;全双工通信,有较高的数据链路传输效率;所有帧采用 CRC 检验,对信息帧进行顺序编号,可防止漏收或重复接收,传输可靠性高;传输控制功能与处理功能分离,具有较大灵活性。

HDLC 帧的格式如图 3-14 所示,其中帧的首部和尾部分别放入一个 8 比特的标志字段 F,作为一个帧的边界。标志字段 F 为 01111110。采用 0 比特填充法使帧的数据部分不会出现标志位,即在每 5 个连续 1 的后面插入一位 0 比特;接收方将每 5 个连续 1 后面的 0 比特去掉,还原为原始帧。

```
比特   8      8      8      可变        16        8
     ┌────┬────┬────┬──────┬──────────────┬────┐
     │标志F│地址A│控制C│ 信息I │ 帧校验序列FCS │标志F│
     └────┴────┴────┴──────┴──────────────┴────┘
          │←──────── FCS检验区间 ────────→│
```

图 3-14　HDLC 帧格式

HDLC 帧结构中,地址字段 A 长度为 8 比特,地址字段中写入下一个节点的物理地址。帧校验序列 FCS 采用 16 个比特的 CRC,控制字段 C 长度为 8 比特,是最复杂的字段,HDLC 很多重要功能根据控制字段来实现,根据 8 比特最前两个比特的值,将 HDLC 帧分成 3 类,即信息帧、监督帧和无编号帧等。

5. 数据链路层的实现

网桥(bridge)可以将两个相同的网络连接起来,并在网络数据的传输中进行管理。网桥工作在数据链路层,不但能扩展网络的覆盖范围,还可以提高网络的性能和可靠性等。两个网段通过网桥连接后,网桥记录每个主机的物理地址对应所连接网桥的端口号。当网桥收到数据帧,解析数据帧的首部,如果源地址和目的地址连接网桥的同一个端口,则不转发该数据帧,如果源地址和目的地址连接网桥的不同端口,则转发该数据帧。这样可以减少网络广播传输,提高网络的性能,此外网桥在收到数据帧时,可以根据帧尾的冗余码对数据帧进行差错检验,提高网络的可靠性。

> **识记**
>
> 用硬件实现数据链路层的相关功能,包括寻址、差错检验和流量控制等,常用网桥、交换机等设备实现数据链路层的功能。

3.3.3　网络层

1. 网络层的基本概念

网络层(network layer)完成对通信子网的运行控制。它通过网络连接交换传输层实体发出的数据,使得高层的设计考虑不依赖于数据传送技术和中继或路由,同时也使数据传送和高层隔离。网络层提供交换和路由功能,以激活、保持和终止网络层连接。

网络层向上层提供简单灵活的、无连接的、尽最大努力交付的数据报服务,但不提供服务质量的承诺。概括地说,网络层应具备以下功能。

(1)逻辑地址寻址。

数据链路层的物理地址只是解决了在同一个网络内部的寻址问题,如果一个数据包从一个网络跨越到另外一个网络时,就需要使用网络层的逻辑地址。当传输层传递给网络层一个数据包时,网络层就在这个数据包的首部加入控制信息,其中就包含了源节点和目的节点的逻辑地址。

(2)路由功能。

在网络层中如何将数据包从源节点传送到目的节结点,其中选择一条合适的传输路径是至关重要的,尤其是从源节点到目的节点的通路存在多条路径时,就存在选择最佳路由的问题。路由选择就是根据一定的原则和算法在传输通路中选出一条通向目的节点的最佳路由。

(3)流量控制。

网络层和数据链路层一样也存在流量控制问题。只不过在数据链路层中的流量控制是在两个相邻节点之间进行的,而在网络层中是完成数据包从源主机到目的主机过程中的流量控制。

(4)拥塞控制。

在通信子网内,由于出现过量的数据包而引起网络性能下降的现象称为拥塞。为了避免拥塞现象出现,要采用能防止拥塞的一系列方法对网络进行拥塞控制。拥塞控制主要解决的问题是如何获取网络中发生拥塞的信息,从而利用这些信息进行控制,以避免由于拥塞而出现数据包的丢失以及严重拥塞而产生网络死锁的现象。

2. 网络层的主要功能

(1) 为传输层提供建立、维持和释放网络链接的手段,完成路径选择、拥塞控制、网路互联等功能。这些对传输层来说是完全透明的。

(2) 根据传输层的要求来选择网络服务质量。

(3) 向传输层报告未恢复的差错。

3. 路由选择算法

路由算法很多,大致可分为静态路由算法和动态路由算法两类。

1) 静态路由算法

静态路由算法又称为非自适应性算法,是按某种固定规则进行路由选择。其特点是算法简单、容易实现,但效率和性能较差。

2) 动态路由算法

动态路由算法又称为自适应性算法,是一种依靠网络的当前状态信息来决定路由的策略。这种策略能较好地适应网络流量、拓扑结构的变化,有利于改善网络的性能;但算法复杂,实现开销较大。动态路由选择的协议有 RIP 和 OSPF 等。

4. 网络层的实现

在互联网中,两台主机之间传输数据的通路会有很多条,数据包从一台主机出发,中途要经过多个站点才能到达另一台主机。这些中间节点通常由称为路由器(Router)的设备担当,其作用就是数据包选择一条合适的传送路径。

路由器工作在网络层,是根据数据包中的逻辑地址(网络地址)而不是硬件地址来转发数据包的。路由器的主要工作是为经过路由器的每个数据包寻找一条最佳传输路径,并将该数据包有效地传送到目的站点。

> **识记**
>
> (1) 用硬件实现网络层的相关功能,包括寻址和流量控制等,常用路由器等设备实现网络层的功能;(2) 数据链路层通过物理地址寻址下一个节点,网络层通过逻辑地址寻址目标主机。

3.3.4　传输层

1. 传输层基本概念

传输层(transport layer)的任务是向用户提供可靠的、透明的、端到端的数据传输,以及差错控制和流量控制机制。由于它的存在,网络硬件技术的任何变化对高层都是不可见的,也就是说会话层、表示层、应用层的设计不必考虑底层硬件细节,因此传输层的作用十分重要。

传输层是 OSI 参考模型中关键的一层,也是第一个事实上的端到端层次。因为它是源端到目的端对数据传送进行控制从低到高的最后一层,并把实际使用的通信子网与高层应用分开,提供源端和目的端之间的可靠、无误且经济有效的数据传输。传输层提供端到端的控制以及应用程序所要求的服务质量(QoS)的信息互换。当网络层服务质量不能满足要求时,它将服务水平提高,以满足高层的要求;当网络层服务质量较好时,它只承担很少的任务。

传输层的主要功能有:

(1) 分割与重组数据;

(2) 按端口号寻址;

(3) 连接管理;

(4) 差错控制和流量控制。

传输层在网络层提供服务的基础上为高层提供两种基本的服务:面向连接的服务和面向无连接的服务。面向连接的服务要求高层的应用在进行通信之前,先要建立一个逻辑的连接,并在此连接的基础上进行通信,通信完毕后要拆除逻辑连接,而且通信过程中还要进行差错控制、流量控制和顺序控制。因此,面向连接提供的是可靠的服务,而面向无连接是一种不可靠的服务,由于它不需要为高层应用建立逻辑连接,因此,它不能保证传输的信息按发送顺序提交给用户。不过,在某些场合是必须依靠这种服务的,如网络中的广播数据。

2. 可靠传输

数据在传输过程中可能出错,可以用像 CRC 这样的差错检验码来检测这类错误。实际上,如果不引进额外的开销,目前的纠错码并不足以处理网络链路上多比特错误和突发性差错,结果差错帧通常必须丢弃。一个能可靠传输帧的链路层协议必须能以某种方式恢复这些丢弃(丢失)的帧。

通常使用两种基本机制的组合来完成上述工作:确认和超时。确认(ACK)是协议发给它的对等实体的一个小的控制帧,告知发送方收到刚才的帧。所谓控制帧,就是一个无任何数据的首部,但一个协议也可以将一个 ACK 捎带在一个恰好要发向对方的数据帧上。原始帧的发送方收到一个确认,表示帧发送成功。如果发送方在合理的一段时间后未收到确认,那么重发原始帧。等待一段合理的时间,这个动作被称为延时。

使用确认和超时实现可靠传输的策略有时称为自动请求重传(automatic repeat quest,ARQ)。下面介绍 3 种不同 ARQ 算法。

1）停止等待协议

最简单的 ARQ 算法就是停止等待协议，发送方传输一帧后，在传输下一帧前等待一个确认。如果在某段时间之后确认没有到达，则发送方超时，并重发原始帧。

在停止等待算法中有一个重要的细节。假设发送方发送一个帧，并且接收方确认它，但这个确认丢失或迟到了，在这两种情况下，发送方超时重发这一帧，但接收方却认为这是下一帧，这就引起重复传送帧的问题。为了解决这个问题，停止等待协议的首部通常包含 1 比特的序号，即序号为 0 或 1，并且每一帧交替使用序号，当发送方重发 0 号帧时，接收方可确定它是一个帧 0 的重复帧，而不是帧 1，因此可以忽略它，但接收方仍确认这个帧。

停止等待算法的主要缺点是：它允许发送方每次在链路上只有一个确认的帧，这可能远远低于链路的容量。

2）连续 ARQ

停止等待协议是最简单的 ARQ，但效率很低。连续 ARQ 的要点是在发送完一个数据帧后，不是停下来等待确认帧，而是可以接着发送数据帧。由于减少了等待的时间，整个通信的效率提高了。如果有差错帧的情况，则发送方就从差错帧序号开始重新发送后面所有的数据帧。

3）选择 ARQ

选择 ARQ 是在连续 ARQ 的基础上，在接收方设置一个缓存，保存收到的数据帧。如果有数据帧出现差错，则只需要重传出现错误的数据帧即可。

4）滑动窗口协议

发送方为每一个数据帧设置一个序号 FNum，发送方维护 3 个变量：发送窗口大小 SWS，给出发送方能够发送但未确认的帧数的上界；最近收到的确认帧序号 LAR，最近发送的帧序号 LFS，如图 3-15 所示。发送方维持不等式：LFS−LAR≤SWS。

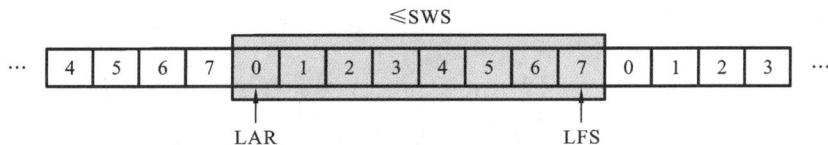

图 3-15　发送方窗口

当一个确认帧到达时，发送方向右移动 LAR，从而允许发送方发送另一数据帧。同时，发送方为所发的每个帧设置一个定时器，如果定时器在 ACK 到达之前超时，则重发此帧。注意：发送方必须存储最多 SWS 个帧，因为在它们得到确认之前必须准备重发。

接收方维护 3 个变量：接收窗口大小 RWS，给出接收方所能接收的无序帧数目的上界；最大可接收的序号 LAF；最近收到的帧的序号 LFR，如图 3-16 所示。接收方维持不等式：LAF−LFR≤RWS。

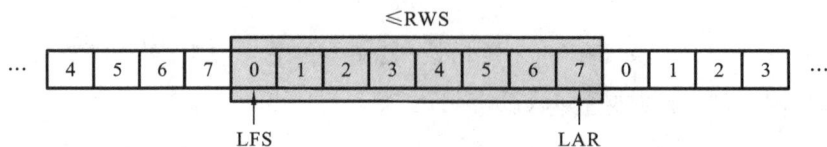

图 3-16　接收方窗口

当一个具有顺序号 FNum 的数据帧到达时,接收方采取如下行动:如果 FNum≤LFR 或 FNum＞LAF,那么该帧不在接收窗口内,于是被丢弃;如果 LFR＜FNum≤LAF,那么帧在接收窗口内,于是被接收。

滑动窗口协议容易产生混淆的是,它可以有 3 个不同的功能:

(1) 在不可靠的链路上可靠传输数据帧;

(2) 用于保持帧的传输顺序;

(3) 流量控制,它是接收方能够控制发送方使其降低速度的一种反馈机制。

在滑动窗口协议中,当发送窗口大小和接收窗口大小都等于 1 时,就等同于停止等待协议;如果发送窗口大小大于 1,接收窗口大小等于 1 时就等同于连续 ARQ;如果发送窗口大小和接收窗口大小都大于 1,就等同于选择 ARQ。

识记

(1) 传输层位于 OSI 参考模型的中间层,上三层用软件实现,下三层用硬件实现;(2) 数据链路层对节点到节点间进行差错检验,传输层对应用程序到应用程序间进行差错检验。

3.3.5　会话层

会话层(session layer)提供两个互相通信的应用进程之间的会话机制,即建立、组织和协调双方的交互(interaction),并使会话获得同步。

在 OSI 参考模型中,所谓一次会话,就是指两个用户进程之间完成一次完整的通信而进行的过程,包括建立、维护和结束会话连接。会话协议的主要目的就是提供一个面向用户的连接服务,并为会话活动提供有效的组织和同步所必需的手段,为数据传送提供控制和管理。

会话层的其中一个服务是管理会话,除单程(只有一方)会话以外,还可以允许双程同时会话或双程交替会话。若属于后者,会话层将记录此时会话的一方。另一类会话服务是控制两个表示层实体间的数据交换过程,如分界和同步等。会话层提供一种同步点(也称为校验点)机制,可使通信会话在通信失效时从同步点继续恢复通信。这种能力对于传送大的文件极为重要。

会话层的具体功能如下。

（1）会话管理：允许用户在两个实体设备之间建立、维持和终止会话，并支持它们之间的数据交换。例如，提供单方向会话或双向同时会话，并管理会话中的发送顺序，以及会话所占用时间的长短。

（2）会话流量控制：提供会话流量控制和交替会话的功能。

（3）寻址：使用远程地址建立会话连接。

（4）出错控制：从逻辑上看，会话层主要负责数据交换的建立、维持和终止，但实际的工作却是接收来自传输层的数据，并负责纠正错误。

识记

在一次会话过程中，传输要么100%完成，要么0%完成，这种会话的结束称为优雅关闭。

3.3.6　表示层

表示层（presentation layer）是OSI参考模型的第6层，它对来自应用层的命令和数据进行解释，对各种语法赋予相应的含义，并按照一定的格式传送给会话层。其主要功能是处理用户信息的表示问题，如编码、数据格式转换和加密解密等。表示层的具体功能如下。

（1）数据格式处理：协商和建立数据交换的格式，解决各应用程序之间在数据格式表示上的差异。

（2）数据的编码：处理字符集和数字的转换。例如，由于用户程序中的数据类型（整型或实型、有符号或无符号等）、用户标识等都可以有不同的表示方式，因此，在设备之间需要具有在不同字符集或格式之间的转换功能。

（3）压缩和解压缩：为了减少数据的传输量，这一层还负责数据压缩与解压缩。

（4）数据的加密和解密：可以提高网络的安全性。

3.3.7　应用层

应用层是OSI参考模型的顶层，它是计算机网络与最终用户间的接口，它包含了系统管理员管理网络服务所涉及的所有问题和基本功能。它在OSI参考模型下面6层提供的数据传输和数据表示等各种服务的基础上，为网络用户或应用程序提供完成特定网络服务功能所需的各种应用协议。

常用的网络服务包括文件服务、电子邮件(E-mail)服务、打印服务、集成通信服务、目录服务、网络管理服务、安全服务、多协议路由与路由互联服务、分布式数据库服务及虚拟终端服务等。网络服务由相应的应用协议来实现,不同的网络操作系统提供的网络服务在功能、用户界面、实现技术、硬件平台支持以及开发应用软件所需的应用程序接口(API)等方面均存在较大差异,而采纳应用协议也各具特色,因此,需要进行应用协议的标准化。

应用层的主要功能如下。

(1)用户接口:应用层是用户与网络,以及客户程序与网络间的直接接口,它使得用户能够与网络进行交互式联系。

(2)实现各种服务:该层具有的各种应用程序能够完成和实现用户请求的各种服务。

总而言之,OSI参考模型的底3层属于通信子网,为用户间提供透明连接,操作主要以每条链路为基础,在节点间的各条数据链路上进行通信。由网络层来控制各条链路上的通信,但要依赖于其他节点的协调操作。顶3层属于资源子网,主要用于保证信息以正确、可理解的形式传送。传输层是顶3层和底3层之间的接口层,它是第一个端到端的层次,保证透明的端到端连接,满足用户的服务质量要求,并向顶3层提供合适的信息形式。

> **识记**
>
> 应用层为用户提供使用网络的应用接口,用户需要什么应用,就为用户提供什么样的接口。

3.4 TCP/IP 体系结构

虽然OSI参考模型是国际标准,但由于它出现的时间晚于已经具体实现的 SNA、DNA 及 TCP/IP 等,再加上 OSI 参考模型自身存在的缺点,在它推出将近 20 年后,并没有出现一统天下的局面。特别是随着 Internet 在全球范围的不断普及,遵循 TCP/IP 的网络越来越多,大有与 OSI 参考模型平分天下之势。下面简单地介绍 TCP/IP 体系结构。

与OSI参考模型不同,TCP/IP体系结构从推出之时,就重点考虑异种网互联的问题。所谓异种网,即遵从不同网络体系结构的网络。TCP/IP 体系结构的目的不是要求大家都遵循一种标准,而是在承认有不同标准的情况下,解决这些不同。因此,网络互联是 TCP/IP 技术的核心。

3.4.1　TCP/IP 简介

TCP/IP 是 Transmission control protocol/Internet protocol(传输控制协议/互联网协议)的缩写。世界上第一个分组交换网(或第一个实用计算机网络)是美国国防部的 ARPAnet。ARPAnet 体系结构也是采用分层结构,原来称为 ARM,代表 ARPAnet 参考模型。从 ARPAnet 发展起来的 Internet 最终连接了大学的校园网、政府部门和企业的局域网。最初 ARPAnet 使用的是租用线路,当卫星通信系统与通信网发展起来之后,ARPAnet 最初开发的网络协议用于在通信可靠性较差的通信子网中,且出现了不少问题,这就导致了新的网络协议 TCP/IP 的出现。虽然 TCP/IP 协议不是标准协议,但它们是目前最流行的商业化的协议,并被公认为当前的工业标准或"事实上的国际标准"。在 TCP/IP 出现后,出现了 TCP/IP 体系结构。

TCP/IP 之所以能够迅速发展起来,不仅因为它是美国国防部指定使用的协议,更重要的是它恰恰适应了世界范围内的数据通信的需要。TCP/IP 协议具有以下 4 个特点:

(1) 开放的协议标准,可以免费使用,并且独立于特定的计算机硬件与操作系统;

(2) 独立于特定的网络硬件,可以运行在局域网、广域网,更适用于互联网;

(3) 统一的网络地址分配方案,使得整个 TCP/IP 设备在网中都具有唯一的地址;

(4) 标准化的高层协议,可以提供多种可靠的用户服务。

3.4.2　TCP/IP 体系结构

TCP/IP 从更实用的角度出发,形成具有高效率的四层体系结构,即网络接口层、网际层、传输层和应用层。图 3-17 所示的是 TCP/IP 体系结构和 OSI 参考模型的层次对应关系。

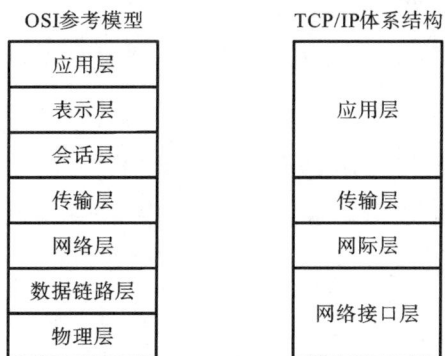

图 3-17　OSI 与 TCP/IP 的对应关系

1. 网络接口层

网络接口层（Internet interface layer）是模型中的底层，负责将比特流送到电缆上，是实际的网络硬件接口。对应于 OSI 参考模型的物理层和数据链路层。实际上，TCP/IP 并没有定义具体的网络接口协议，而是旨在提供灵活性，以适应各种网络类型，如 LAN、MAN 和 WAN，这也说明了 TCP/IP 可以运行在任何网络之上，这也为 TCP/IP 的成功打下了基础。

2. 网际层

网际层（Internet layer）与 OSI 参考模型网络层相当，是整个 TCP/IP 体系结构的关键部分。网际层主要功能如下：

（1）处理来自传输层的报文段发送请求。在收到报文段发送请求之后，将报文段装入 IP 数据报，填充报头，选择好发送路径，然后将数据报发送到相应的网络输出端。

（2）处理接收的数据报。在接收到其他主机发送的 IP 数据报之后，检查目的地址，如需要转发，则选择发送路径，转发出去；如果目的地址为本节点 IP 地址，则除去报头，将报文段交送传输层处理。

（3）处理互联的路径选择、流量控制与拥塞问题。

3. 传输层

传输层（transport Layer）是 TCP/IP 体系结构第三层，也被称为应用程序至应用程序层，与 OSI 参考模型的传输层类似，主要负责应用程序至应用程序之间的端对端通信。传输层的主要功能是在互联网中源主机与目的主机的对等实体间建立用于会话的端对端连接。传输层主要有两个协议，即传输控制协议（TCP）和用户数据报协议（UDP）。

4. 应用层

应用层（application Layer）是 TCP/IP 体系结构的顶层，应用层包括了所有高层协议，并且总是不断有新的协议加入。

3.4.3 比较 OSI 与 TCP/IP

虽然 OSI 参考模型和 TCP/IP 体系结构都采用了层次结构的概念，但是它们的差别却是很大的，不论在层次划分还是协议的使用上都有明显的不同，它们有各自的优缺点。

1. 共同点

OSI 参考模型和 TCP/IP 体系结构作为计算机通信的国际性标准，OSI 参考模型原则上是国际通用的，TCP/IP 体系结构是当前工业界普遍使用的，它们有着许多共同点，可以概括为以下几个方面：

（1）采用了协议分层方法，将庞大且复杂的问题划分为若干个较容易处理的范围较小的问题。

（2）各层次的功能大体上相似，都存在网络层、传输层和应用层。网络层实现主机到主机的通信，并完成路由选择、流量控制和拥塞控制功能，传输层实现端到端的通信，将高层的用户应用与低层的通信子网隔离开来，并保证数据传输的最终可靠性。传输层以上各层都是面向用户应用的，而以下各层都是面向通信的。

（3）两者都可以解决异构网的互联，实现世界上不同厂家生产的计算机之间的通信。

（4）两者都能够提供面向连接和无连接的两种通信服务机制，都是基于一种协议集的概念，协议集是一组完成特定功能的相互独立的协议。

2. 区别

TCP/IP 体系结构与 OSI 参考模型的不同主要表现在以下几个方面：

（1）TCP/IP 体系结构虽然也分层，但其层次之间的调用关系不像 OSI 那样严格。在 OSI 参考模型中，两个 n 层实体之间的通信必须经过 $(n-1)$ 层。但 TCP/IP 可以越级调用更低层提供的服务。这样做可以减少一些不必要的开销，提高了数据传输的效率。例如，应用层 ping 命令直接使用网际层的 ICMP。

（2）TCP/IP 体系结构一开始就考虑到了异种网的互联问题，并将互联网协议作为TCP/IP 体系结构的重要组成部分。而 OSI 参考模型只考虑到用一种统一标准的公用数据网将各种不同的系统互联在一起，根本未想到异种网的存在，这是 OSI 参考模型的一大缺点。

（3）TCP/IP 体系结构一开始就向用户同时提供可靠服务和不可靠服务，而 OSI 参考模型在开始时只考虑到向用户提供可靠服务。相对来说，TCP/IP 体系结构更侧重于考虑提高网络传输的效率，而 OSI 参考模型更侧重于考虑网络传输的可靠性。

（4）OSI 参考模型虽然一直被人们所看好，但由于没有把握好时机，技术不成熟，实现起来很困难，因而迟迟没有一个成熟的产品推出，大大影响了它的发展；相反，TCP/IP 体系结构虽然有很多不尽如人意的地方，但近 30 年的实践证明它还是比较成功的，特别是近年来 Internet 的飞速发展，也使它获得了巨大的支持。

3.5　TCP/IP 协议栈

TCP/IP 实际上是一组协议，每个协议实现一种特定的功能，如图 3-18 所示。下面介绍主要协议的功能和协议格式。

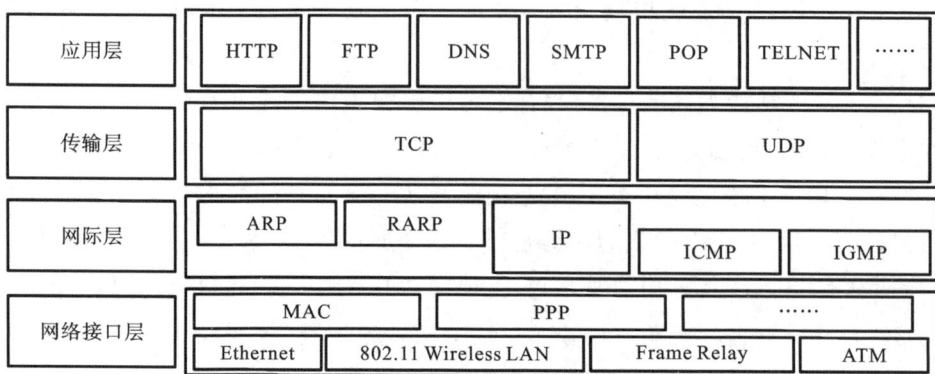

图 3-18 TCP/IP 协议栈

3.5.1 MAC 协议

MAC 帧最常用的是以太网 V2 格式,如图 3-19 所示,由 5 个字段组成,前两个字段分别是 6 字节长的目的地址和源地址字段。这里的地址采用的是 EUI-48 地址,也称为MAC 地址。如 AA-11-03-BB-09-16,在这 6 个字节中,前 3 个字节标识该硬件生产厂家申请的机构唯一标识符 OUI,后 3 个字节由生产厂家进行管理。这样可以保证这个地址全球唯一。第 3 个字段是 2 字节长的类型字段,用来标识上一层使用的协议,以便把收到的 MAC 帧的数据交给上一层的这个协议。第 4 个字段是数据字段,长度为 46~1500字节。最后是 4 字节的帧校验序列 FCS,使用 CRC-32。

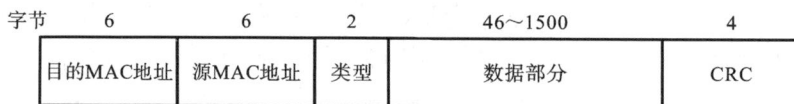

图 3-19 MAC 帧结构

3.5.2 PPP

HDLC 在历史上起到过很大的作用,但现在使用的数据链路层协议是点到点协议(point-to-point protocol,PPP)。PPP 为在点对点连接上传输多协议数据包提供了一个标准方法。PPP 最初设计是为两个对等节点之间的 IP 流量传输提供一种封装协议。在TCP/IP 协议栈中,它是一种用来同步调制连接的数据链路层协议,替代了原来非标准的第二层协议,即 SLIP。除了 IP 以外,PPP 还可以携带其他协议,包括 DECnet 和 Novell的 Internet 包交换(IPX)。

用户接入 Internet 一般有两种方法:一种是使用电话线拨号接入 Internet;另一种是

使用专线接入。两种方法都要使用到数据链路层的协议。拨号接入 Internet 中通常使用 PPP。

PPP 协议帧结构如图 3-20 所示。PPP 是面向字节的协议,PPP 帧格式和 HDLC 相似,标志字段 F 为 0x7E(即 01111110),地址字段 A 固定设置为 0xFF(即 11111111),表示所有站都接收这个帧。因为 PPP 只用于点对点链路,地址字段不起作用。控制字段 C 固定设置为 0x03。PPP 帧结构中比 HDLC 多了一个协议字段,若协议字段为 0x0021,则 PPP 帧的信息字段就是 IP 数据包;若协议字段为 0xC021,则信息字段是 PPP 链路控制数据,而 0x8021 表示这是网络控制数据。PPP 和 HDLC 一样,不使用序号和确认机制,这样使得协议首部开销变小。

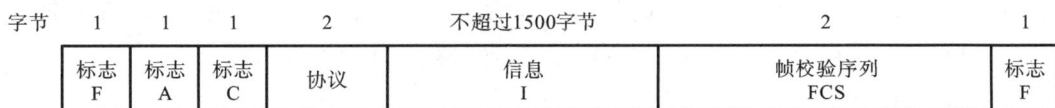

字节	1	1	1	2	不超过1500字节	2	1
	标志 F	标志 A	标志 C	协议	信息 I	帧校验序列 FCS	标志 F

图 3-20 PPP 帧结构

3.5.3 ARP

1. 基本功能

在以太网协议中规定,同一局域网中的一台主机要和另一台主机进行直接通信,必须要知道目标主机的 MAC 地址,而在 TCP/IP 协议栈中,网络层只关心目标主机的 IP 地址,这就导致在以太网中使用 IP 时,数据链路层的以太网协议接到上层 IP 提供的数据中,只包含目的主机的 IP 地址。于是需要一种方法,根据目的主机的 IP 地址,获得其 MAC 地址,这就是 ARP 的基本功能。所谓地址解析(address resolution),就是主机在发送帧前将目标主机 IP 地址转换成对应的 MAC 地址的过程。

另外,当发送主机和目的主机不在同一局域网中时,即便知道目的主机的 MAC 地址,两者也不能直接通信,必须经过路由才可以。所以,此时发送主机通过 ARP 获得的将不是目的主机的 MAC 地址,而是一台可以通往局域网外的路由器的某个端口的 MAC 地址。于是此后发送主机发往目的主机的所有帧,都将发往该路由器,通过它向外发送。这种情况称为 ARP 代理。

2. 工作原理

在每台安装有 TCP/IP 的计算机中都有一个 ARP 缓存表,表中的 IP 地址与 MAC 地址是一一对应的。以主机 A(IP 地址:192.168.1.5,MAC 地址:00-AA-00-02-11-03)向主机 B(IP 地址:192.168.1.1,MAC 地址:00-AA-00-77-02-21)发送数据为例。当发送数据时,主机 A 会在自己的 ARP 缓存表中寻找是否有目标 IP 地址。如果在 ARP 缓存表中找到了目标 IP 地址,也就知道了目的 MAC 地址,直接把目标 MAC 地址写入帧中发送即可;如果在 ARP 缓存表中没有找到目标 IP 地址,主机 A 就会在网络上发送一个广播帧,这表示向同一网段内的所有主机发出这样的询问:"我是 192.168.1.5,我的 MAC 地址是 00-AA-00-02-11-03,请问 IP 地址为 192.168.1.1 的 MAC 地址是什么?",网络上其他主机并不响应 ARP 请求,只有主机 B 接收到这个帧时,才向主机 A 做出响应:"192.168.1.1 的 MAC 是 00-AA-00-77-02-21"。这样,主机 A 就知道了主机 B 的 MAC 地址,它就可以向主机 B 发送信息了。A 和 B 还同时更新了自己的 ARP 缓存表(因为 A 在询问时把自己的 IP 地址和 MAC 地址一起告诉了 B),下次 A 再向 B 或 B 向 A 发送信息时,直接从各自的 ARP 缓存表中查找就可以了。ARP 缓存表采用老化机制(即设置了生存时间 TTL),在一段时间内(一般 15~20 min)如果表中的某一行没有被使用,就会被删除,这样可以大大减少 ARP 缓存表的长度,加快查询速度。

3. ARP 格式

ARP 通常应用于局域网中,以太网中的 ARP 帧格式如图 3-21 所示。

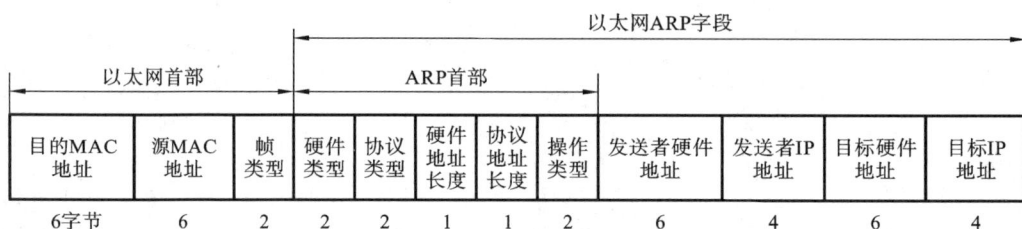

图 3-21 以太网中的 ARP 报文格式

ARP 帧中各字段的含义如下。

(1) 硬件类型:标明 ARP 实现在何种类型的网络上。

(2) 协议类型:表示解析协议(上层协议),一般是 0800,即 IP。

(3) 硬件地址长度:MAC 地址长度。

(4) 协议地址长度:IP 地址长度。

(5) 操作类型:表示 ARP 数据帧类型,0 表示 ARP 请求数据帧,1 表示 ARP 应答数据帧。

(6) 发送者硬件地址:发送端 MAC 地址。

(7) 发送者 IP 地址:发送端 IP 地址。

(8) 目标硬件地址:目的端 MAC 地址(等待接收方填充)。

(9) 目标 IP 地址:目的端 IP 地址。

4. RARP

反向 ARP 协议(reverse address resolution protocol,RARP)是由硬件地址查找逻辑地址。如无盘工作站,工作站无法保存 IP 地址,IP 地址都保存在服务器的硬盘上。当工作站启动时,依靠网卡上的启动芯片与服务器建立连接,此时需要使用 RARP 将网卡的 MAC 地址反向解析为 IP 地址,使得工作站获取各自的 IP 地址。

3.5.4 IP

网际协议(IP)是 TCP/IP 协议栈中最为核心的协议,所有的 TCP、UDP、ICMP、IGMP 等数据都被封装在 IP 数据报中传送。IP 的功能是负责路由(路径选择),提供不可靠、无连接、尽最大努力的服务,不负责保证传输可靠性、流量控制、包顺序等其他对于主机到主机协议的服务。这些工作交给上层解决。IP 数据报首部的格式结构如图 3-22 所示。

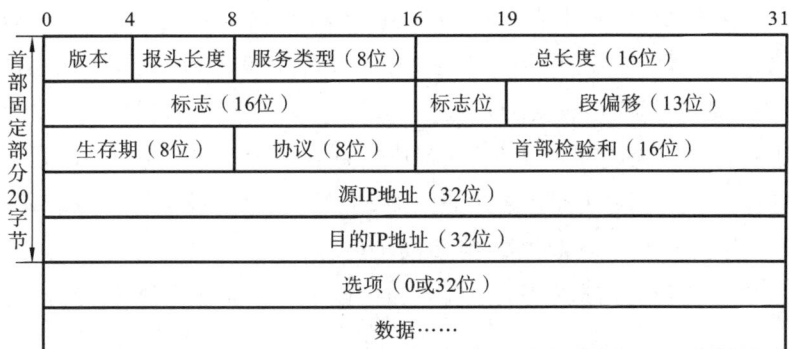

图 3-22 IP 数据报首部结构

IP 数据报首部各个字段的含义如下。

(1) 版本:用来表明 IP 实现的版本号,当前一般为 IPv4,即 0100。

(2) 报头长度:首部占 20 字节,计数单位为 4 字节。

(3) 服务类型:其中前 3 位为优先权子字段,现已忽略,第 8 位保留未用,第 4~7 位分别代表延迟、吞吐量、可靠性和花费等。这 4 位的服务类型中只能置其中一位为 1,但可以全为 0。若全为 0,表示一般服务。

(4) 总长度,指明整个数据包的长度,以字节为单位,最大长度为 65535 字节。

(5) 标志:用来唯一标识主机发送的每一个 IP 数据报,通常每发一个数据报,其值就会加 1。

(6) 标志位:标志一个数据报是否分段。

(7) 段偏移:如果一个数据报要求分段,则此字段指明该段偏移距原始数据报开始的位置。

(8) 生存期:用来设置数据包最多可以经过的路由器数目。由发送数据的源主机设置,通常为 32、64、128 等。每经过一个路由器,其值减 1,直到 0 时该数据报被丢弃。

(9) 协议:指明 IP 层所封装的上层协议类型,如 ICMP(1)、IGMP(2)、TCP(6)、

UDP(17)等。

(10) 首部校验和:内容是根据 IP 首部计算得到的校验和码。计算方法是对首部中每 16 位进行二进制反码求和。IP 不对首部后的数据进行校验。

(11) 源 IP 地址、目的 IP 地址:各占 32 位,用来标明发送 IP 数据包的源主机地址和接收 IP 数据包的目的主机地址。

(12) 选项:用来定义一些任选项,包括记录路径、时间戳等,这些选项很少被使用。

3.5.5 ICMP

Internet 控制报文协议(Internet control message protocol,ICMP)是 TCP/IP 体系结构中网络层重要的协议,用于在主机与主机、主机与路由器之间传递控制消息。控制消息包括网络的连通性、主机是否可达、路由是否可用等,这些控制消息不传递用户数据,但对传递用户数据起到很重要的作用。

ICMP 是一种面向无连接的协议,ICMP 包封装在 IP 数据报中传送,因而不保证可靠。ICMP 包有 11 种之多,ICMP 格式如图 3-23 所示。其中,类型字段表示 ICMP 报文类型;代码字段表示报文的少量参数,当参数较多时写入 32 位的参数字段;ICMP 报文携带的信息包含在可变长的信息字段中;校验和字段是关于整个 ICMP 包的校验和。

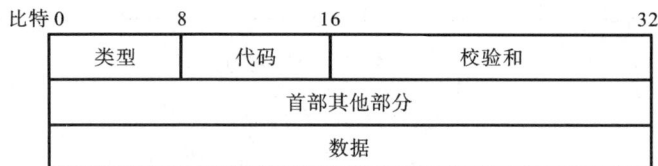

图 3-23 ICMP 的结构

我们在网络中经常会使用到 ICMP,如常用来检测网络连通性的 ping 命令,ping 的工作过程就是 ICMP 协议工作的过程,应用 ICMP 的命令还有 Tracert 等。

ICMP 主要包的含义如下。

(1) 目标不可达(类型 3):如果路由器判断出不能把 IP 数据报送达目标主机,则向源主机返回这种报文。

(2) 超时(类型 11):路由器发现 IP 数据报的生存期超时,或目标主机在规定的时间内无法完成重装配,则向源端返回这种报文。

(3) 源抑制(类型 4):如果路由器或目标主机缓冲区已用完或快用完,则必须丢弃数据包,每丢弃一个数据包就向源主机发回一个源抑制报文,源主机就减小发送速率,起到流量控制的目的。

(4) 参数问题(类型 12):如果路由器或主机判断 IP 报头中的字段出错,返回这种报文,报文头中包含一个指向出错字段的指针。

（5）路由重定向（类型5）：路由器向直接相连的主机发出这种报文，告诉主机一个更短的路径。

（6）回声（请求或响应，类型8或0）：用于测试两个节点之间的通信线路是否畅通。ping命令工具就是这样工作的。

（7）时间戳（请求或响应，类型13或14）：用于测试两个节点间的通信延迟时间。

（8）地址掩码（请求或响应，类型17或18）：主机可以利用这种报文获得它所在的LAN的子网掩码。

例如，当需要测试某一目的主机是否可达时，就发送一个ICMP回声请求报文，然后目的主机向源主机回送一个ICMP回声应答报文；当路由器发现主机可以将数据报发送给另一个路由设备，使数据报沿着更优的路由被转发时，将发送路由重定向报文；要每个路由器或主机给出当前的日期和时间，就发送时间戳请求报文，然后被请求方会回送一个时间戳应答报文，告知自己当前的日期和时间，由此可以测试通信的延迟；当主机不知道自己所处网络的子网掩码时，可以利用ICMP地址掩码请求主机所在网络的子网掩码。

3.5.6　TCP

TCP是TCP/IP协议栈中主要的传输层协议，完成传输层所指定的功能。TCP是一种面向连接的、可靠的、基于字节流的传输层通信协议。

1. TCP的功能

TCP层位于IP层之上，应用层之下的中间层。不同主机的应用层之间经常需要可靠的，像管道一样的连接，但是IP层提供不可靠的包交换，不能提供应用层所需要的这种服务。

应用层向TCP层发送用户数据流，然后TCP把数据流分割并封装成适当长度的报文段（通常受该计算机连接的网络的数据链路层的最大传送单元MTU的限制），之后TCP把结果包传给网际层，由它将包传送给接收端实体的TCP层。TCP为了保证不发生丢包，就给每个字节一个序号，同时序号也保证传送到接收端实体的报文段能按序接收。然后接收端实体对已成功收到的字节发回一个相应的确认（ACK）；如果发送端实体在合理的往返时延（RTT）内未收到确认，那么对应的数据（假设丢失了）将会被重传。TCP用一个校验和函数来检验数据是否有差错；在发送和接收时都要计算校验和。

2. TCP的特点

1）端到端服务

TCP被称为端到端（end-to-end）协议，作用范围为一台计算机（终端）上的应用进程到另一台远程计算机（终端）上的应用进程。应用进程请求TCP创建连接、传输数据和撤销连接。TCP 提供的连接是由软件实现的,因此又称为虚连接。在 TCP 连接中,底层的互联网系统并不对连接提供硬件或软件支持,只是两台计算机上的 TCP 软件通过交换消息来实现连接。

2)可靠传输和自动重传

为了实现可靠传输,TCP 采用了多种技术,其中最重要的技术叫重传。源主机在传输数据前需要先和目标主机建立连接;然后在此连接上,被编号的报文段按顺序收发。当接收方 TCP 收到报文段时,要回发给发送方一个确认。当发送方发送报文段时,TCP 启动一个定时器,在定时器到点之前,如果未收到确认消息,则发送方重传报文段,从而保证报文段传输的可靠性。

3)流量控制

TCP 使用一种窗口机制来控制数据流。当建立一个连接时,连接的每一端分配一个缓冲区来保存输入的数据,并将缓冲区的大小发送给另一端。当数据到达时,接收方发送确认,其中包含了自己剩余的缓冲区大小。剩余的缓冲区空间大小被称为窗口,指出窗口大小的通知为窗口通知。接收方在发送的每一个确认中包含有一个窗口通知。如果发送方发送速率比接收方的快,则接收到的数据最终将充满接收方缓冲区,导致接收方通知一个零窗口。发送方收到一个零窗口通知时,必须停止发送,直到接收方重新通知一个正窗口为止。

3. 端口号

传输层通过使用"端口号"来标识源端和目的端的应用进程。端口号使用 16 位二进制标识,可以使用 0~65535 的任何数字。当发送数据时,操作系统动态地为客户端的应用程序分配端口号。在服务器端,每种服务具有确定的服务程序端口。端口号仅具有本地意义,它只是为了标识本计算机应用层中各应用进程和传输层交互的层间接口。

常用的应用服务对应的传输协议及其端口号如表 3-2 所示。服务器上使用的端口号可分为以下 3 类。

(1)公认端口号:为 0~1023,它们紧密绑定一些服务。通常这些端口的通信明确表明了某种服务的协议。

(2)注册端口号:为 1024~49151。它们松散地绑定一些服务。但是这些端口同样用于许多其他目的。例如,许多系统处理动态端口从 1024 开始。

(3)动态或私有端口号:为 49152~65535。理论上,不应为服务分配这些端口。由于这类端口号仅在客户进程运行时才动态分配,这类端口号是留给客户进程临时使用。当服务器进程收到客户进程的报文时,就知道了客户进程所使用的端口号,因而可以把报文发送给客户进程。通信结束后,刚才已使用过的客户端口号就不复存在,这个端口号就可以供其他客户进程使用。

表 3-2 常用的应用层服务对应的端口号

应用服务	传输协议	端口号	说　　明
FTP	TCP	20	FTP 数据端口
FTP	TCP	21	FTP 控制端口
SSH	TCP	22	加密的远程登录,文件传输
Telnet	TCP	23	远程登录
SMTP	TCP	25	SMTP 服务器开放的端口,用于发送邮件
DNS	TCP/UDP	53	TCP 用于传送区域,UDP 用于域名解析
DHCP	UDP	67	DHCP 服务器端口
DHCP	UDP	68	DHCP 客户端端口
TFTP	UDP	69	提供不复杂、开销不大的文件传输服务
HTTP	TCP	80	用于网页浏览的端口
POP3	TCP	110	SUN 公司的 RPC 服务所有端口
SMTP	UDP	161	SNMP 允许远程管理设备端口
SNMP Trap	UDP	162	SNMP 陷阱端口
HTTPS	TCP	443	加密的网页浏览端口
RIP	UDP	520	用于传输路由信息
SQL Server	TCP	1433	Microsoft 的 SQL 服务开放的端口
Oracle	TCP	1521	Oracle 数据库服务器端口
NFS	TCP	2049	用于文件共享
MySQL	TCP	3306	MySQL 数据库服务器端口
Redis	TCP	6379	Redis 数据库服务器端口
WebLogic	TCP	7001	Java 应用服务器
Wingate	TCP	8010	Wingate 代理开放此端口
TOMCAT	TCP	8080	TOMCAT 对外访问端口
MongoDB	TCP	27017	MongoDB 数据库

识记

（1）使用端口地址来表示某主机上应用程序的地址,该地址只具有本地意义,发送主机按规定分配一个随机端口地址作为源端口地址,目标端口地址一般是熟知端口地址;（2）IP 地址唯一标识一台主机,端口地址唯一标识本机的应用程序,因此经常使用套接字(IP 地址＋端口地址)唯一标识网络中的一个应用程序。

4. TCP 报文格式

TCP 对所有的消息采用一种简单的格式,包括携带数据的消息、确认以及 3 次握手中用于创建和终止一个连接的消息。TCP 使用报文来表示一个消息,TCP 报文包括 12 个字段,TCP 报文结构如图 3-24 所示。

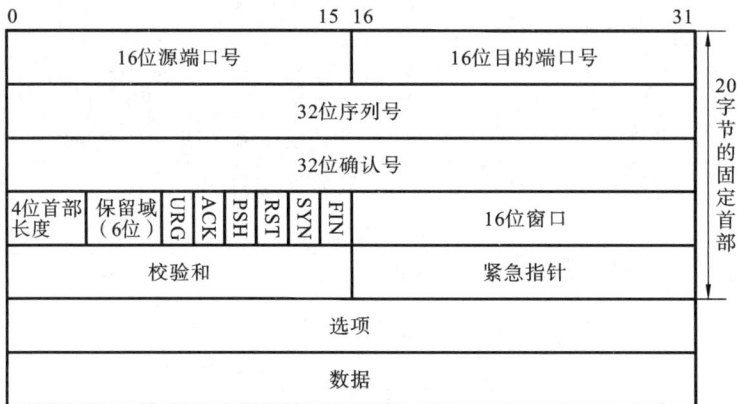

图 3-24　TCP 报文结构

TCP 报文段首部中各字段的含义如下。

(1) 源端口号:指出发送报文的应用进程的端口号。

(2) 目的端口号:指出接收方应用进程的端口号。

(3) 序号:发送方将应用层数据进行分段,序号字段给出了段中携带报文段的序号。接收方利用这一序号来重新按顺序排列各个报文段并利用序号计算确认号。

(4) 确认号:对接收数据的一种确认,发送方根据收到的报文段序号进行确认,一般在收到的报文段序号基础上加 1。表示上一个报文段已经收到,期待接收序号加 1 的报文段。

(5) 首部长度:首部长度给出 TCP 首部的长度,以 4 字节为单位进行计算。没有任何选项字段时,首部长度为 5,即 TCP 首部长度为 5 个 4 字节,即 20 字节。TCP 首部长度最多可以有 60 字节。

(6) 保留域:可设置为 0。

(7) 标识位:置 1 标识有效。

URG:和紧急指针配合使用,发送紧急报文段。

ACK:确认号是否有效。

PSH:指示发送方和接收方不缓存数据,立刻发送或接收。

RST:由于不可恢复的错误重置连接。

SYN:用于连接建立指示。

FIN:用于连接释放指示。

(8) 窗口:用于基于可滑动窗口的流量控制,指示发送方从确认号开始可以再发送窗口大小的字节数据流。

（9）校验和：为增加可靠性，对 TCP 整个报文进行校验和计算，并由接收端进行检验。

（10）紧急指针：紧急指针是一个偏移量，与序号字段中的值相加表示紧急报文段最后一个字节的序号。

（11）选项：可能包括窗口扩大因子、时间戳等选项。

（12）数据：上层协议数据单元，即要传输的用户数据。

5. TCP 连接的建立与释放

TCP 传输控制协议是面向连接的控制协议，即在传输数据前要先建立逻辑连接，传输结束还要释放连接。这种建立、维护和释放连接的过程，就是连接管理。TCP 连接的建立和释放都是通过 3 次握手协议来实现的。

1）建立连接

建立连接时，3 次握手的过程如下（见图 3-25）：

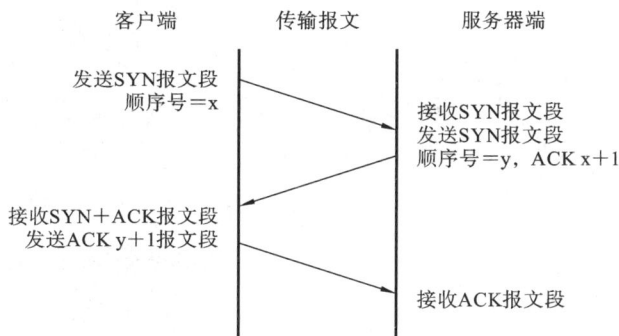

图 3-25　TCP 建立连接时 3 次握手报文序列

（1）源主机发送一个同步标志位 SYN＝1 的报文段。此段中同时表明初始序号，它是一个随时间变化的随机值。

（2）目标主机发回确认报文段，其中 SYN＝1，ACK＝1，同时在确认序号字段表明目标主机期待接收源主机下一个报文段的序号，此段中还包括目标主机的段初始序号。

（3）源主机回送一个报文段，同样携带递增的发送序号和确认序号。

至此，TCP 建立连接的 3 次握手完成。此后，源主机和目的主机就可以互相收发数据了。

2）释放连接

释放连接时，4 次挥手的过程如下（见图 3-26）：

（1）源主机的应用程序通知 TCP 已无数据需要发送时，TCP 关闭此方向的连接，即源主机发送一个结束标志位 FIN＝1 的报文段。源主机只能接收数据，不再发送数据了。

（2）目标主机返回应答，并通知应用进程。但目标主机可以继续发送数据。

（3）目标主机数据发送完成后，返回 FIN＝1，表示目标主机也没有数据发送。

（4）源主机返回应答数据段，最终释放整个连接。

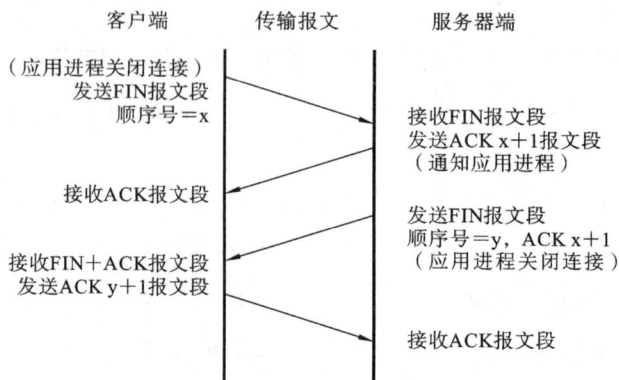

图 3-26　TCP 释放连接时 4 次挥手报文序列

3.5.7　UDP

用户数据报协议 UDP 与 TCP 协议一样,是 TCP/IP 体系结构中传输层的主要协议,完成传输层所指定的功能。UDP 提供面向事务的简单信息传输服务。UDP 提供了无连接通信,且不对传送报文段进行可靠性保证。

1. UDP 特点

(1) UDP 提供面向无连接的服务,即发送报文之前不需要建立连接,因此减少了开销和发送报文之前的时延。

(2) UDP 提供尽最大努力的服务,即不保证可靠传输,因此主机不需要维持复杂的连接状态信息。

(3) UDP 是面向报文的,发送方的 UDP 对应用层交下来的数据,在添加首部形成报文后下交给 IP 层。UDP 对应用层交下来的数据,既不合并,也不拆分。即 UDP 一次完成一个完整报文的传输,因此应用层必须选择合适大小的数据,数据太长,IP 层要将报文进行分组,降低 IP 层的传输效率;数据太短,UDP 首部和 IP 首部占协议数据单元比例过大,也会降低 IP 层的传输效率。

(4) UDP 没有拥塞控制,这对实时应用很重要。很多实时应用(如现场直播、视频会议等)要求源主机以固定的速率发送数据,并允许在网络发生拥塞时丢失一些数据,不允许数据有过大的网络延时。

(5) UDP 的首部开销小,只有 8 个字节,比 TCP 的 20 个字节的首部要短。

2. UDP 报文首部格式

UDP 有两个字段:首部字段和数据字段。首部字段很简单,只有 8 个字节,如图 3-27 所示,由 4 个字段组成,各字段意义如下。

(1) 源端口:指出发送数据的应用进程的端口号。

（2）目的端口：指出接收数据的应用进程的端口号。

（3）长度：给出报文首部的长度，最小值为8。

（4）校验和：检测 UDP 在传输中是否有错，有错就丢弃。

16位源端口	16位目的端口
16位长度	16位校验和
数据（如果有）	

图 3-27　UDP 报文结构

3.5.8　HTTP

HTTP 是超文本传输协议，是客户端浏览器或其他程序与 Web 服务器之间的应用层通信协议。在 Internet 的 Web 服务器上存放的通常是超文本信息，客户端需要通过 HTTP 传输所要访问的超文本信息。HTTP 包含命令和传输信息，不仅可用于 Web 访问，也可以用于其他互联网/内联网应用系统之间的通信，从而实现各类超媒体访问的集成。

1. 统一资源定位符

在浏览器的地址栏里输入的网页地址称为统一资源定位符（uniform resource locator，URL）。就像每家每户都有一个门牌号码一样，每个网页也都有一个 Internet 地址。当用户在浏览器的地址栏中输入 URL 或是单击一个超链接时，URL 就确定了要浏览网页的地址。浏览器通过超文本传输协议将 Web 服务器上站点的网页代码提取出来，并解释成直观的网页。因此，在认识 HTTP 之前，有必要先弄清楚 URL 的组成。

如 http://www.abc.com:80/china/index.htm，该 URL 各部分的含义如下。

（1）http://：指出使用什么协议来获取该万维网文档，有时可省略。

（2）www.abc.com：指出这是发布网站的服务器的域名。

（3）:80　指出应用层协议对应的端口号，有时可省略。

（4）/china/：该 www.abc.com 服务器上存放要访问网页的路径信息。

（5）index.htm：要访问网页的文件名。

2. HTTP 工作过程

在浏览器地址栏中输入"http://www.abc.com:80/china/index.htm"，回车后浏览器显示网页的过程如下：

（1）浏览器分析要访问页面的 URL。

（2）浏览器向 DNS 服务器请求解析 www.abc.com 域名对应的 IP 地址。

（3）域名系统 DNS 解析后返回 IP 地址。

（4）浏览器与服务器之间建立 TCP 连接（服务端程序的套接字：IP 地址＋端口号）。

（5）浏览器发出取文件命令：GET/china/index.htm。

（6）服务器 www.abc.com 给出响应，把文件 index.htm 发送给浏览器。

（7）释放 TCP 连接。

（8）浏览器显示 index.htm 的内容。

3．HTTP 首部结构

HTTP 有以下两种类型的报文。

（1）请求报文：客户机发送一个请求给服务器，请求报文格式为 URL、协议版本号，后边是 MIME 信息（包括请求修饰符、客户机信息和可能的内容等），请求报文结构如图 3-28（a）所示。

（2）响应报文：服务器接到请求后，给予相应的响应信息，格式为一个状态码，包括信息的协议版本号、一个成功或错误的代码，后边是 MIME 信息（包括服务器信息、实体信息和可能的内容），响应报文结构如图 3-28（b）所示。

方法	URL	版本	回车符
首部字段名	请求修饰符、客户机信息等内容		回车符

（a）请求报文首部格式

版本	状态码	回车符
首部字段名	服务器信息、实体信息等内容	回车符

（b）响应报文首部格式

图 3-28 HTTP 首部格式

习题 3

学生扫码做题

第4章
以太网交换技术

　　早在 1973 年,Robert Metcalfe 博士便研制出了以太网的实验室原型系统,运行速率是 3 Mb/s,1982 年以太网协议被 IEEE 采纳成为标准。以太网经过几十多年的发展已经成为局域网的标准,以太网技术作为局域网链路层标准战胜了其他各类局域网技术,速率更达到 10 Gb/s,市场占有率超过 90%,成为局域网事实标准。以太网接入采用异步工作方式,非常适合用于处理 IP 突发数据流。另外,以太网技术已有重要变化和突破(LAN 交换、星状布线、大容量 MAC 地址存储及管理等)。与传统的以太网相比,除了名字外,只有帧结构仍然保留,其余基本特征已发生根本性变化。

4.1 以太网原理

4.1.1 以太网的层次结构

1. IEEE 802 标准

IEEE 802 委员会开发了一系列局域网和城域网标准。IEEE 802 委员会于 1984 年公布了 5 项标准 IEEE 802.1~IEEE 802.5,随着局域网技术的迅速发展,新的局域网标准不断被推出,新的吉比特以太网技术目前也已标准化。

IEEE 802 委员会为局域网制定的一系列标准,统称为 IEEE 802 标准。IEEE 802 标准之间的关系如图 4-1 所示。IEEE 802 标准主要包括:

(1) IEEE 802.1A 局域网体系结构,IEEE 802.1B 寻址、网络管理和网际互联。

(2) IEEE 802.2 逻辑链路控制(LLC)。

(3) IEEE 802.3 CSMA/CD 总线访问控制方法及物理层技术规范。

(4) IEEE 802.4 令牌总线访问控制方法及物理层技术规范。

(5) IEEE 802.5 令牌环网访问控制方法及物理层规范。

(6) IEEE 802.6 城域网访问控制方法及物理层技术规范。

(7) IEEE 802.7 宽带技术。

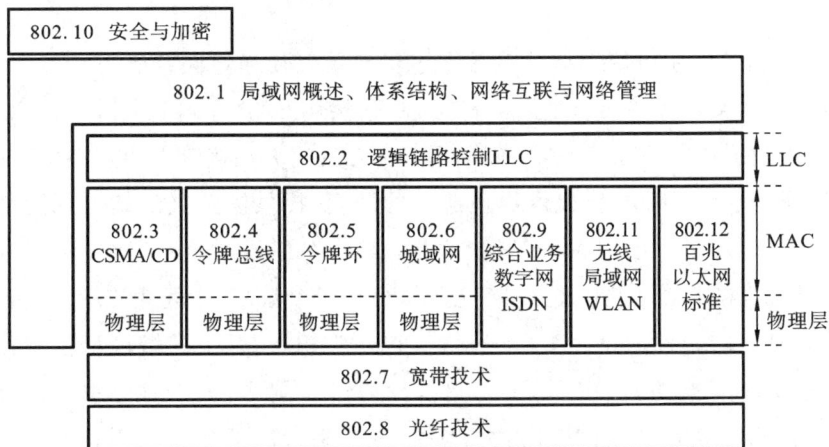

图 4-1 IEEE 802 标准结构

（8）IEEE 802.8 光纤技术（FDDI 在 802.3、802.4、802.5 中的使用）。

（9）IEEE 802.9 综合业务数字网（ISDN）技术。

（10）IEEE 802.10 局域网安全技术。

（11）IEEE 802.1l 无线局域网技术。

（12）IEEE 802.12 新型高速以太网标准（100 Mb/s）。

（13）IEEE 802.3ab 千兆以太网标准（1000 Mb/s）。

2. 以太网的数据链路层

IEEE 将局域网的数据链路层与 ISO 七层模型相比，只包含了这个模型中的下两层，也就是只包含了物理层和数据链路层的功能。由于局域网传输介质接入、控制方法不同，为了使局域网中的数据链路层不至于太复杂，就将局域网数据链路层划分为两个子层，即介质访问控制（medium access control，MAC）子层和逻辑链路控制（logical link control，LLC）子层，而网络的服务访问点 SAP 则在 LLC 子层与高层的交界面上。以太网的参考模型如图 4-2 所示。

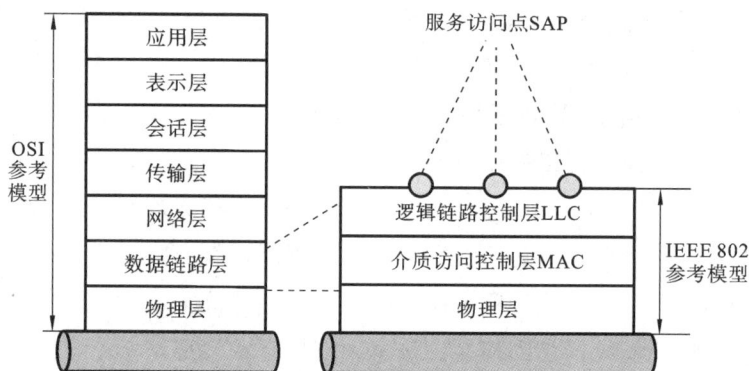

图 4-2 以太网的数据链路层

LLC 子层负责识别协议类型并对数据进行封装以便通过网络进行传输。为了区别网络层数据类型，实现多种协议复用链路，LLC 子层用 SAP 标志上层协议。LLC 子层包括两个服务访问点：SSAP 和 DSAP，分别用于标志发送方和接收方的网络层协议。

MAC 子层具有以下功能：提供物理链路的访问；提供链路级的站点标志；提供链路级的数据传输。MAC 子层用 MAC 地址来标志唯一的站点。MAC 地址有 48 b，通常转换成 12 b 的十六进制数，这个数分成三组，每组有四个数字，中间用点分开，如图 4-3 所示。MAC 地址有时也称为点分十六进制数，它一般烧入 NIC（网络接口控制器）中。为了确保 MAC 地址全球唯一，由 IEEE 对这些地址进行管理。每个地址由两部分组成，分别是供应商代码和序列号。供应商代码代表 NIC 制造商的名称，它占用 MAC 的前六位十六进制数字，即 24 b 二进制数字。序列号由设备供应商管理，它占用剩余的 6 位地址，即最后的 24 b 二进制数字。华为网络产品的 MAC 地址前 6 位十六进制数是 0x00E0FE。

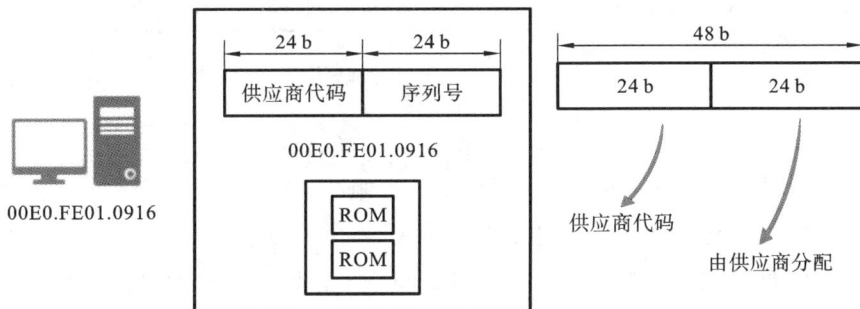

图 4-3 MAC 地址

在具体应用中,常见的特殊 MAC 地址如下:

(1) 如果 48 b 全是 1,则表明该地址是广播地址;

(2) 如果第 8 位是 1,则表示该地址是组播地址。

在目的地址中,地址的第 8 位表明该帧将要发送给单个站点还是一组站点。在原地址中,第 8 位必须为 0(因为一个帧是不会从一组站点发出的),站点地址确定是至关重要的,一个帧的目的地址不能是模糊的。

3. 以太网的物理层

除数据链路层分割为两个子层外,物理层确定了两个接口,即介质相关接口层(MDI)和连接单元接口层(AUI),如图 4-4 所示。MDI 随介质的变化而改变,但不影响 LLC 和 MAC 的工作;AUI 用作粗同轴电缆 Ethernet 的收发器接口,在细缆和 10Base-T 情况下,AUI 已不复存在。

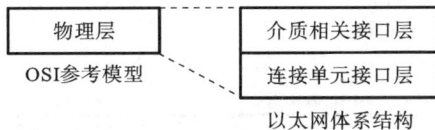

图 4-4 以太网的物理层

4.1.2 以太网的帧格式

在以太网的发展历程中,以太网的帧格式出现过多个版本。目前正在应用的为 DIX 的 Ethernet_II 帧格式和 IEEE 的 IEEE 802.3 帧格式。

1. Ethernet_II 帧格式

Ethernet_II 帧格式由 DEC、Intel 和 Xerox 在 1982 年公布,由 Ethernet_I 修订而来。Ethernet_II 帧格式如图 4-5 所示。

6B	6B	2B	46～1500B	4B
DMAC	SMAC	Type	Data	CRC

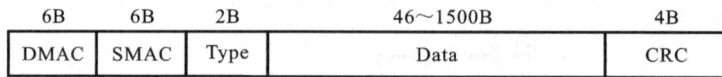

图 4-5 Ethernet_II 的帧格式

(1) DMAC 是目的地址。由 DMAC 确定帧的接收者。

(2) SMAC 是源地址。SMAC 字段标志发送帧的工作站。

(3) Type 是类型字段,用于标志数据字段中包含的高层协议。在以太网中,多种协议可以在局域网中同时共存。因此,在 Ethernet_II 的类型字段中设置相应的十六进制值提供了在局域网中支持多协议传输的机制。

- 类型字段取值为 0800 的帧代表 IP 协议帧;
- 类型字段取值为 0806 的帧代表 ARP 协议帧;
- 类型字段取值为 8035 的帧代表 RARP 协议帧;
- 类型字段取值为 8137 的帧代表 IPX 和 SPX 协议帧。

(4) Data 字段表明帧中封装的具体数据。数据字段的最小长度必须为 46 B,以保证帧长至少为 64 B,这意味着传输 1 字节信息也必须使用 46 B 的数据字段。如果填入该字段的信息小于 46 B,该字段的其余部分也必须进行填充。数据字段的最大长度为 1500 B。

(5) CRC 循环冗余校验字段提供了一种错误检测机制。每一个发送器都计算一个包括地址字段、类型字段和数据字段的 CRC 码,然后将计算出的 CRC 码填入 4 B 的 CRC 字段。

2. IEEE 802.3 帧格式

IEEE 802.3 帧格式是由 Ethernet_II 帧发展而来的,它将 Ethernet_II 帧的 Type 域用 Length 域取代,并占用 Data 字段的 8 B 作为 LLC 和 SNAP 字段。IEEE 802.3 帧格式式如图 4-6 所示。

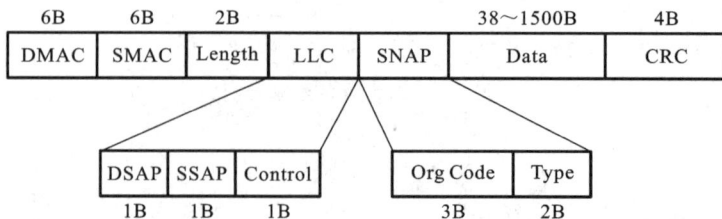

6B	6B	2B			38～1500B	4B
DMAC	SMAC	Length	LLC	SNAP	Data	CRC

DSAP	SSAP	Control		Org Code	Type
1B	1B	1B		3B	2B

图 4-6 IEEE 802.3 帧格式

(1) Length 定义了 Data 字段包含的字节数。该字段取值小于或等于 1500 B(大于 1500 B 标示帧格式为 Ethernet_II)。

(2) LLC 由目的服务访问点(DSAP)、源服务访问点(SSAP)和控制(Control)字段组成。

（3）SNAP 由机构代码（Org Code）和类型（Type）字段组成。Org Code 的 3 个字节都为 0。Type 字段的含义与 Ethernet_II 帧中的 Type 字段相同。

（4）其他字段与 Ethernet_II 的字段相同。

4.1.3　以太网的标准

以太网原本仅指使用 CSMA/CD 传输介质的控制方式，实际通信速率为 10 Mb/s（即表 4-1 中的狭义以太网）。随着时间推移，同样使用 CSMA/CD 技术、以太网技术以及以太网帧格式，通信速率为 100 Mb/s 的快速以太网和速率为 1 Gb/s 的千兆以太网逐步登场。而且从快速以太网开始，还出现了采用了全双工通信方式，而不是 CSMA/CD 技术的以太网。

到千兆以太网，半双工通信中依然保留了 CSMA/CD 技术规范；到了万兆以太网，就彻底移除了 CSMA/CD 规范，所有通信方式均采用全双工方式。

目前，以太网这一术语一般用来表示图 4-5 和图 4-6 中使用以太网帧格式进行通信的网络（即表 4-1 中的广义以太网）。

表 4-1　以太网的分类

类　型	标　准	速　率	访问控制方法
狭义以太网	DIX 以太网	10 Mb/s 以太网	使用 CSMA/CD
	IEEE 802.3		
广义以太网	IEEE 802.3u	100 Mb/s 以太网	可以选择使用 CSMA/CD
	IEEE 802.3z	1 Gb/s 以太网	
	IEEE 802.3ae	10 Gb/s 以太网	不使用 CSMA/CD
	IEEE 802.3ba	40/100 Gb/s 以太网	

IEEE 802.3 标准根据使用的传输线缆和传输速率的不同，有 10BASE-T、10BASE-TX 等名称。命名规则如图 4-7 所示。

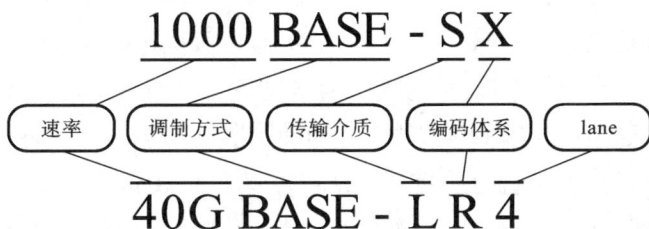

图 4-7　标准的命名规则

（1）速率的单位为 b/s。

（2）调制方式分为 BASE（基带信号）和 BROAD（宽频信号），BASE 方式中 1 根线缆只传输 1 个信号,BROAD 方式中 1 根线缆能够传送多个信号。

（3）传输介质的定义如表 4-2 所示。

（4）编码体系为 X 时,在快速以太网时使用 4B/5B 编码方式,在千兆以太网时使用 8B/10B 编码方式;编码体系为 R 时,使用 64B/66B 编码方式。

（5）lane 为 4 或 10,在同轴电缆中表示使用 4 个或者 10 个 lane;lane 为 N（任意数字）时,在光纤中,lane 还可以表示波长数量,波长为"1"时,可以省略。

表 4-2　IEEE 802.3 定义的传输介质

条　目	传　输　介　质
5	最长为 500 m 的粗同轴电缆
2	最长为 185 m 的细同轴电缆
T	Twisted Pair（双绞线）
F	Fiber（光纤）
K	Copper Backplane（由铜线组成的背板）
B	Bi-directional（1 芯单模光缆）
S	Short Reach（100 m）（2 芯多模光缆）
L	Long Reach（10 km）（2 芯单模或多模光缆）
E	Extended Long Reach（40 km）（2 芯单模光缆）
Z	Long Reach Simple Mode（70 km）（2 芯单模光缆）
C	Co-axial（2 芯平衡式屏蔽同轴电缆）
P	PON（1 芯单模光缆,单点到多点）

4.1.4　共享式以太网

同轴电缆是以太网发展初期所使用的连接线缆。通过同轴电缆连接起来的设备共享信道,即在每一个时刻,只能有一台终端主机在发送数据,其他终端处于侦听状态,不能发送数据。这种情况被称为网络中所有设备共享同轴电缆的总线带宽。

集线器（Hub）是一个物理设备,它提供网络设备之间的直接连接或多重连接。集线器功能简单、价格低廉,在早期的网络中随处可见。在集线器连接的网络中,每个时刻只能有一个端口在发送数据。它的功能是把从一个端口接收到的比特流从其他所有端口转发出去,图 4-8 所示的为 Hub 的工作过程。因此,用集线器连接的所有站点也处于一个冲突域之中。当网络中有两个或多个站点同时进行数据传输时,将会产生冲突。因此,利用集线器所组成的网络表面上为星状,但是实际仍为总线型。

Hub 与同轴电缆都是典型的共享式以太网所使用的设备,工作在 OSI 模型的物理层。Hub 和同轴电缆所连接的设备位于一个冲突域中，域中的设备共享带宽。因此，共享式以太网所能连接的设备数量有一定限制，否则将导致冲突不断，网络性能受到严重影响。另外，共享式以太网利用 CSMA/CD 机制来检测及避免冲突。

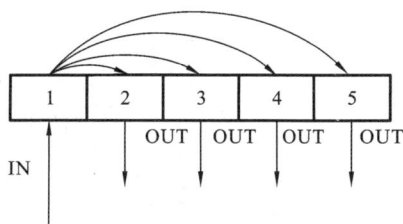

图 4-8　Hub 的工作过程

CSMA/CD 的工作过程如下。

● 发前先听：在发送数据之前进行监听，以确保线路空闲，减少冲突的机会。如果空闲，则立即发送；如果繁忙，则等待。

● 边发边听：在发送数据过程中，不断检测是否发生冲突（通过检测线路上的信号是否稳定判断冲突）。

● 遇冲退避：如果检测到冲突，则立即停止发送，等待一个时间（退避）。

● 重新尝试：当随机时间结束后，重新开始发送尝试。

从上述可知，由集线器和中继器组建以太网的实质是一种共享式的以太网，故共享式以太网所具有的弊端它基本上都有，如冲突严重、广播泛滥、无任何安全性。

4.1.5　交换式以太网

交换式以太网的出现有效地解决了共享式以太网的缺陷，它大大减少了冲突域的范围，显著提升了网络的性能，并加强了网络的安全性。

目前，在交换式以太网中经常使用的网络设备是交换机和网桥。网桥可用于连接不同类型传输介质的局域网，主要应用在以太网环境中，又称为透明网桥。透明的含义：首先连接在网桥上的终端设备并不知道所连接的是共享媒介还是交换设备，即设备对终端用户来说是透明的；其次透明网桥对其转发的帧结构不做任何改动与处理（VLAN 的Trunk 线路除外）。本书不严格区分交换机与网桥，从某种意义上说，交换机就是网桥。

交换机与 Hub 一样同为具有多个端口的转发设备，在各个终端主机之间进行数据转发。但相对于 Hub 的单一冲突域，交换机通过隔离冲突域，使得终端主机可以独占端口的带宽，并实现全双工通信，所以交换式以太网的交换效率大大高于共享式以太网。

交换机有三个主要功能：地址学习、转发/过滤和环路避免功能。通常交换机的三个主要功能都被使用，它们在网络中是同时起作用的。

交换机内有一张 MAC 地址表，表中维护了交换机端口与该端口下设备 MAC 地址的对应关系，如图 4-9 所示。交换机就根据 MAC 地址表来进行数据帧的交换转发。

交换机基于目的 MAC 地址做出转发决定，所以它必须"获取"MAC 地址的位置，才能准确地做出转发的决定。

所有工作站都发送过数据帧后，交换机学习到了所有工作站的 MAC 地址与端口的

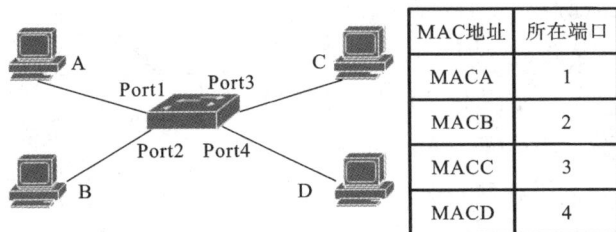

图 4-9　MAC 地址表

对应关系并记录到 MAC 地址表中。对于同一个 MAC 地址,如果交换机先后学习到不同的端口,则后学到的端口信息覆盖先学到的端口信息,因此,不存在同一个 MAC 地址对应两个或更多端口的情况。对于学习到的转发表项,交换机会在一段时间后对表项进行老化,即将超过一定生存时间的表项删除掉。当然,如果在老化之前,重新收到该表项对应信息,则重置老化时间。系统支持默认老化时间为 300 s,用户也可以自行设置老化时间。

交换机对接收到的数据帧的处理可以划分为三种情况:直接转发、丢弃和洪泛。如果接收到数据帧的目的 MAC 地址能够在转发表中查到,并且对应的端口与收到分组的端口不是同一个端口时,则该数据帧从表项对应的端口转发出去。如果接收到数据帧的目的 MAC 地址能够在转发表中查到,并且对应的端口与收到分组的端口是同一个端口,则该数据帧被丢弃。当接收到数据帧的目的 MAC 地址是单播 MAC 地址,但是在转发表中查找不到,或者收到数据帧的目的 MAC 地址是组播或广播 MAC 地址时,数据帧向除了输入端口外的其他端口复制并发送。

交换式以太网主要有如下几个特点:

(1)独占传输通道,独占带宽。允许多对站点同时通信。共享式局域网采用串行传输方式,任何时候只允许一个帧在介质上传送。交换机是一个并行系统,它可以使接入的多个站点之间同时建立多条通信链路(虚连接),让多对站点同时通信,所以交换式局域网大大地提高了网络的利用率。

(2)灵活的接口速度。在共享式局域网中,不能在同一个局域网中连接不同速率的站点(如 10Base-5 仅能连接 10 Mb/s 的站点)。而在交换式局域网中,由于站点独享介质,独占带宽,用户可以按需配置端口速率。在交换机上可以配置 100 Mb/s、1000 Mb/s 或者 100 Mb/s/1000 Mb/s 自适应的端口,用于连接不同速率的站点,接口速率有很大的灵活性。

(3)高度的可扩充性和网络延展性。大容量交换机有很高的网络扩展能力,而独享带宽的特性使扩展网络没有带宽下降的后顾之忧。因此,交换式网络可以构建一个大规模的网络,如大的企业网、校园网或城域网。

(4)易于管理、便于调整网络负载的分布,有效地利用网络带宽。交换式局域网可以构造"虚拟局域网",通过网络管理功能或其他软件可以按业务或其他规则把网络站点分为若干个逻辑工作组,每一个工作组就是一个虚拟局域网(VLAN)。虚拟局域网的构成与站点所在的物理位置无关。这样可以方便地调整网络负载的分布,提高网络带宽利用率。

(5) 交换式局域网可以与现有网络兼容,如交换式以太网与传统的以太网完全兼容,它们能够实现无缝连接。

4.1.6 无线局域网的体系结构

无线局域网(IEEE 802.11 标准)的体系结构如图 4-10 所示。数据链路层分为 MAC 子层和 MAC 管理子层。MAC 子层负责访问控制和分组拆装,MAC 管理子层负责 ESS 漫游、电源管理和登记过程中的关联管理。物理层分为物理汇聚协议(physical layer convergence protocol、PLCP)、物理介质相关子层(physical medium dependent、PMD)子层和 PHY 管理子层。PLCP 主要进行载波监听和物理层分组的建立,PMD 用于传输信号的调制和编码,而 PHY 管理子层负责选择物理信道和调谐。另外,IEEE 802.11 还定义了站管理功能,用于协调物理层和 MAC 层之间的交互作用。

数据链路层	LLC		站
	MAC	MAC管理子层	管
物理层	PLCP	PHY管理子层	理
	PMD		

图 4-10 IEEE 802.11 体系结构

1. MAC 子层

1) CSMA/CA 访问控制

CSMA/CA 协议类似于 IEEE 802.3 的 CSMA/CD 协议,这种访问控制机制称为载波监听多路访问/冲突避免协议。在无线网中进行冲突检测是有困难的。例如,两个站距离过大或中间障碍物的分隔从而检测不到冲突,但是位于它们之间的第 3 个站可能会检测到冲突,这就是所谓的隐蔽终端问题。采用冲突避免的办法可以解决隐蔽终端的问题。802.11 定义了一个帧间隔(inter frame spacing,IFS)时间。另外,还有一个后退计数器,它的初始值是随机设置的,递减计数直到 0。CSMA/CA 的工作过程如下:

(1) 如果一个站有数据要发送并且监听到信道忙,则产生一个随机数设置自己的后退计算器并坚持监听。

(2) 听到信道空闲后等待 IFS 时间,然后开始计数。最先计数完的站开始发送。

(3) 其他站在听到有新的站开始发送后暂停计数,在新的站发送完成后再等待一个

IFS时间继续计数,直到计数完成开始发送。

分析这个算法发现,两次IFS之间的间隔是各个站竞争发送到时间。这个算法对参与竞争的站是公平的,基本上是按先来先服务的顺序获得发送的机会。

2) 分布式协调功能

802.11 MAC层定义了分布式协调功能(distributed coordination function,DCF),可以利用CSMA/CA协议,在此基础上又定义了点协调功能(point coordination function,PCF),如图4-11所示。DCF是数据传输的基本方式,作用于信道竞争期。PCF工作于非竞争期。两者总是交替出现,先由DCF竞争介质使用权,然后进入非竞争期,由PCF控制数据传输。

无竞争服务	竞争服务
PCF	
DCF	

图4-11　MAC层功能模型

为了使各种MAC操作互相配合,IEEE 802.11推荐使用3种帧间隔(IFS),以便提供基于优先级的访问控制。

(1) DIFS(分布式协调IFS):最长的IFS,优先级最低,用于异步竞争访问的时延。

(2) PIFS(点协调IFS):中等长度的IFS,优先级居中,在PCF操作中使用。

(3) SIFS(短IFS):最短的IFS,优先级最高,用于需要立即响应的操作。

2. MAC管理子层

MAC管理子层的功能是实现登记的过程、ESS漫游、安全管理和电源管理等功能。WLAN是开放系统,各站点共享传输介质,而且通信站具有移动性,因此,必须解决信息的同步、漫游、保密和节能问题。

4.2　以太网的分类

4.2.1　传统以太网

最初的IEEE 802.3标准被称为10BASE-5,传输速率为10 Mb/s,使用粗同轴电缆作为传输介质。1988年,IEEE 802委员会增加了10BASE-2(802.3a)标准,以更方便的细同轴电缆作为传输介质。1990 年又制定了 10BASE-T（802.3i）标准，以成本更为低廉、制造也颇为简单的双绞线作为传输介质。由于这一标准实施便捷、很快便普及开来。在该标准下，以太网拓扑结构也从之前使用同轴电缆的总线型网络，向使用集线器、交换机的新型网络过渡。

1993 年，IEEE 802 委员会制定了使用光纤作为传输介质的 10BASE-F（802.3j）标准。在这之前，以太网的组建规模最大也不过覆盖方圆数百米，但是通过 10BASE-F 标准，最长传输距离延长至 2 km。

10 Mb/s 以太网也称为传统以太网，传统的以太网传输速率为 10 Mb/s，是一种共享型的网络，拓扑结构一般为总线型（也可以用集线器构建星型结构的以太网），访问控制方法均为 CSMA/CD。主要 10 Mb/s 以太网的标准如表 4-3 所示。

表 4-3 主要的 10 Mb/s 以太网标准

条目	制定年代	IEEE 标准	传输速率	编码	传输介质	最大传输距离
10BASE-5	1983 年	IEEE 802.3	10 Mb/s	曼彻斯特	粗同轴电缆	500 m
10BASE-2	1988 年	IEEE 802.3a	10 Mb/s	曼彻斯特	细同轴电缆	185 m
10BASE-T	1990 年	IEEE 802.3i	10 Mb/s	曼彻斯特	双绞线（UTP）	100 m
10BASE-F	1993 年	IEEE 802.3j	10 Mb/s	曼彻斯特	光缆（MMF）	2 km

4.2.2 快速以太网

1995 年，传输速率达到 100 Mb/s 的快速以太网（Fast Ethernet）完成了标准化进程，以 100BASE-T 的身份加入了以太网家族。在快速以太网进入市场后，支持全双工通信的交换机取代了效率低下的半双工通信的收发集线器，逐步成为主流。

在快速以太网标准中使用 5 类 UTP 线缆的 100BASE-TX 应用最为普遍，目前，几乎所有计算机所携带的网卡都应用了这一标准。

为了和之前的 10BASE-T 兼容，IEEE 802u 标准还定义了相应的自适应技术标准。自适应技术按照一定的顺序通过 UTP 线缆两端的硬件获取信息，这些信息包括该网络是使用 10BASE-T 还是 100BASE-T，全双工还是半双工通信等，以此决定最适合的通信速率来连接通信。IEEE 802.3u 新标准的协议结构如图 4-12 所示，该标准还规定了 3 种物理层标准。

100BASE-T 是 100BASE-TX、100BASE-T4、100BASE-T2 的统称。目前 100BASE-T4、100BASE-T2 几乎不再使用，主要使用的是 100BASE-TX。快速以太网传输速率为 100 Mb/s，是一种交换式的网络；拓扑结构为星型结构；访问控制方法为交换机的转发表，如果交换机工作在半双工模式，访问控制方法仍然为 CSMA/CD。主要的快速以太网标准如表 4-4 所示。

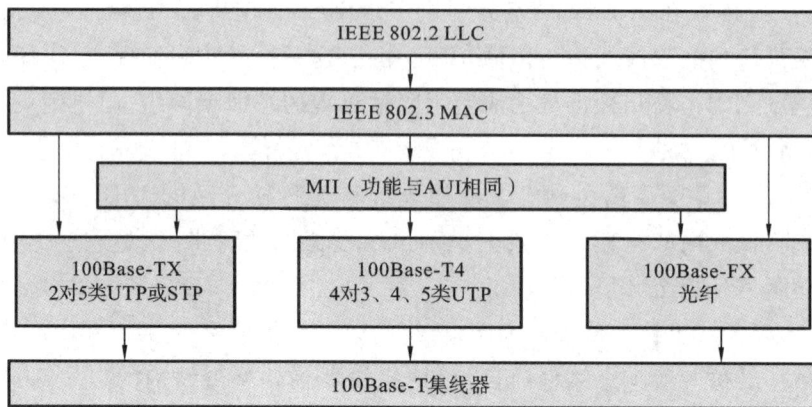

图 4-12　快速以太网的协议结构

表 4-4　主要的快速以太网的标准

条目	制定年代	IEEE 标准	传输速率	编码	传输介质	最大传输距离
100Base-T			100 Mb/s		UTP	100 m
100Base-TX			100 Mb/s	4B/5B/MLT-3	UTP(2 对 5 类)	100 m
100Base-T4	1995 年	IEEE 802.3u	100 Mb/s（仅半双工）	8B/6T/PAM-3	UTP(4 对 3 类)	100 m
100Base-FX			100 Mb/s	4B/5B NRZI	光缆(MMF)	400 m(半双工) 2 km(全双工)
100Base-T2	1998 年	IEEE 802.3y	100 Mb/s	PAM5x5	UTP(2 对 3 类)	100 m

4.2.3　千兆以太网

在 20 世纪 90 年代前期,尽管快速以太网已经具有很多优良特性,如传输速率快、扩展性好、成本低等,能够满足用户的日常应用;但到了 20 世纪 90 年代后期,人们面对数据仓库、桌面电视会议、3D 图形与高清晰图像等方面的应用,要求局域网的带宽更高,千兆以太网(Gigabit Ethernet)正是在这种背景下产生的。

从 1995 年开始,IEEE 802.3 委员会着手制定千兆以太网的标准,在 1998 年 2 月正式批准了千兆以太网的 IEEE 802.3z 标准。该标准在 LLC 子层使用 IEEE 802.2 标准,在 MAC 子层使用 CSMA/CD 方法,它只是在物理层做了一些必要的调整,定义了新的物理层标准 1000Base-T。1000Base-T 标准定义了千兆介质专用接口(gigabit media special interface),它将 MAC 子层与物理层分隔开,这样,物理层在实现 1000 Mb/s 速率时所使用的传输介质和信号编码方式的变化不会影响 MAC 子层。它的主要目标是制定一个千兆以太网标准。其协议结构如图 4-13 所示。

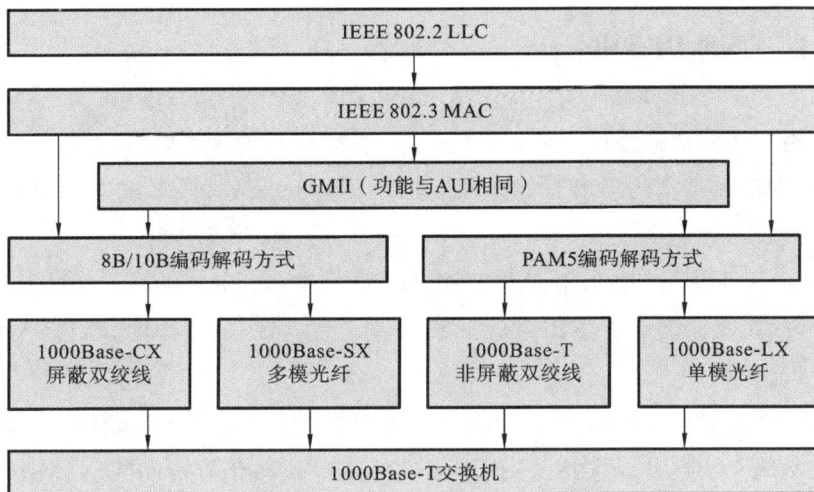

图 4-13 千兆以太网的协议结构

千兆以太网的传输速率比快速以太网快 10 倍,数据传输速率达到 1000 Mb/s。千兆以太网保留着传统以太网的所有特征,如相同的数据帧格式、相同的介质访问控制方法、相同的组网方法等,只是将传统以太网中每个比特的发送时间由 100 ns 降低到 1 ns。

目前,1000Base-TX 已经不再使用,同时也存在被称为 1000Base-LX/LH 的产品(由厂家独自扩展,并非 IEEE 标准)。该产品使用了 2 芯光纤,使得其最大传输距离远远大于 1000Base-LX 的传输距离,能够延伸至 10～40 km。主要千兆以太网的标准如表 4-5 所示。

表 4-5 主要的千兆以太网的标准

条目	制定年代	IEEE 标准	传输速率	编码	传输介质	最大传输距离
1000Base-SX	1998 年	IEEE 802.3z	1 Gb/s	8B/10B/NRZ	MMF(波长 850 nm)	500 m
1000Base-LX					MMF(波长 1300 nm)	550 m
					SMF(波长 1310 nm)	5 km
1000Base-ZX					SMF(波长 1550 nm)	70～100 km
1000Base-CX					150 Ω 平衡屏蔽双绞线	25 m
1000Base-T	1999 年	IEEE 802.3ab	1 Gb/s	8B/1Q4/4D-PAM5	UTP(4 对超 5 类)	100 m
1000Base-TX	2001 年	TIA/EIA-854	1 Gb/s	8B/1Q4/4D-PAM5	UTP(4 对 6 类)	100 m
1000Base-BX	2004 年	IEEE 802.3ah	1 Gb/s	8B/10B/NRZ	SMF(下行 1490 nm,上行 1310 nm)	10 km

4.2.4　万兆以太网

随着网络应用的快速发展,高分辨率图像、视频和其他大数据量的数据类型都需要在网上传输,促使对带宽的需求日益增长,并对计算机、服务器、集线器和交换机造成的压力越来越大。

1999 年 3 月开始,经过 3 年多的工作,IEEE 协会在 2002 年 6 月 12 日,批准了 10 Gb/s 以太网的正式标准——IEEE 802.3ae,全称是"10 Gb/s 工作的介质接入控制参数、物理层和管理参数"。

万兆以太网是在以太网技术的基础上发展起来的,它适用于新型的网络结构,能够实现全网技术统一。这种以太网采用 IEEE 802.3 以太网介质访问控制(MAC)协议、帧格式及最大和最小帧长。万兆以太网只能工作在全双工模式,它本身没有距离限制。它的优点是降低了网络的复杂性,兼容现有的局域网技术并将其扩展到广域网,同时有望降低系统费用,并提供更快、更新的数据业务。不过,因为传输速率大大提高,适用范围有了很大的变化,所以它与原来的以太网技术相比也有很大的差异,主要表现在物理层实现方式、帧格式和 MAC 的传输速率及适配策略方面。

万兆以太网的物理层定义了两部分内容,其中一部分是与之前以太网兼容的 LAN PHY 的内容,另一部分则是在作为通信基础设施供应商的骨干网使用的 SONET/SDH 标准中,与 OC-192 兼容的 WAN PHY 的内容。

万兆以太网不再仅仅局限在 LAN 中使用,MAN 以及 WAN 也逐步开始使用该技术。数据链路层的 MAC 子层也和以往的以太网相同,帧的长度是从 64 字节到 1518 字节,没有任何变化。在帧格式方面,由于万兆以太网实质是高速以太网,因此为了与以前的所有以太网兼容,必须采用以太网的帧格式承载业务。为了达到 10 Gb/s 的高速率,并实现与主干网无缝连接,在线路上采用 OC-192c 帧格式传输。主要万兆以太网标准如表 4-6 所示。

表 4-6　万兆以太网标准

条目	制定年代	IEEE 标准	传输速率	编码	传输介质	最大传输距离
10GBase-SR	2002 年	IEEE 802.3ae	10 Gb/s	64B/66B	MMF(LAN PHY)850 nm	300 m
10GBase-LR	2002 年	IEEE 802.3ae	10 Gb/s	64B/66B	SMF(LAN PHY)1310 nm	10 km
10GBase-ER	2002 年	IEEE 802.3ae	10 Gb/s	64B/66B	SMF(LAN PHY)1550 nm	40 km
10GBase-SW	2002 年	IEEE 802.3ae	10 Gb/s	64B/66B WIS	MMF(WAN PHY)	300 m
10GBase-LW	2002 年	IEEE 802.3ae	10 Gb/s	64B/66B WIS	SMF(WAN PHY)	10 km
10GBase-EW	2002 年	IEEE 802.3ae	10 Gb/s	64B/66B WIS	SMF(WAN PHY)	40 km
10GBase-T	2006 年	IEEE 802.3an	10 Gb/s	LDPC	UTP/STP(6 类)	100 m

4.2.5 40G/100G 以太网

2010 年 6 月,40 Gb/s 和 100 Gb/s 的以太网标准工作完成。同万兆以太网一样,该标准中仅支持全双工通信,对以太网帧的格式没有做任何改变。主要的 40G/100G 以太网标准如表 4-7 所示。

表 4-7　40G/100G 以太网标准

条目	制定年代	IEEE 标准	传输速率	编码	传输介质	最大传输距离
40GBase-KR4	2010 年	IEEE 802.3ba	40 Gb/s	64B/66B	背板(back plane)	1 m
40GBase-CR4	2010 年	IEEE 802.3ba	40 Gb/s	64B/66B	同轴电缆	10 m
40GBase-SR4	2010 年	IEEE 802.3ba	40 Gb/s	64B/66B	MMF	100 m
40GBase-LR4	2010 年	IEEE 802.3ba	40 Gb/s	64B/66B	SMF	10 km
100GBase-CR10	2010 年	IEEE 802.3ba	100 Gb/s	64B/66B	同轴电缆	10 m
100GBase-SR10	2010 年	IEEE 802.3ba	100 Gb/s	64B/66B	MMF	100 m
100GBase-LR4	2010 年	IEEE 802.3ba	100 Gb/s	64B/66B	SMF	10 km
100GBase-ER4	2010 年	IEEE 802.3ba	100 Gb/s	64B/66B	SMF	40 km

4.3 生成树协议 STP

4.3.1 STP 的产生

单点故障会导致整个网络瘫痪,为了保证整个网络的可靠性和安全性,可以引入冗余链路或备份链路,物理上的备份链路会产生物理环路或多重环路,从而导致广播风暴、重复帧及 MAC 地址表不稳定等问题。在实际的组网应用中经常会形成复杂的多环路连接。面对复杂的环路,网络设备必须有一种解决办法能在有物理环路的情况下阻止二层环路的发生。此时,减少冗余链路是不现实的,因为可靠性得不到保证。可以通过生成树协议来解决环路问题,即将某些端口置于阻塞状态,从而防止在冗余结构的网络拓扑中产生回路。

1. 广播风暴的形成

在一个存在物理环路的二层网络中,服务器发送了一个广播数据帧,交换机 A 从上方的端口接收到广播数据帧,做洪泛处理,转发至下面的端口。通过下面的连接,广播数据帧将到达交换机 B 的下方端口,如图 4-14 所示。

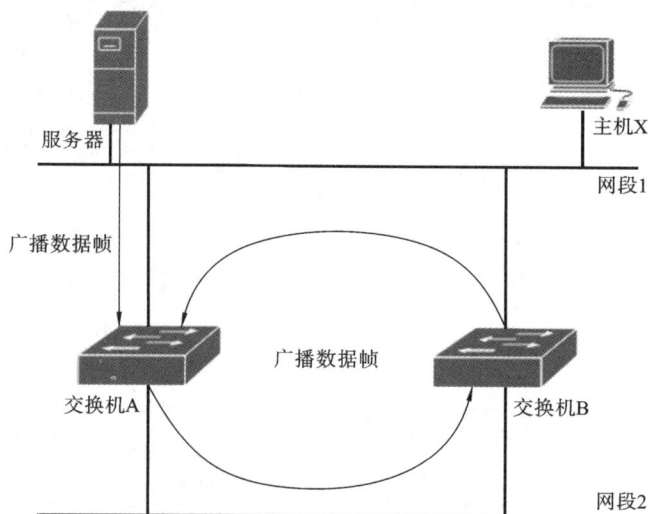

图 4-14　广播风暴

交换机 B 在下方的端口接收到一个广播数据帧,将做洪泛处理,通过上方的端口转发此帧,交换机 A 将在上方端口重新接收到这个广播数据帧。由于交换机执行的是透明桥的功能,在转发数据帧时不对帧做任何处理。所以对于再次到来的广播数据帧,交换机 A 不能识别出此数据帧已经被转发过,交换机 A 还将对此广播数据帧做洪泛操作。

广播数据帧到达交换机 B 后会做同样的操作,并且此过程不断进行下去,无限循环。以上分析的只是广播数据帧被传播的一个方向,实际环境中会在两个不同的方向上产生这一过程。在很短的时间内大量重复的广播数据帧被不断循环转发消耗掉整个网络的带宽,而连接在这个网段上的所有主机设备也会受到影响,CPU 将不得不产生中断来处理不断到来的广播数据帧,极大地消耗系统的处理能力,严重时可能导致死机。

一旦产生广播风暴,系统将无法自动恢复,必须由系统管理员人工干预恢复网络状态。某些设备在端口上可以设置广播限制,一旦特定时间内检测到广播数据帧超过了预先设置的阈值即可进行某些操作,如关闭此端口一段时间以减轻广播风暴对网络带来的损害。但这种方法并不能真正消除二层的环路带来的危害。

2. 重复帧的产生

服务器发送一个单播数据帧,目的为主机 X,而此时主机 X 的 MAC 地址对于交换机 A 和交换机 B 都是未知的。单播数据帧通过上方的网段直接到主机 X,同时到达交换机

A 上方的端口,如图 4-15 所示。

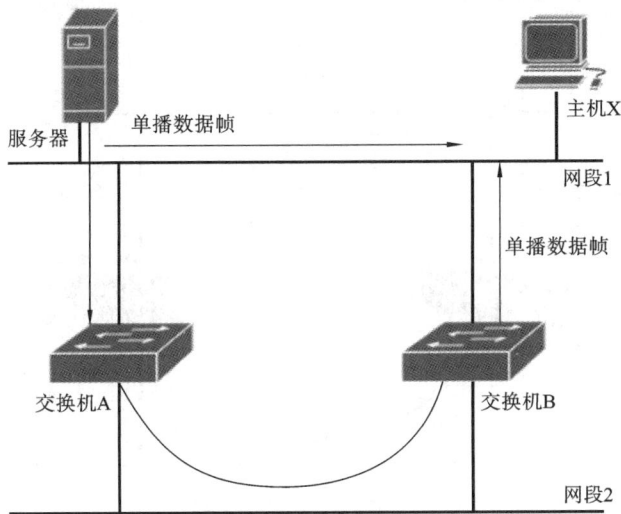

图 4-15 单播数据帧复制

当交换机对于帧的目的 MAC 地址未知时,交换机会进行洪泛操作。交换机 A 会将此数据帧从下方的端口转发出来,单播数据帧到达交换机 B 的下方端口,交换机 B 的情况与交换机 A 的相同,也会对此数据帧进行洪泛操作,从上方的端口将此数据帧转发出来,同样的单播数据帧再次到达主机 X。根据上层协议与应用的不同,同一个单播数据帧被传输多次可能导致应用程序的错误。

3. MAC 地址表不稳定的问题

服务器发送一个单播数据帧,目的为主机 X,而此时主机 X 的 MAC 地址对于交换机 A 与交换机 B 都是未知的。

单播数据帧通过上方的网段到达交换机 A 与交换机 B 的上方端口。交换机 A 与交换机 B 将此数据帧的源 MAC 地址(主机的 MAC 地址)与各自的 Port0 相关联并记录到 MAC 地址表中,如图 4-16 所示。此时两个交换机对此数据帧的目的 MAC 地址是未知的,当交换机对帧的目的 MAC 地址未知时,交换机会进行洪泛操作。两台交换机都会将此数据帧从下方的 Port1 转发出来并将到达对方的 Port1。

两个交换机都从下方的 Port1 接收到一个单播数据帧,其源地址为主机的 MAC 地址,交换机会认为主机连接在 Port1 所在的网段而意识不到此数据帧是经过其他交换机转发的,所以会将主机的 MAC 地址改为 Port1 相关联并记录到 MAC 地址表中。交换机学习到错误的信息,并造成交换机 MAC 地址表的不稳定,这种现象也被称为 MAC 地址漂移,如图 4-16 所示。

在此背景下,生成树协议(spanning tree protocol,STP)应运而生,其主要作用为消除环路和冗余备份。STP 通过阻断冗余链路来消除网络中可能存在的路径回环,并且

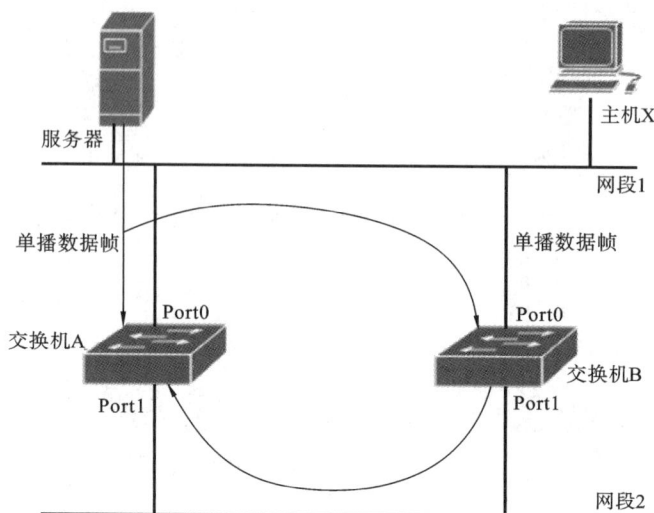

图 4-16 MAC 地址漂移

STP 仅仅是在逻辑上阻断冗余链路,当主链路发生故障后,被阻断的冗余链路将被重新激活从而保证网络的通畅。

4.3.2 STP 的基本原理

生成树协议能够自动发现冗余网络拓扑中的环路,保留一条最佳链路作为转发链路,阻塞其他冗余链路,并且在网络拓扑发生变化的情况下重新计算,保证所有网段可达且无环路。STP 协议的基本思想十分简单,如果网络也能够像树一样生长就不会出现环路。STP 的基本工作原理:通过 BPDU(bridge protocol data unit,桥接协议数据单元)的交互传递 STP 计算所需要的条件,随后根据特定的算法,阻塞其特定端口,从而得到无环的树形拓扑。STP 的工作流程包括选举根网桥(root bridge)、选举根端口(root port)、选举指定端口(designated port)和阻塞预备端口(alternate port)。

1. 选举根网桥

所谓根网桥,简单来说就是树的根,它是生成树网络的核心,其选举对象范围为所有网桥。在整个二层网络中,只能有一个根网桥。根网桥的选举是比较网桥 ID,值小者优先。网桥 ID 可以理解为网桥的身份标志,共 8 B,由 16 b 的网桥优先级与 48 b 的网桥 MAC 地址构成。网桥 ID 如图 4-17 所示。其中,优先级可配,默认值为 32768。另外,由于网桥的 MAC 地址具备全局唯一性,所以网桥 ID 也具备全局唯一性。

2. 选举根端口

根端口就是去根网桥路径最"近"的端口,根端口负责向根网桥方向转发数据。在每一台非根网桥上,有且只有一个根端口。

图 4-17　网桥 ID

根端口的选举将会按照以下顺序进行逐一比对,当某一规则满足时判定结束,选举完成。

(1) 比较根路径成本,值小者优先。

(2) 比较指定网桥(BPDU 的发送网桥,此时可简单理解为相邻的网桥)的 ID,值小者优先。

(3) 比较指定端口(BPDU 的发送端口,此时可简单理解为相邻的交换机端口)的 ID,值小者优先。

根路径成本为各网桥到达根网桥所要花费的开销,它由沿途各路径成本(path cost)叠加而来。

在计算根路径成本时,仅计算收到 BPDU 端口(可简单理解为到达根网桥的出端口)的开销。

端口 ID 为端口的身份标志,由两个部分构成,共 2 B,其中高 4 b 是端口默认优先级(port priority),低 12 b 是端口编号,如图 4-18 所示。端口优先级可以被配置,默认值是 128。

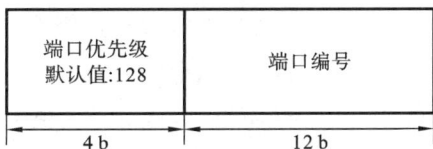

图 4-18　端口 ID

3. 选举指定端口

指定端口为每个网段上离根最近的端口,由它转发该网段的数据。在每一个网段上有且只有一个指定端口。

指定端口的选举规则与根端口的选举相同。值得特别说明的是,根网桥上的所有端口皆为指定端口。根端口相对应的端口(与根端口直连的端口)皆为指定端口。

4. 阻塞预备端口

如果一个端口既不是根端,也不是指定端口,则将成为预备端口,该端口会被阻塞不能转发数据。

在最初建立生成树时,最主要的信息如下:

（1）发出 BPDU 的网桥的标识符及其端口标识符；

（2）认为可作为根桥的网桥标识符；

（3）该网桥的根路径成本。

开始时，每个网桥都声称自己是根桥并把以上信息广播给所有与它相连的 LAN。在每一个 LAN 上只有一个地址值最小的标识符，该网桥可坚持自己的声明，其他网桥则放弃声明，并根据收到的信息确定其根端口，重新计算根路径成本。当这种 BPDU 在整个互联网中传播时，所有网桥可最终确定一个根桥，其他网桥根据此计算自己的根端口和根路径成本。在同一个 LAN 上连接的各个网桥还需要根据各自的根路径成本确定唯一的指定网桥和指定端口。显然，这个过程要求在网桥之间多次交换信息，自认为是根桥的那个网桥不断广播自己的声明。如图 4-19(a)所示的网络中，通过交换 BPDU 导出生成树的过程简述如下。

（1）与 LAN2 相连的 3 个网桥 1、3 和 4 选出网桥 1 为根桥，网桥 3 把它与 LAN2 相连的端口确定为根端口（根路径成本为 10）。类似地，网桥 4 把它与 LAN2 相连的端口确定为根端口（根路径成本为 5）。

（2）与 LAN1 相连的 3 个网桥 1、2 和 5 也选出网桥 1 为根桥，网桥 2 和 5 相应地确定其根路径成本和根端口。

（3）与 LAN5 相连的 3 个网桥通过比较各自的根路径成本的优先级选出网桥 4 为指定网桥，其根端口为指定端口。

其他计算过程略。最后导出生成树如图 4-19(b)所示。只有指定网桥的指定端口可转发信息，其他网桥的端口都必须阻塞起来。在生成树建立起来后，网桥之间还必须周期地交换 BPDU，以适应网络拓扑、根路径成本以及优先级变化情况。

1998 年，IEEE 发表了 802.1w 标准，对原来的生成树协议进行了改进，定义了快速生成树协议（rapid spanning tree protocol，RSTP），用于加快生成树的收敛速度。下面的例子说明了 RSTP 协议的操作过程。

图 4-20(a)所示的是一个局域网互联的例子，这里用方框代表网桥，其中的数字代表网桥 ID，云块代表网段。根据选取规则，ID 最小的网桥 3 被选为根网桥。假定所有网段的传输费用为 1，则从网桥 4 达到根网桥的最短通路经过网段 c，因而网桥 4 连接网段 c 的端口是根端口（RP），下一步要为每个网段选择指定端口（DP）。从网段 e 到达根网桥的最短通路要通过网桥 92，所以网桥 92 连接网段 e 的端口为指定端口。用生成树算法计算出所有端口的状态，如果一个活动端口既不是根端口，也不是指定端口，则它被阻塞了，网桥 92 连接网段 d 的端口为阻塞端口（BP）。当连接网桥 24 和网段 c 的链路失效时，生成树算法重新计算最短通路，网桥 5 原来阻塞的端口变成了网段 f 的指定端口，如图 4-20(b)所示。

按照 IEEE 802.1d 和 IEEE 802.1t 标准，网段的通信费用根据网络端口的数据速率确定，如表 4-8 所示。

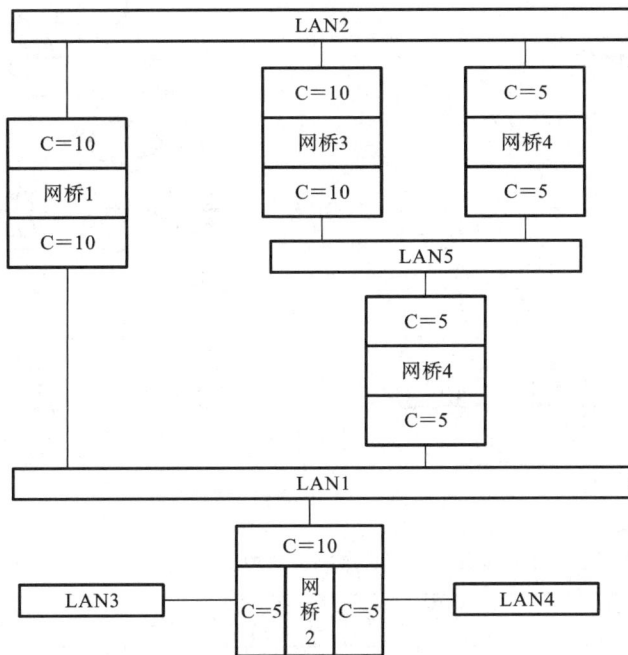

（a）网络配置

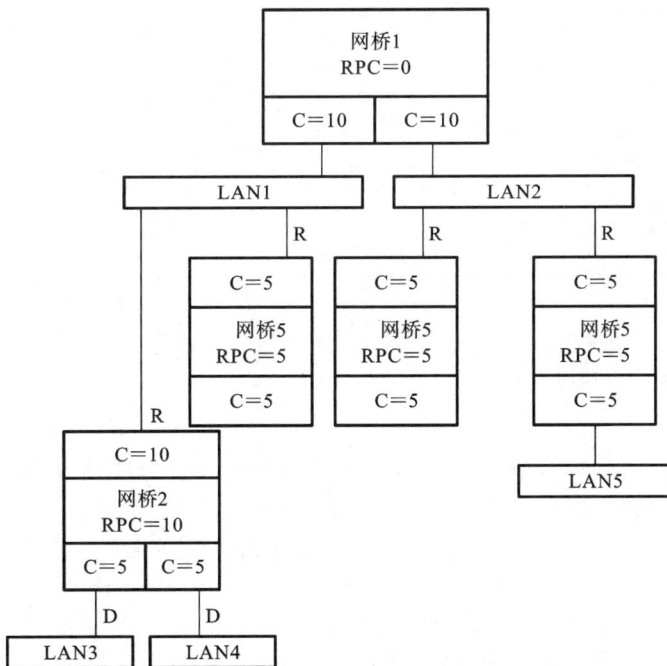

（b）生成树

图 4-19 网络的生成树

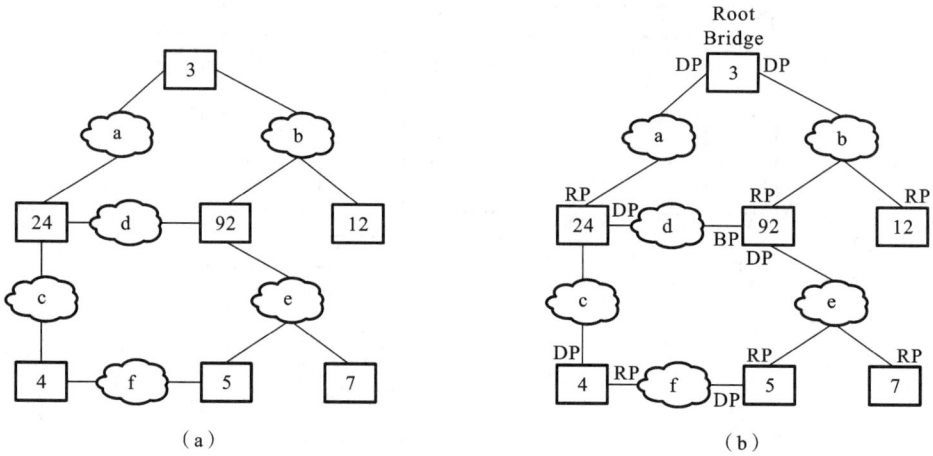

图 4-20　RSTP 网络的例子

表 4-8　给定数据速率接口的默认费用

数 据 速 率	STP 费用(802.1d)	STP 费用(802.1t)
4 Mb/s	250	500000
10 Mb/s	100	2000000
16 Mb/s	62	1250000
100 Mb/s	19	200000
1 Gb/s	4	20000
2 Gb/s	3	10000
10 Gb/s	2	2000

4.3.3　STP 端口状态

STP 为进行生成树的计算一共定义了 5 种端口状态。不同状态下,端口所能实现的功能不同,STP 端口状态如表 4-9 所示。

表 4-9　STP 端口状态

端 口 状 态	描 述	说 明
Disabled 端口没有启用	此状态下端口不转发数据帧,不学习 MAC 地址表,不参与生成树计算	端口状态为 Down
Listening 侦听状态	此状态下端口不转发数据帧,不学习 MAC 地址表,只参与生成树计算,接收并发送 BPDU	过渡状态,增加 Learning 状态,防止临时环路

续表

端 口 状 态	描　　述	说　　明
Blocking 阻塞状态	此状态下端口不转发数据帧,不学习 MAC 地址表,端口仅接收并处理 BPDU	阻塞端口的最终状态
Learning 学习状态	此状态下端口不转发数据帧,但学习 MAC 地址表,参与计算生成树,接收并发送 BPDU	过渡状态
Forwarding 转发状态	此状态下端口正常转发数据帧,学习 MAC 地址表,参与计算生成树,接收并发送 BPDU	只有根端口或指定端口才能进入 Forwarding 状态

　　各状态之间的迁移有一定的规则,端口状态迁移如图 4-21 所示。当端口正常启用之后,端口首先进入 Listening 状态,开始生成树的计算过程。如果经过计算,端口角色需要设置为预备端口,则端口状态立即进入 Blocking;如果经过计算,端口角色需要设置为根端口或指定端口,则端口状态在等待一个时间周期之后从 Listening 状态进入 Learning 状态,然后继续等待一个时间周期之后,从 Learning 状态进入 Forwarding 状态,正常转发数据帧,端口被禁用之后则进入 Disable 状态。

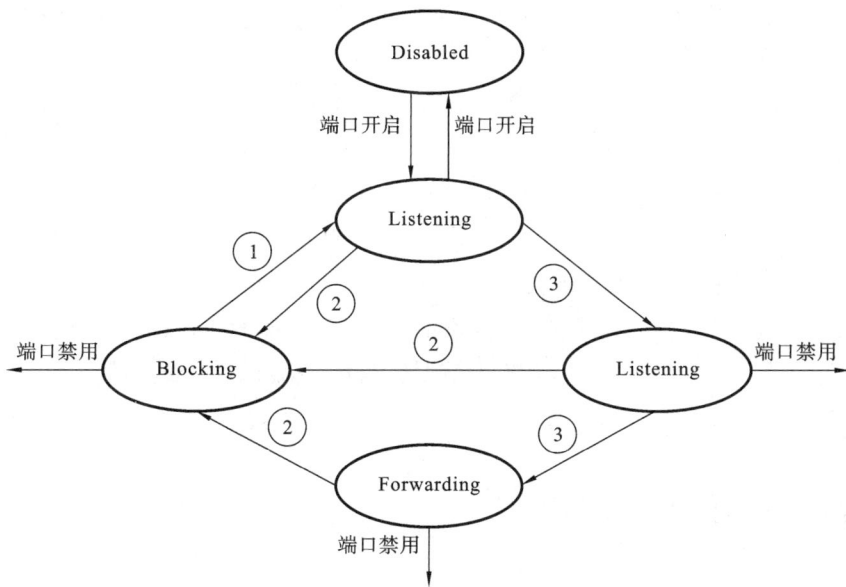

图 4-21　端口状态迁移

● 端口被选为指定端口或根端口;
● 端口被选为预备端口;
● 经过时间周期,此时间周期称为 Forward Delay,默认值为 15 s。

4.4 以太网端口技术

4.4.1 端口自协商技术

以太网技术发展到 100 Mb/s 速率以后,出现了一个如何与原 10 Mb/s 以太网设备兼容的问题,自协商技术就是为了解决这个问题而制定的。

自协商功能允许一个网络设备将自己所支持的工作模式信息传达给网络上的对端,并接受对方可能传递过来的相应信息。自协商功能完全由物理层芯片设计实现,因此并不使用专用的数据报文或带来任何高层协议开销。

自协商功能的基本机制就是将协商信息封装进一连串修改后的连接整合性测试脉冲。每个网络设备必须能够在上电、管理命令或是用户干预时发出此串脉冲。快速连接脉冲包含一系列连接整合性测试脉冲组成的时钟/数字序列。将这些数据从中提取出来就可以得到对端设备支持的工作模式,以及一些用于协商握手机制的其他信息。

当协商双方都支持一种以上的工作方式时,需要有一个优先级方案来确定一个最终工作顺序,其基本思路是:100 Mb/s 优于 10 Mb/s,全双工优于半双工。100BASE-T4 之所以优于 100BASE-TX 是因为 100BASE-T4 支持的线缆类型更丰富一些。100BASE-T4 可使用 3、4、5 类 UTP 实现,用到了双绞线 4 对中的全部。100BASE-TX 只能用 5 类 UTP 或者 STP 实现,用到了双绞线 4 对中的 2 对。

光纤以太网是不支持自协商的。对光纤而言,链路两端的工作模式必须使用手工配置(速度、双工模式、流控等),如果光纤两端的配置不同是不能正确通信的。在实际工作与项目中,对于所有介质的以太网,通过手动配置来确定端口参数,可以避免一些不必要的麻烦。

4.4.2 端口聚合技术

端口聚合,也称为端口捆绑、端口聚集或链路聚合,即将两台交换机间的多条平行物理链路捆绑为一条大带宽的逻辑链路。使用链路聚合服务的上层实体把同一聚合组内的多条物理链路视为一条逻辑链路,数据通过聚合端口组进行传输。端口聚合具有以下优点:

1. 增加网络带宽

端口聚合可以将多个连接的端口捆绑成为一个逻辑连接,捆绑后的带宽是每个独立端口的带宽总和。当端口的流量增加而成为限制网络性能的瓶颈时,采用支持该特性的交换机可以轻而易举地增加网络的带宽。如两台交换机间有 4 条 100 Mb/s 链路,捆绑后认为两台交换机间存在一条单向 400 Mb/s、双向 800 Mb/s 带宽的逻辑链路,并且聚合链路在生成树环境中被认为是一条逻辑链路。

2. 提高链路可靠性

聚合组可以实时监控同一聚合组内各个成员端口的状态,从而实现成员端口之间彼此动态备份。如果某个端口发生故障,聚合组能及时把数据流从其他端口传输。

3.流量负载分担

链路聚合后,系统根据一定的算法把不同的数据流分布到各成员端口,从而实现基于流的负载分担。通常对于二层数据流,系统根据源 MAC 地址及目的 MAC 地址来进行负载分担计算;对于三层数据流,则根据 IP 地址及目的 IP 地址进行负载分担计算。

聚合端口成功的条件是两端的参数必须一致。参数包括物理参数和逻辑参数。物理参数包括进行聚合链路的数目、进行聚合链路的速率、进行聚合链路的双工方式;逻辑参数有:STP 配置一致,包括端口的 STP 使能/关闭、与端口相连的链路属性(如点对点或非点对点)、STP 优先级、路径开销、报文发送速率限制、是否环路保护、是否根保护、是否为边缘端口;QoS 配置一致,包括流量限速、优先级标记、默认的 802.1p 优先级、带宽保证、拥塞避免、流重定向、流量统计等;VLAN 配置一致,包括端口允许通过的 VLAN 、端口默认 VLAN ID;端口配置一致,包括端口的链路类型,如 Trunk 、Hybrid 、Access 属性。

端口聚合的实现有三种方法:手工负载分担模式、静态 LACP(link aggregation control protocol,链路聚合控制协议)模式和动态 LACP 模式。在手工负载分担模式下,双方设备不需要启动聚合协议,双方不进行聚合组中成员端口状态的交互。静态 LACP 模式是一种利用 LACP 协议进行聚合参数协商、确定活动端口和非活动端口的链路聚合方式。该模式可实现 M:N 模式,即 M 条活动链路与 N 条备份链路的模式。LACP 协议除可以检测物理线路故障外,还可以检测链路层故障,提高容错性,保证成员链路的高可靠性。动态 LACP 模式的链路聚合,由 LACP 协议自动协商完成。虽然这种方式对于用户来说很简单,但过于灵活,不便于管理,因此应用较少。

4.5 虚拟局域网 VLAN

4.5.1 VLAN 概述

虚拟局域网(virtual local area network,VLAN)是一种通过局域网内的设备逻辑的而不是物理的划分成一个个网段,从而实现虚拟工作组的技术。VLAN 将一个物理的 LAN 在逻辑上划分成多个广播域(多个 VLAN)。VLAN 内的主机间可以直接通信,而 VLAN 之间不能直接互通。这样,广播报文被限制在一个 VLAN 内,同时提高了网络安全性。对 VLAN 的另一个定义是,它能够使单一的交换结构被划分成多个小的广播域。IEEE 于 1999 年颁布了用以标准化 VLAN 实现方案的 802.1q 协议标准草案。

VLAN 技术在以太网帧的基础上增加了 VLAN 头,用 VLAN ID 把用户划分为更小的工作组,每一个 VLAN 都包含一组有着相同需求的计算机工作站,与物理上形成的 LAN 有着相同的属性,如图 4-22 所示。但由于它是逻辑地而不是物理地划分,所以同一个 VLAN 内的各个工作站无需被放置在同一个物理空间里,即这些工作站不一定属于同一个物理 LAN 网段。一个 VLAN 内部的广播和单播流量都不会转发到其他 VLAN 中,从而有助于控制流量、减少设备投资、简化网络管理、提高网络的安全性。

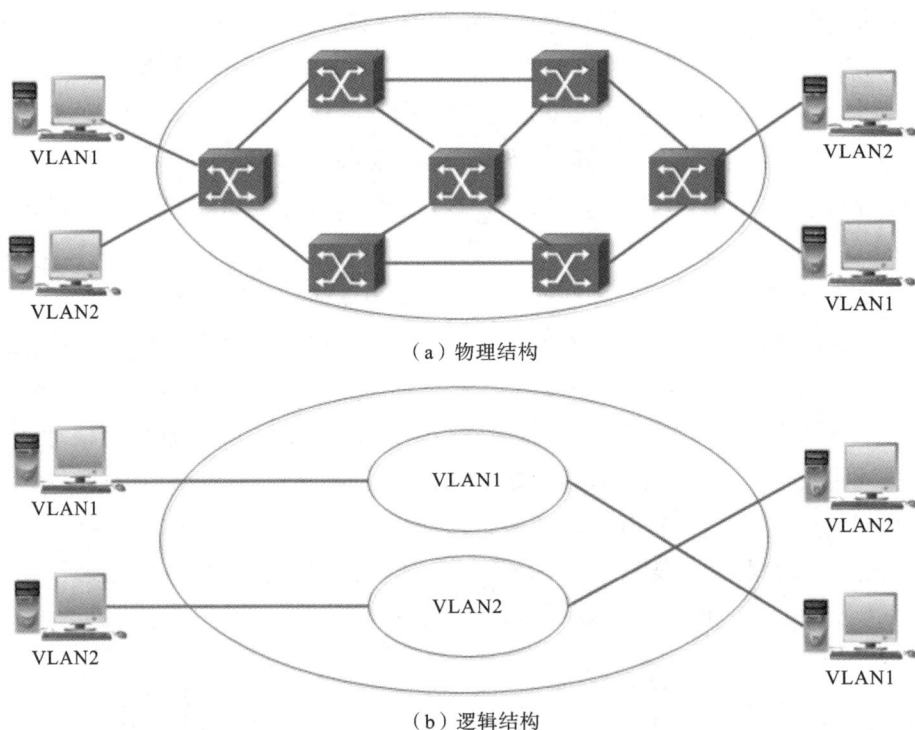

图 4-22　虚拟局域网的物理结构与逻辑结构

VLAN 具有以下特点。

(1) 区段化。

使用 VLAN 可将一个广播域分隔成多个广播域,相当于分隔出物理上分离的多个单独的网络。即将一个网络进行区段化,减少每个区段的主机数量,提高网络性能。

(2) 灵活性。

VLAN 配置,成员添加、移去和修改都是通过在交换机上实现的。一般情况下,无需更改物理网络与添加新设备及更改布线系统,所以 VLAN 提供了极大的灵活性。

（3）安全性。

将一个网络划分 VLAN 后,不同 VLAN 内的主机间通信必须通过 3 层设备,而在 3 层设备上可以设置 ACL 等实现第 3 层的安全性,即 VLAN 间的通信是在受控的方式下完成的。相对于没有划分 VLAN 的网络,所有主机可直接通信而言,VLAN 提供了较高的安全性。另外,用户想加入某一个 VLAN 必须通过网络管理员在交换机上进行配置。

4.5.2　VLAN 的划分方式

有多种方式可以划分 VLAN,下面逐一介绍。

1. 基于端口划分 VLAN

许多 VLAN 厂商都利用交换机的端口来划分 VLAN 成员。被设定的端口都在同一个广播域中。例如,如图 4-23（a）所示,一个局域网交换机的 1、2、3、7、8 端口被定义为 VLAN1,同一交换机的 4、5、6 端口被定义为 VLAN2;如图 4-23（b）所示,局域网交换机 1 和局域网交换机 2 相连,组成一个物理网络,其中局域网交换机 1 的 1、2、3 端口和局域网交换机 2 的 1、2、3、7、8 端口被定义为 VLAN1,局域网交换机 1 的 4、5、6、7、8 端口和局域网交换机 2 的 4、5、6 端口被定义为 VLAN2。同一个 VLAN 各端口之间可以直接通信,不同 VLAN 端口之间无法直接通信。

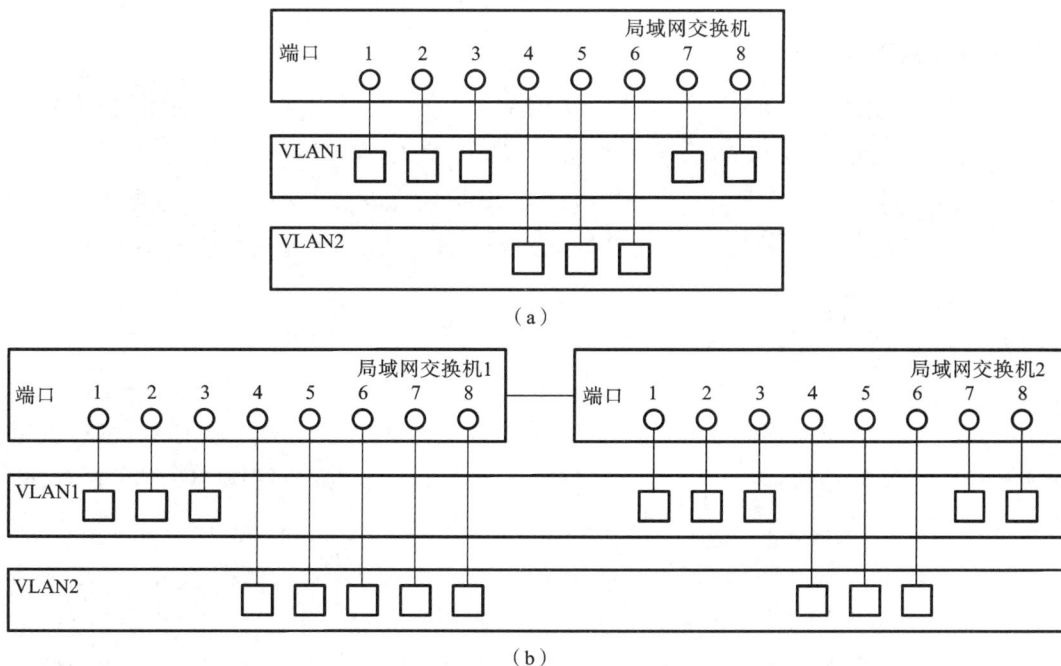

图 4-23　用交换机端口号定义 VLAN 成员

第 2 代端口 VLAN 技术允许跨越多个交换机的多个不同端口划分 VLAN,不同交换机上的若干个端口可以组成同一个 VLAN。

以交换机端口来划分 VLAN 成员,其配置过程简单。根据端口来划分 VLAN 的方式是最常用的一种方式,这种方式的缺点是当交换机没有受到保护时,用户可以通过改变主机连接的端口来改变所属 VLAN。

2. 基于 MAC 地址划分 VLAN

根据每个主机的 MAC 地址来划分,即对每个 MAC 地址的主机都配置其所属的组。这种划分方法的最大优点就是当用户物理位置移动时,即从一个交换机换到其他交换机时,VLAN 不用重新配置,因此,可以认为这种根据 MAC 地址的划分方法是基于用户的 VLAN。这种方法的缺点是初始化时,所有 MAC 地址都需要掌握和配置,所以管理任务比较重。此外,如果用户主机更换网卡,则需要重新配置所属 VLAN。

3. 基于 IP 地址划分 VLAN

交换设备根据报文中的 IP 地址信息,确定添加的 VLAN。将网段或 IP 地址发出的报文在指定的 VLAN 中传输,减轻了网络管理的任务量,且有利于管理。但是网络中的用户分布需要有规律,且多个用户在同一网段。

4. 基于协议划分 VLAN

根据端口接收到报文所属的协议类型及封装格式分配不同的 VLAN,即基于协议划分 VLAN。网络管理员需要配置以太网帧中的协议域和 VLAN 的映射关系表。

5. 基于策略划分 VLAN

基于 MAC 地址、IP 地址、端口组合策略划分 VLAN 是指在交换机上配置终端的 MAC 地址和 IP 地址,并与 VLAN 关联。只有符合条件的终端才能加入指定 VLAN。符合条件的终端加入指定 VLAN 后,严禁修改 IP 地址或 MAC 地址,否则会导致终端从指定 VLAN 中退出。这种划分 VLAN 的方式安全性非常高,但是需要进行手工配置。

4.5.3　VLAN 技术原理

VLAN 技术为了实现转发控制,在待转发的以太网帧中添加 VLAN 标签,然后设定交换机端口对该标签和帧的处理方式。处理方式包括丢弃帧、转发帧、添加标签、移除标签。

转发帧时,通过检查以太网报文中携带的 VLAN 标签,是否为该端口允许通过的标签,可判断出该以太网帧是否能够从端口转发。假设有一种方法,将 A 发出的所有以太网帧都加上标签 5,此后查询二层转发表,根据目的 MAC 地址将该帧转发到 B 连接的端口。由于在该端口配置了仅允许 VLAN1 通过,所以 A 发出的帧将被丢弃。以上意味着支持 VLAN 技术的交换机,转发以太网帧时不再仅仅依据目的 MAC 地址,同时还要考虑该端口的 VLAN 配置情况,从而实现对二层转发的控制。

IEEE 802.1q 标准对 Ethernet 帧格式进行了修改,在源 MAC 地址字段和协议类型字段之间加入 4B 的 IEEE 802.1q Tag,如图 4-24 所示。

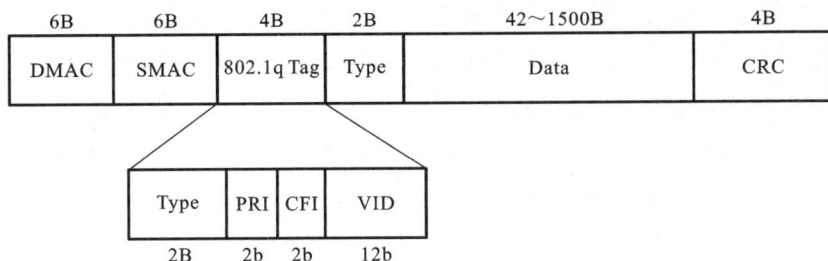

图 4-24 基于 IEEE 802.1q 的 VLAN 帧格式

IEEE 802.1q Tag 包含 4 个字段,其含义如下。

(1) Type:长度为 2 B,表示帧类型。当取值为 0x8100 时,表示 IEEE 802.1q Tag 帧。如果不支持 IEEE 802.1q 的设备收到这样的帧,则会将其丢弃。

(2) PRI(priority):长度为 2 b,表示帧的优先级,取值范围为 0~7,其值越大则优先级越高。当用于交换机拥塞时,会先发送优先级高的数据帧。

(3) CFI(canonical format indicator):长度为 1 b,表示 MAC 地址是否为经典格式。CFI 为 0 说明是经典格式,CFI 为 1 说明是非经典格式。用于区分以太网帧、FDDI 帧和令牌环网帧。在以太网中,CFI 的值为 0。

④ VID(VLAN ID):长度为 12 b,表示该帧所属的 VLAN。可配置的 VLAN ID 取值范围为 0~4095,但是 0 和 4095 协议中规定保留的 VLAN 号为 1,初始情况下默认 VLAN 包含所有端口。

使用 VLAN 标签后,在交换网环境中,以太网的帧有两种格式:一种是没有加上 IEEE 802.1q Tag 标志的,称为不带有 VLAN 标记的帧;另一种是加上 IEEE 802.1q Tag 标志的,称为带 VLAN 标记的帧,如图 4-25 所示。

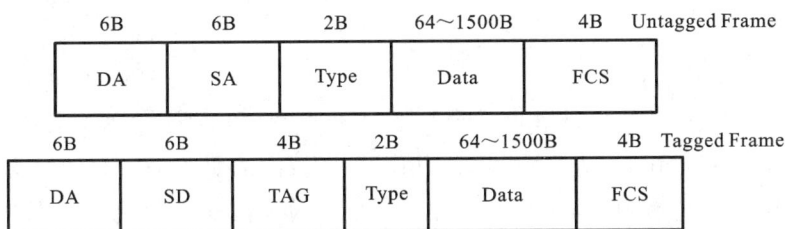

图 4-25 VLAN 标记的帧

转发过程中,标签操作类型有两种:添加标签和移除标签。添加标签是对 Untagged 帧添加默认 VLAN 号(PVID),在端口收到对端设备的帧后进行。移除标签是删除帧中的 VLAN 信息,以 Untagged 帧形式发送给对端设备。

4.5.4 VLAN 端口类型

为了提高处理效率,交换机内部的数据帧都带有 VLAN Tag,以统一方式处理。当一个数据帧进入交换机端口时,如果没有带 VLAN Tag,且该端口配置了 PVID(port default VLAN ID),那么该数据帧就会被标记上端口的 PVID。如果数据帧已经带有 VLAN Tag,那么即使端口已经配置了 PVID,交换机也不会再给数据帧标记 VLAN Tag 了。由于端口类型不同,交换机对帧的处理过程也不同。

1. Access 端口

一般用于连接主机,当接收到不带 Tag 的报文时,接收该报文并打上默认 VLAN 的 Tag。当接收到带 Tag 的报文时,如果 VLAN ID 与默认 VLAN ID 相同,则接收该报文。如果 VLAN ID 与默认 VLAN ID 不同时,则丢弃该报文。发送帧时,则剥离帧的 PVID Tag,然后再发送。Access 端口用于连接主机,有如下特点:

(1) 仅仅允许唯一的 VLAN ID 通过本端口,这个值与端口的 PVID 相同;

(2) 如果该端口接收到对端设备发送的帧是 Untagged,交换机将强制加上该端口的 PVID;

(3) Access 端口发往对端设备的以太网帧永远是 Untagged Frame;

(4) 很多型号的交换机默认端口类型是 Access,PVID 默认值是 1,VLAN 1 由系统创建,不能删除。

2. Trunk 端口

用于连接交换机,在交换机之间传递 Tag 的报文,可以自由设定通过多个 VLAN ID,这些 ID 可以与 PVID 相同,也可以不同。其对于帧的处理过程如下。

当接收到不带 Tag 的报文时,打上默认的 VLAN ID,如果默认 VLAN ID 在允许通过的 VLAN ID 列表里,则接收该报文;如果默认 VLAN ID 不在允许通过的 VLAN ID 列表里,则丢弃该报文。

3. Hybrid 端口

Access 端口发往其他设备的报文都是 Untagged Frame,而 Trunk 端口仅在一种特定情况下才能发出 Untagged Frame,其他情况发出的都是 Tagged Frame。某些应用中,可能希望能够灵活地控制 VLAN 标签的移除。例如,在本交换机的上行设备不支持 VLAN 的情况下,希望实现各个用户端口的相互隔离,通过 Hybrid 端口可以解决此问题。它对接收不带 Tag 的报文处理与 Trunk 端口一致;对接收带 Tag 的报文处理也与 Trunk 端口一致。发送帧时,如果 VLAN ID 是该端口允许通过的 VLAN ID,则发送该报文。可以通过命令设置发送时是否携带 Tag。

VLAN 内的链路分为接入链路(access link)与干线链路(trunk link),接入链路用于终端设备和交换机相连,如果 VLAN 是基于端口进行划分的,一个接入链路只能属于某一个特定的 VLAN。干线链路最通常的使用场合就是连接两个 VLAN 交换机的链路,通过干线链路可使 VLAN 跨越多个交换机,所以一个干线链路可以承载多个 VLAN 的数据。对于各端口类型,Access 端口只能连接接入链路,Trunk 端口只能连接干线链路,Hybrid 端口既可以连接接入链路也可以连接干线链路。

习题 4

学生扫码做题

第5章
网络互联与互联网

多个网络互相连接组成范围更大的网络称为互联网（Internet）。由于各种网络使用的技术不同，所以要实现网络之间的互联互通还要解决一些新问题，各种网络提供的服务也可能不同，网络互联技术就是要在不改变原有网络体系结构的前提下，把一些异构型的网络互相连接构成统一的通信系统，实现更广泛的资源共享和信息交流。

5.1 网络互联概述

计算机网络互联是利用网络互联设备及相应的技术措施和协议把两个以上的计算机网络连起来,实现更大程度的数据通信和资源共享。互联的网络可以是同种类型的网络、不同类型的网络,以及运行不同网络协议的系统。计算机网络互联的目的是使一个网络上的用户能够访问其他计算机网络上的资源,使不同网络上的用户能够相互通信和交流信息,以实现更大范围的资源共享和信息交流。

网络互联有两方面的内容:一是将多个独立的、小范围的网络连接起来构成一个较大范围的网络;二是将一个节点多、负载重的大网络分解成若干个小网络,再利用互联技术把这些小网络连接起来。

网络互联的功能有两个:

(1) 基本功能:是指网络互联所必需的功能,如寻址和路由选择等。

(2) 扩展功能:是指各种互联网提供不同服务时所需的功能,如协议转换、分组长度控制、排序和差错检测等。

网络互联有以下四种形式:

(1) 局域网与局域网互联,即 LAN-LAN。例如,以太网与令牌环之间的互联。

(2) 局域网与广域网互联,即 LAN-WAN。例如,使用公用电话网、分组交换网、DDN、ISDN、帧中继等连接远程局域网。

(3) 广域网与广域网互联,即 WAN-WAN。例如,专用广域网与公用广域网的互联。

(4) 局域网通过广域网互联,即 LAN-WAN-LAN。例如,企业内联网(Intranet)、企业外联网(Extranet)。

互联(Interconnection):是指在两个网络之间至少存在一条物理连接线路,它为两个网络之间的逻辑连接提供物理基础。如果两个网络的通信协议相互兼容,则两个网络之间就能进行数据交换。

互通(Intercommunication):是指互联的两个网络之间沟通能够连接并可进行数据交换。

互操作(Interoperability):是指网络中不同计算机系统之间具有访问对方资源的能力。互操作是在互通的基础上实现的。

互联、互通与互操作是 3 个不同的概念,它们表示不同层次的含义。但三者之间又有密切关系:互联是网络互联的基础,互通是网络互联的手段,互操作是网络互联的目的。

由于计算机网络系统是分层次实现的,上层协议往往支持多种下层协议,并且对上层协议而言,下层协议的差异性被隐蔽起来,似乎不存在一样。因此,网络互联可以在不同的层次上实现。在每个层次上的互联都需要一个中间连接设备,以便当信息分组从一个网络传送到另一个网络时,做必要的转换。我们把中间连接设备称为网间互联设备。根据互联设备作用在 OSI 参考模型的哪一层,通常有以下几种类型:

(1)物理层互联,物理层互联的设备是中继器(Repeater)、集线器(Hub)、调制解调器(Modem)等。中继器在两个相同局域网之间复制并传送二进制位信号,即复制每一个比特流;集线器的工作原理与中继器的相同,集线器又称为多端口的中继器;调制解调器可以将数字信号转换成模拟信号在模拟信道上进行传输或将模拟信号转换成数字信号在数字信道上进行传输。

(2)数据链路层互联,数据链路层互联的设备是网桥(Bridge)、交换机(Switch Hub)等。网桥互联使两个独立的局域网之间转发数据帧;交换机的工作原理与网桥的相同,交换机也称为多端口的网桥。

(3)网络层互联,网络层互联的设备是路由器(Router)、三层交换机。路由器在不同的逻辑子网及异构网络之间转发数据分组;三层交换机可以完成路由器的路由功能。

(4)高层互联,传输层及以上各层协议不同的网络之间的互联属于高层互联,高层互联的设备是网关(Gateway)。网关可以工作在传输层以上,具有协议转换功能。

5.2　网络互联设备

网络互联设备是实现网络之间物理连接的中间设备。网络互联层次的不同,所使用的网络互联设备也不同。本节将具体介绍工作在 OSI 参考模型不同层次上的网络间互联设备的功能、特点及它们的工作原理。

5.2.1　中继器

基带信号沿线路传输时会产生衰减,所以当需要传输较长的距离时,或者说需要将网络扩展到更大的范围时,就要采用中继器。中继器(Repeater)是 OSI 参考模型中的物理层设备,是最简单的网络互联设备,它可以将局域网的一个网段和另一个网段连接起来,主要用于局域网-局域网互联,起到信号放大和延长信号传输距离的作用。中继器的应用如图 5-1 所示。

中继器的主要工作就是复制收到的比特流。当中继器的某个输入端输入"1",输出端就复制、放大并输出"1"。收到的所有信号都被原样转发,并且延迟很小。中继器不能

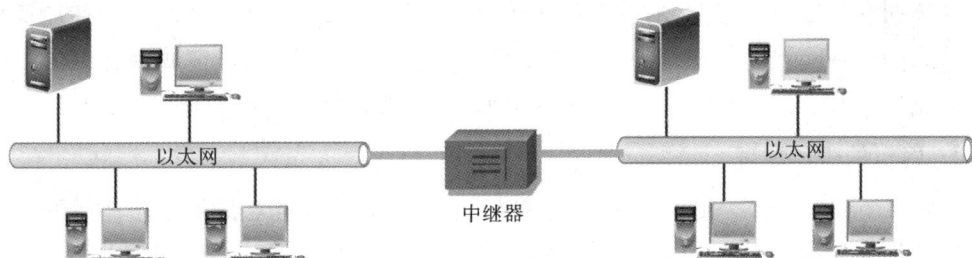

图 5-1　中继器的应用

过滤网络流量,到达中继器一个端口的信号会发送到其他所有端口上。中继器不能识别数据帧的格式和内容,错误信号也会原样照发。中继器不能改变数据类型,即不能改变数据链路层帧的类型,也不能连接不同的网络,如令牌环网和以太网。

理论上,中继器可以把网络延长到任意长的传输距离,然而很多网络上都限制了在一对工作站之间加入中继器的数目。例如,在以太网中最多使用 4 个中继器,以及最多由 5 个网段组成。

中继器具有如下一些特性:

(1) 中继器只工作在物理层,只具有简单地放大和再生物理信号的功能,所以中继器只能连接完全相同的网络,也就是说用中继器互联的网络应具有相同的协议和速率,如 IEEE 802.3 以太网到以太网之间的连接和 IEEE 802.5 令牌环网到令牌环网之间的连接。用中继器连接的局域网在物理上是一个网络,也就是说中继器把多个独立的物理网络互联成为一个大的物理网络。

(2) 中继器可以连接不同传输介质的网络(如 10Base-5 和 10Base-2)。

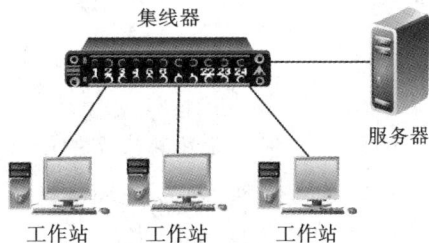

图 5-2　集线器网络结构图

(3) 由于中继器在物理层实现互联,所以它对物理层以上各层协议(数据链路层到应用层)完全透明,中继器支持数据链路层及其以上各层的任何协议,也就是说只有物理层以上各层协议完全相同才可以实现互联。

集线器(Hub)的工作原理基本上与中继器的相同。简单地说,集线器就是一个多端口中继器,它把一个端口上收到的数据广播发送到其他所有端口。集线器最初的功能是把所有节点集中在以它为中心的节点上,有力地支持了星型拓扑结构,简化了网络的管理与维护。集线器的网络结构如图 5-2 所示。

5.2.2　网桥

用中继器或集线器连接的局域网是同一个"冲突域"。在同一个"冲突域"中,所有的主机共享同一条信道。这样,局域网的作用范围,特别是主机数量将受到很大的限制,否则将造成网络性能严重下降;同时,一个主机发送的信息,"冲突域"中的所有主机都可以监听到,也不利于网络的安全。要解决这个问题,需要另外一种设备——网桥。

1. 网桥的工作原理

网桥(Bridge)又称桥接器,是一种存储转发设备,常用于互联局域网。使用网桥互联局域网的拓扑结构如图 5-3 所示。

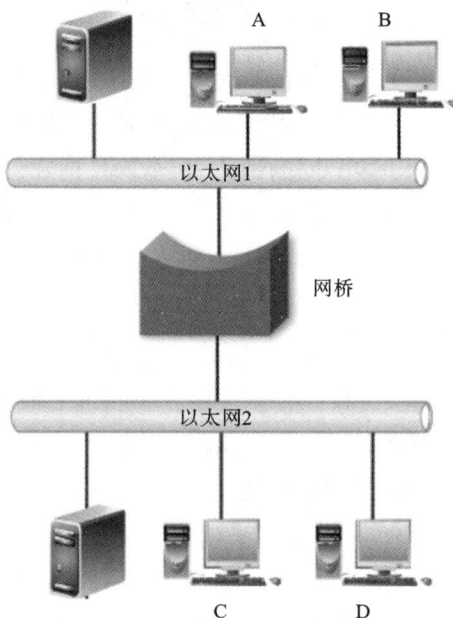

图 5-3　网桥的网络结构

网桥工作在 OSI 参考模型的第 2 层,它在数据链路层对数据帧进行存储转发,实现网络互联。网桥能够连接的局域网可以是同类网络(使用相同的 MAC 协议的网络,如 IEEE 802.3 以太网),也可以是不同的网络(使用不同的 MAC 协议和相同的 LLC 协议的网络,如 IEEE 802.3 以太网、IEEE 802.5 令牌环网和 FDDI),而且这些网络可以是不同的传输介质系统。

网桥不是一个复杂的设备,它的工作原理是接收一个完整的帧,然后分析收到的帧,根据帧的目的网络地址(MAC 地址),来决定是丢弃这个帧,还是转发这个帧。如果目的站点和发送站点在同一个网段,换句话说,就是源主机和目的主机在网桥的同一边,网桥将丢弃该帧,不进行转发;如果源主机和目的主机分别在网桥的两边,网桥转发该帧。网桥通过学习源地址(MAC 地址)的方法,建立一个 MAC 地址与网桥的端口号映射表,通过查表获得目的主机连接在哪个端口,以此实现点到点的转发功能。

网桥的主要作用是将两个以上的局域网互联为一个逻辑网,以减少局域网上的通信量,提高整个网络系统的性能。网桥的另一个作用是扩大网络的物理范围。另外,由于网桥能隔离网段的故障,所以网桥能够提高网络的可靠性。网桥与中继器相比有更多的优势,它能在更大的地理范围内实现局域网互联。网桥不像中继器,只是简单地放大、再生物理信号,没有任何过滤作用。网桥在转发数据帧的同时,能够根据 MAC 地址对数据帧进行过滤,而且网桥可以连接不同类型的网络。

2. 网桥带来的一些问题

(1) 增加网络延迟;

(2) 网桥的处理速度是有限的,当网络负载加大时会造成网络阻塞;

(3) 在网桥的转发表中查找不到目的 MAC 对应的端口时,数据帧会被复制到其他所有端口,容易产生广播风暴。

所以,网桥适用于网络中用户不太多,特别是网段之间的流量不太大的场合。

5.2.3　交换机

交换机工作在 OSI 参考模型的数据链路层的 MAC 子层和物理层。在以太网交换机上有许多高速端口,这些端口分别连接不同的局域网或单台设备。以太网交换机负责在这些端口之间转发帧。交换和交换机最早起源于电话通信系统,由电话交换技术发展而来。

1. 地址学习

交换机属于数据链路层设备,可以识别数据帧中的地址信息。以太网交换机利用"端口号/MAC 地址转发表"进行信息的转发,因此,端口号/MAC 地址转发表的建立和维护显得相当重要。一旦地址映射表出现问题,就可能造成信息转发错误。那么,交换机中的端口号/MAC 地址转发表是怎样建立和维护的呢?

这里有两个问题需要解决:一是交换机如何知道哪台计算机连接到哪个端口;二是当计算机在交换机的端口之间移动时,交换机如何维护地址映射表。显然,通过人工建立交换机的地址映射表是不切实际的,交换机应该自动建立地址映射表。

通常,以太网交换机利用"地址学习"的方法来动态建立和维护端口号/MAC 地址转发表。以太网交换机的地址学习是通过读取帧的源地址并记录数据帧进入交换机的端口进行的。当得到 MAC 地址与端口的对应关系后,交换机将检查地址映射表中是否已经存在该对应关系。如果不存在,交换机就将该对应关系添加到地址映射表;如果已经存在,交换机将更新该表项。因此,在以太网交换机中,地址是动态学习的。只要这个节点发送信息,交换机就能捕获到它的 MAC 地址与其所在端口的对应关系。

在每次添加或更新地址映射表的表项时,添加或更改的表项被赋予一个计时器。这使得该端口与 MAC 地址的对应关系能够存储一段时间。如果在计时器溢出之前没有再次捕获到该端口与 MAC 地址的对应关系,则该表项将被交换机删除。通过移走过时的或老化的表项,交换机维护了一个精确且有用的地址映射表。

交换机中地址学习的过程如下:

(1)当交换机从某个端口接收到一个数据帧时,先读取帧的源 MAC 地址,从而得知源 MAC 地址的主机是连在哪个端口上的,如源 MAC 地址不在转发表中,就在转发表中登记源 MAC 地址对应端口号;

(2)读取帧的目的 MAC 地址,并在地址表中查找相应的端口号;

(3)如果表中有与该目的 MAC 地址对应的端口信息,就把数据帧直接复制到这端口上;

(4)如表中找不到相应的端口信息,则把数据帧广播到其他所有端口上。

不断地循环这个过程,对于整个局域网的 MAC 地址信息都可以学习到,二层交换机就是这样建立和维护其地址表的。

2. 交换机转发的过程

如图 5-4 所示,交换机有一条很宽的背板总线和内部交换矩阵。所有端口都挂在背板总线上。例如,节点 A 要向节点 E 发送数据帧,该数据帧的目的网络地址为 MAC_E;节点 H 要向节点 D 发送数据帧,该数据帧的目的网络地址为 MAC_D。当节点 A、节点 H 同时通过交换机传送以太网帧时,交换机的交换控制中心根据端口号/MAC 地址转发表的对应关系找出帧的目的地址对应的端口号,那么它就可以为节点 A 到节点 E 建立端口 1 到端口 5 的连接,同时为节点 H 到节点 D 建立端口 8 到端口 4 的连接。这种端口之间的连接可以根据需要同时建立多条,也就是说可以在多个端口之间建立多个并发连接。

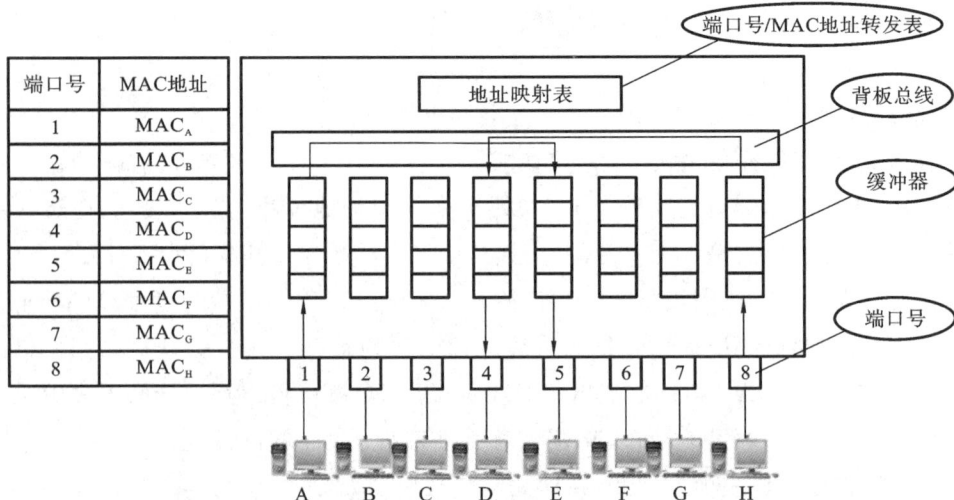

端口号	MAC地址
1	MAC_A
2	MAC_B
3	MAC_C
4	MAC_D
5	MAC_E
6	MAC_F
7	MAC_G
8	MAC_H

图 5-4 交换机的工作原理

而且由于这个过程比较简单,多使用硬件来实现,因此速度相当快,一般只需几十微秒,交换机便可决定一个数据帧该往哪里送。

3. 交换模式

交换模式决定了当交换机端口接收到一个数据帧时将如何处理这个帧。因此,数据帧通过交换机所需要的时间取决于所选的交换模式。交换模式有存储转发模式、直通模式和碎片隔离模式3种。

(1) 存储转发模式。存储转发交换是两种基本的交换类型之一。在这种模式下,交换机将接收整个帧并拷贝到它的缓冲器中,同时进行循环冗余检验(CRC)。如果这个帧有差错,或者太短(帧长小于64 B),或者太长(帧长大于1518 B),这个帧将被丢弃,否则确定输出端口,并将帧发往输出端口。由于这种类型的交换要拷贝整个帧,并且运行CRC,因此转发速度较慢,其延迟将随帧的长度不同而不同。

(2) 直通模式。直通式交换是另一种基本的交换类型。在这种模式下,交换机仅仅将帧的目的网络地址(前缀之后的6个字节)拷贝到它的缓冲器中。然后,在转发表中查找该目的网络地址,从而确定输出端口,再将帧发往其目的端口。这种直通交换方式减少了延迟,因为交换机一读到帧的目的网络地址,确定了输出端口,就立即转发帧。有些交换机可以自适应地选择交换模式,可以工作在直通模式,直到某个端口上的差错达到用户定义的差错极限,交换机会由直通模式自动切换成存储转发模式,而当差错率降低到这个极限以下时,交换机又会由存储转发模式切换成直通模式。

(3) 碎片隔离模式。碎片隔离模式是直通模式的一种改进形式。在这种模式下,交换机计算帧的长度,如果帧长小于64 B,则丢弃该帧;如果帧长大于或等于64 B,则转发该帧。该方式的处理速度比存储转发模式的快,但比直通模式的慢,由于能够避免残帧的转发,所以被广泛应用于低档交换机中。

5.2.4　路由器

路由器(Router)又称为多协议转换器,是网络层的互联设备,主要用于局域网-广域网互联。路由器的每个端口分别连接不同的网络,因此每个端口有一个IP地址和一个物理地址。路由器中有路由表,记录着远程网络的网络地址和到达远程网络的路径信息,即下一站路由器的IP地址。它利用IP地址中的网络号来识别不同网络,实现网络的互联。路由器不转发广播消息,能隔离广播网,因此它也隔离了不同网络,保持了各个网络的独立性。

路由器连接的物理网络可以是同类网络,也可以是异类网络。多协议路由器能支持多种不同的网络层协议(如IP、IPX、DECNET、AppleTalk、XNS、CIND等)。路由器能够容易地实现LAN-LAN、LAN-WAN、WAN-WAN和LAN-WAN-LAN等多种网络连接形式。Internet就是使用路由器加专线技术将分布在各个国家的几千万个计算机网络互联在一起的。

1. 路由器的基本功能

路由器在网络层实现网络互联,主要完成网络层的功能。路由器负责将数据分组(包)从源主机经最佳路径传送到目的主机。为此,路由器必须具备两个最基本的功能,即确定通过互联网到达目的网络的最佳路径和完成信息分组的传送,即路由选择和分组转发。

1)路由选择

当两台连接在不同子网上的主机需要通信时,必须经过路由器转发,由路由器把分组通过互联网沿着一条路径从源主机传送到目的主机。在这条路径上可能需要通过一个或多个中间设备(路由器),所经过的每台路由器都必须要知道怎么把分组从源主机传送到目的主机,以及需要经过哪些中间设备。为此,路由器需要确定到达目的主机的下一跳路由器的地址,也就是要确定一条通过互联网到达目的主机的最佳路径。所以路由器必须具备的基本功能之一就是路由选择。

所谓路由选择就是通过路由选择算法确定到达目的主机(目的网络的网络地址)的最佳路径。路由选择实现的方法是:路由器通过路由选择算法,建立并维护一张路由表。在路由表中包含目的网络地址和下一跳路由器地址等多种路由信息。路由表中的路由信息告诉每一台路由器应该把分组转发给谁,它的下一跳路由器地址是什么。路由器根据路由表提供的下一跳路由器地址,将分组转发给下一跳路由器。通过一级一级地把分组转发到下一跳路由器的方式,最终把分组传送到目的网络。

当路由器接收一个进来的分组时,它首先检查目的网络地址,并根据路由表提供的下一跳路由器地址,将该分组转发给下一跳路由器。如果网络拓扑结构发生变化,或某台路由器失效,这时路由表需要更新。路由器通过发布广播或仅向相邻路由器发布路由表的方法使每台路由器都进行路由更新。目前,广泛使用的路由选择算法有链路状态路由选择算法和距离矢量路由选择算法。

2)分组转发

路由器的另一个基本功能是完成分组的传送,即分组转发,通常也称分组交换。在大多数情况下,互联网上的一台主机(源端)要向互联网上的另一台主机(目的端)发送一个分组时,通过指定默认路由(与主机在同一个子网的路由器端口的IP地址为默认路由地址)等办法,源主机通常已经知道一个路由器的物理地址(MAC地址)。源主机将带着目的主机的网络层地址(如IP地址、IPX地址等)的分组发送给已知路由器。路由器在接收了分组之后,检查分组的目的网络地址,再根据路由表确定是转发还是丢弃该分组,如果它不知道下一跳路由器的地址,则将分组丢弃。如果它知道怎么转发这个分组,路由器将改变目的物理地址为下一跳路由器的地址,并且把分组传送给下一跳路由器。下一跳路由器执行同样的交换过程,最终将分组传送到目的主机。当分组通过互联网传送时,它的帧首部地址信息是变化的,但它的网络地址是不变的,网络地址一直保留原来的内容直到目的主机。值得注意的是,为了完成主机到主机的通信,在基于路由器的互联网中的每台主机都必须分配一个网络层地址(IP地址),路由器在转发分组时,使用的是网络层地址。但是在主机与路由器之间或路由器与路由器之间的信息传送,仍然依赖于数据链路层完成,因此路由器在具体传送过程中需要进行地址转换并改变目的物理地址。

2．路由器的特点

由于路由器作用在网络层,因此它与网桥相比具有更强的异种网互联能力、更好的广播隔离能力、更强的流量控制能力、更好的安全性和可管理维护性,其主要特点如下:

(1)路由器可以互联不同的数据链路层协议、不同的传输介质、不同的拓扑结构和不同的传输速率的异种网,它有很强的异种网互联能力。路由器也是用于广域网互联的存储转发设备,具有很强的广域网互联能力,被广泛地应用于LAN-WAN-LAN的网络互联环境,使用路由器组建互联网如图5-5所示。

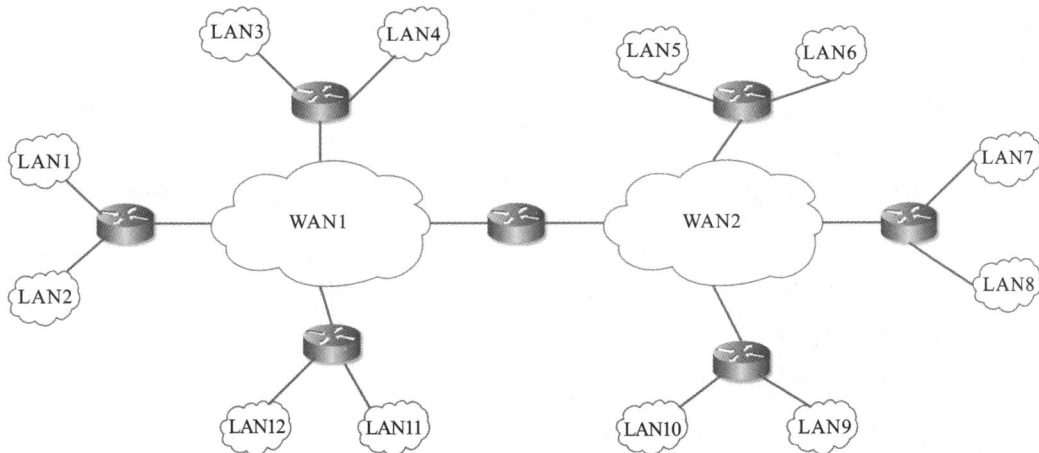

图5-5　使用路由器组建互联网

(2)路由器工作在网络层,它与网络层协议有关。多协议路由器可以支持多种网络层协议(如TCP/IP、IPX和DECNET等),转发多种网络层协议的分组。路由器检查网络层地址,转发网络层数据分组。因此,路由器能够基于IP地址进行分组过滤,具有分组过滤的防火墙功能。路由器分析进入的每一个分组,并与网络管理员制定的一些过滤策略进行比较,符合允许转发条件的分组被正常转发,否则丢弃。为了网络的安全,防止黑客攻击,网络管理员经常利用这个功能,拒绝某些子网或站点的访问。路由器还可以过滤应用层的信息,限制某些子网或站点访问某些信息服务,如不允许某个子网进行远程登录(Telnet)。

(3)路由器具有流量控制、拥塞控制的功能,能够对不同速率的网络进行速度匹配,以保证分组的正确传输。

（4）对大型网络进行分段，将分段后的网段用路由器连接起来。这样可以达到提高网络性能和网络带宽的目的，而且便于网络的管理和维护。这也是共享式网络为解决带宽问题经常采用的方法。

5.2.5　三层交换机

1. 三层交换机的作用

三层交换机和路由器都工作在网络层。三层交换机除了具有二层交换机的功能外，还具有路由的功能。不过三层交换机仅具有路由器的路由功能，不具备路由器的其他功能，因此三层交换机不能代替路由器，但三层交换机的路由速度较快。

三层交换机可以看作是路由器的简化版，是为了加快路由速度而出现的一种网络设备。路由器的功能虽然非常完备，但完备的功能使得路由器的运行速度变慢，而三层交换机则将路由工作接过来，并改为由硬件来处理（路由器是由软件来处理路由的），从而达到了加快路由速度的目的。

一个具有第三层功能的交换机是一个带有第三层路由功能的二层交换机功能，简单地说，三层交换技术就是：二层交换技术＋三层路由技术。

在传统网络中，路由器实现了广播域隔离，同时提供了不同网段之间的通信。图 5-6 中的 3 个 IP 子网分别为 C 类 IP 地址构成的网段，根据 IP 网络通信规则，只有通过路由器才能使 3 个不同的网段相互访问，即实现路由转发功能。传统路由器是依靠软件实现路由功能的，同时提供了很多附加功能，因此分组交换速率较慢。若用二层交换机替换路由器，将其改造为交换式局域网，不同网段之间又无法访问，只有重新设定子网掩码，扩大子网范围，如对图 5-6 所示的子网，只要将子网掩码改为 255.255.0.0，就能实现相互访问，但同时又产生新的问题：逻辑网段过大、广播域较大、所有设备需要重新设置。若引入三层交换机，并基于 IP 地址划分 VLAN，既实现了广播域的控制，又可以解决网段划分之后，网段中子网必须依赖路由器进行管理的局面；既解决了传统路由器低速、复杂所造成的网络瓶颈问题，又实现了子网之间的互访，提高了网络的性能。

因此，凡是没有广域网连接需求，同时需要路由器的地方，都可以用三层交换机代替路由器。在企业网和教学网中，一般会将三层交换机用在网络的核心层，用三层交换机上的千兆端口或百兆端口连接不同的子网或 VLAN。其网络结构相对简单，节点数相对较少。另外，它不需要较多的控制功能，并且成本较低。

在目前的宽带网络建设中，三层交换机一般被放置在小区的中心和多个小区的汇聚层，核心层一般采用高速路由器。这是因为在宽带网络建设中网络互联仅仅是其中的一项需求，宽带网络中的用户需求各不相同，需要较多的控制功能，而这正是三层交换机的弱点。因此，宽带网络的核心一般采用高速路由器。

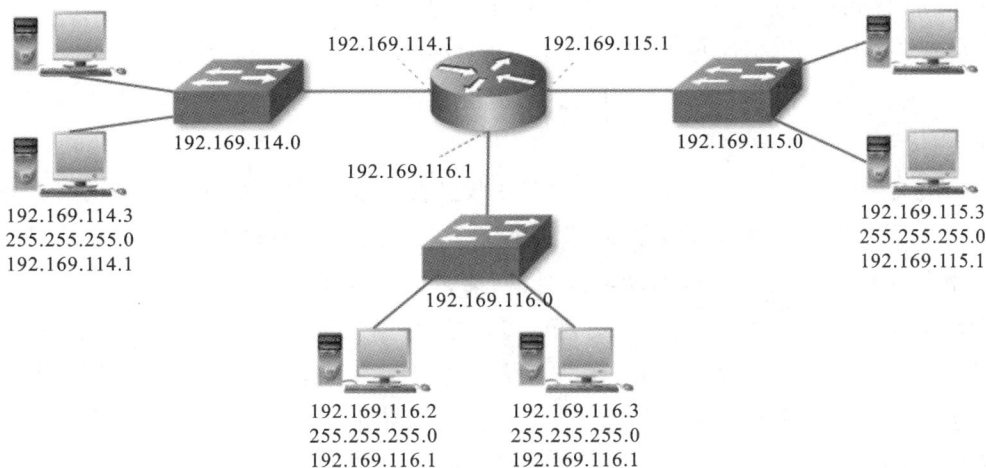

图 5-6 传统以路由器为中心的网络结构

如图 5-7 所示,给出了三层交换机工作过程的一个实例。各计算机具有 C 类 IP 地址,共两个子网:192.168.114.0、192.168.115.0。现在用户 X 基于 IP 需向用户 W 发送信息,由于并不知道 W 在什么地方,X 首先发出 ARP 请求,三层交换机能够理解 ARP,并查找地址列表,将数据只发送到连接用户 W 的端口,而不会广播到交换机的其他端口。

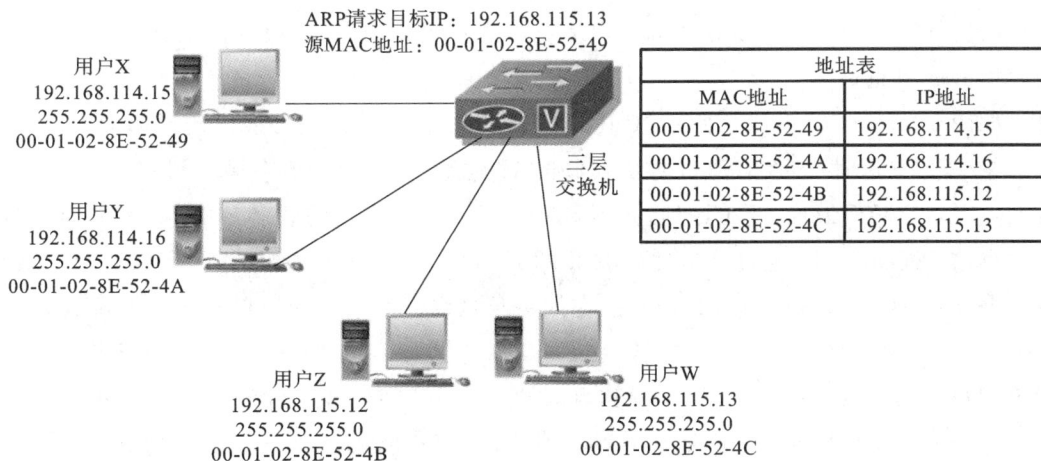

图 5-7 三层交换机工作过程图

2. 三层交换技术的原理

从硬件的实现上看,目前二层交换机的接口模块都是通过高速背板/总线(速率可高达每秒几十吉比特)交换数据的,在三层交换机中,与路由器有关的第三层路由硬件模块也插在高速背板/总线上,这种方式使得路由模块可以与需要路由的其他模块间进行高速的数据交换,从而突破了传统的外接路由器接口速率的限制(10~100 Mb/s)。在软件

方面,三层交换机将传统的路由器软件进行了界定,其做法是:

(1) 对于分组的转发(如 IP/IPX 分组的转发)通过硬件得以高速实现。

(2) 对于三层路由软件,如路由信息的更新、路由表的维护、路由计算、路由的确定等功能,用优化、高效的软件实现。

三层交换机实际上已经历了三代。第一代产品相当于运行在一个固定内存处理机上的软件系统,性能较差。虽然在管理和协议功能方面有许多改善,但当用户的日常业务更加依赖于网络、网络流量不断增加时,网络设备便成了网络传输瓶颈。第二代交换机的硬件引进了专门用于优化二层处理的专用集成电路芯片(ASIC),性能得到了极大改善与提高,并降低了系统的整体成本,这就是传统的二层交换机。第三代交换机并不是简单地建立在第二代交换设备上,而是在三层路由、组播及用户可选策略等方面提供了线速性能,在硬件方面也采用了性能与功能更先进的 ASIC 芯片。

三层交换机实际上就好像是将传统二层交换机与传统路由器结合起来的网络设备,它既可以完成传统交换机的端口交换功能,又可以完成路由器的路由功能。当然,它并不是把路由器设备的硬件和软件简单地叠加在二层交换机上,而是各取所长的逻辑结合。其中最重要的表现是,当某一信息源的第一个数据流进入三层交换机后,其中的路由系统将会产生一个 MAC 地址与 IP 地址的映射表,并将该表存储起来,当同一信息源的后续数据流再次进入第三层交换时,交换机将根据第一次产生并保存的地址映射表,直接从第二层由源地址传输到目的网络地址,而不再经过三层路由系统处理,从而消除了路由选择时造成的网络延迟,提高了数据分组的转发效率,解决了网间传输信息时路由产生的速率瓶颈。

如图 5-8 所示,假设两个使用 IP 协议的站点 A、B 通过三层交换机进行通信,发送站点 A 在开始发送时,已经知道目的站点 B 的 IP 地址,但尚不知道在局域网上发送所需要的站点 B 的 MAC 地址,要采用地址解析协议 ARP 来确定目的站点 B 的 MAC 地址。发送站点 A 把自己的 IP 地址与目的站点 B 的 IP 地址比较,采用其软件中配置的子网掩码提取 IP 地址来确定站点 B 是否与自己在同一子网内。由于目的站点 B 与发送站点 A 在同一子网中,因此只需进行二层的转发。站点 A 会广播一个 ARP 请求,站点 B 接到请求后返回自己的 MAC 地址,站点 A 得到目的站点 B 的 MAC 地址后将这一地址缓存起来,第二层交换模块根据此 MAC 地址查找交换机的转发表,确定将数据帧发送到哪个目的端口。若两个站点不在同一个子网中,如发送站点 A 要与目的站点 C 通信,发送站点 A 要向默认网关发送 ARP 请求,而默认网关的 IP 地址已经在系统软件中设置,这个 IP 地址实际上对应三层交换机的三层交换模块。所以当发送站点 A 对默认网关的 IP 地址发出一个 ARP 请求时,若三层交换模块在以往的通信过程中已得到目的站点 C 的 MAC 地址,则向发送站 A 回复站点 C 的 MAC 地址;否则三层交换模块根据路由信息向目的站点 C 发出一个 ARP 请求,目的站点 C 得到此 ARP 请求后向三层交换模块回复其 MAC 地址,三层交换模块保存此地址并回复给发送站点 A,同时将站点 C 的 MAC 地址发送到二层交换引擎的 MAC 地址表中。从这以后,当站点 A 再向站点 C 发送数据包时,便全部交给二层交换处理,信息得以高速交换。由于仅仅在路由过程中才需要三层处理,绝大部分数据都通过二层交换转发,因此三层交换机的速度很快,接近二层交换机的速度,同时比同规格路由器的价格低很多。

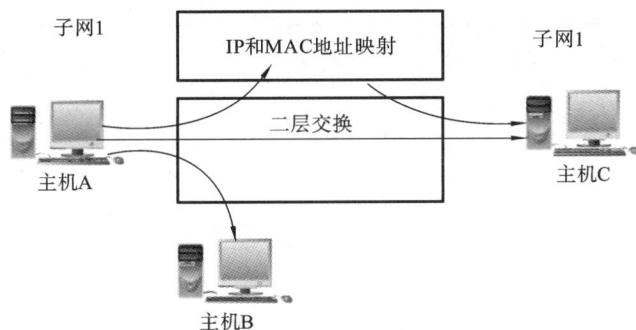

图 5-8　三层交换机原理

三层交换具有以下突出特点:

(1) 有机的软硬件结合使得数据交换加速。

(2) 优化的路由软件使得路由过程效率提高。

(3) 除了必要的路由决定过程外,大部分分组转发过程由二层交换处理。

(4) 多个子网互联时只是与三层交换模块逻辑连接,不像传统的外接路由器那样需要增加端口,保护了用户的投资。

三层交换是实现 Intranet 的关键,它将二层交换机和三层路由器两者的优势结合成一个灵活的解决方案,可在各个层次提供线速性能。这种集成化的结构还引进了策略管理属性,它不仅使二层与三层相互关联起来,而且还提供流量优化处理、安全处理以及多种其他灵活功能,如端口链路聚合、VLAN 和 Intranet 的动态部署等。

三层交换机分为接口层、交换层和路由层 3 部分。接口层包含了所有重要的局域网接口,如 10/100M 以太网、千兆以太网、FDDI 和 ATM 等。交换层集成了多种局域网接口并辅之以策略管理,同时还提供链路汇聚、VLAN 和 Tagging 机制。路由层提供主要的局域网路由协议,如 IP、IPX 和 AppleTalk 等,并通过策略管理,提供传统路由或直通的第三层路由技术。策略管理使网络管理员能根据企业的特定需求调整网络。

3. 三层交换机的种类

三层交换机可以根据其处理数据的不同而分为纯硬件和纯软件两大类。

1) 纯硬件三层交换机

纯硬件三层技术相对来说技术复杂,成本高,但是速度快,性能好,带负载能力强。纯硬件的三层交换机采用 ASIC 芯片,采用硬件的方式进行路由表的查找和刷新。如图 5-9 所示,当数据由端口接收进来以后,首先在二层交换芯片中查找相应的目的 MAC 地址,如果查到,则进行二层转发,否则将数据送至三层引擎。在三层引擎中,ASIC 芯片查找相应的路由表信息,与数据的目的 IP 地址相比对,然后发送 ARP 分组到目的主机,得到目的主机返回的 MAC 地址,将 MAC 地址发送到二层芯片,由二层芯片转发该数据包。

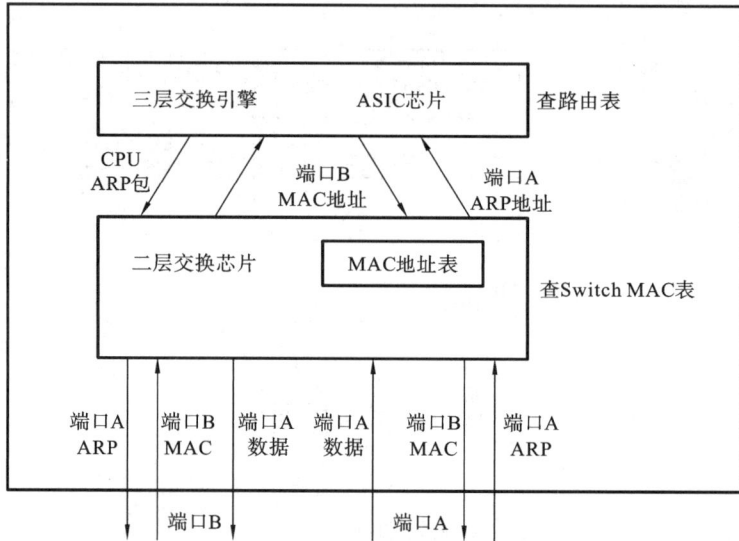

图 5-9　纯硬件三层交换机原理图

2）纯软件三层交换机

基于软件的三层交换技术较简单,但速度较慢,不适合作为主干。其原理是,采用软件的方式查找路由表。如图 5-10 所示,当数据由端口接收进来以后,首先在二层交换芯片中查找相应的目的 MAC 地址,如果查到,则进行二层转发,否则将数据送至 CPU。

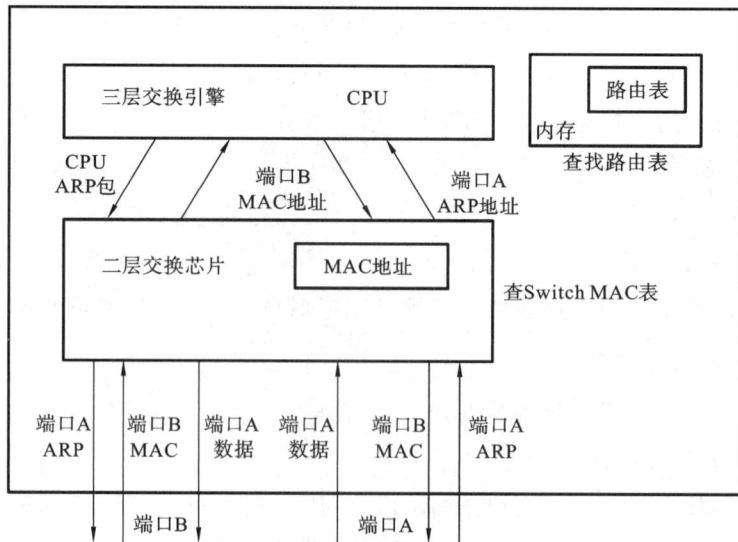

图 5-10　纯软件三层交换机原理图

CPU 查找相应的路由表信息,与数据的目的 IP 地址相比较,然后发送 ARP 分组到目的主机,得到该主机返回的 MAC 地址,将 MAC 地址发到二层芯片,由二层芯片转发该分组。因为低价 CPU 处理速度较慢,因此纯软件三层交换机处理速度较慢。

5.2.6　网关

网关(Gateway)又称为协议转换器。它作用在 OSI 参考模型的 4~7 层,即传输层到应用层。网关的基本功能是实现不同网络协议的互联,也就是说,网关是用于高层协议转换的网间连接器。网关可以描述为"不相同的网络系统互相连接时所用的设备或节点"。不同体系结构、不同协议之间在高层协议上的差异是非常大的。网关依赖于用户的应用,是网络互联中最复杂的设备,没有通用的网关。而对于面向高层协议的网关来说,其目的就是试图解决网络中不同的高层协议之间的差异问题,完全做到这一点是非常困难的。所以网关通常都是针对解决某些问题的。网关的构成是非常复杂的。综合来说,其主要的功能是进行报文格式转换、地址映射、网络协议转换和原语连接转换等。

按照网关的功能不同,网关可以分为 3 大类,即协议网关、应用网关和安全网关。

1. 协议网关

协议网关通常在使用不同协议的网络区域间进行协议转换工作,这也是一般公认的网关的功能。

例如,IPv4 数据由路由器封装在 IPv6 分组中,通过 IPv6 网络传递,到达目的路由器后解开封装,把还原的 IPv4 数据交给主机。这个功能是第三层协议的转换。又例如,以太网与令牌环网的帧格式不同,要在两种不同网络之间传输数据,就需要对帧格式进行转换,这个功能就是第二层协议的转换。

协议转换器必须在数据链路层以上的所有协议层都能运行,而且要对节点上使用这些协议层的进程透明。协议转换是一个软件密集型过程,必须考虑两个协议栈之间特定的相似性和不同之处。因此,协议网关的功能相当复杂。

2. 应用网关

应用网关是在不同数据格式间翻译数据的系统。例如,E-mail 可以以多种格式实现,E-mail 服务器可能需要与多种格式的邮件服务器交互,因此要求支持多个网关接口。

3. 安全网关

安全网关就是防火墙。一般认为,在网络层以上的网络互联使用的设备是网关,主要是因为网关具有协议转换的功能。但事实上,协议转换功能在 OSI 参考模型的每一层几乎都有涉及。所以,网关的实际工作层次其实并非十分明确,正如很难给网关精确的定义一样。

5.2.7　无线网络互联设备

作为新时代的通信技术——无线网络技术的普及率还在不断提高。无线网络与有线网络相比，除了无线通信部分和相应的网络协议不同外，其他部分相同。把无线的网络终端连接在一起进行通信，有线的网络通信传输介质就省略了，但是网络通信设备还是必需的，无线网络互联设备一般有无线接入点、无线网桥和无线路由器等。无线接入点和无线网桥在无线局域网章节中介绍过了，下面重点介绍无线路由器。

无线路由器是无线接入点、有线交换机、路由器的一种结合体，一方面可以让它覆盖范围内的无线终端通过它进行相互通信；另一方面借助于路由器功能，可以实现无线网络中的 Internet 连接共享，实现无线共享接入。通常的使用方法是将无线路由器与 ADSL 调制解调器相连，这样就可以使多台无线局域网内的主机实现共享宽带网络。

无线路由器一般有多个有线 RJ-45 接口、一个 WAN 接口、若干个 LAN 接口，既可以将本地无线局域网通过路由器接入 Internet，也可以构建有线局域网并通过路由器接入 Internet。

5.3　广域网互联技术

广域网的分布范围可以覆盖一个国家、一个洲，甚至全球。广域网在结构上的另一个重要特点是具有非常明显的通信子网和资源子网之间的界定。

广域网与局域网在构建方面的主要差别是广域网必须借助公共通信网络，提供远程用户之间的快速信息交换。公共通信网络通常是指由特定部门组建和管理，并向用户提供网络通信服务的计算机网络。

5.3.1　广域网的基本概念

1.广域网的层次结构

对照 OSI 参考模型，广域网技术主要位于最下面的 3 个层次，分别是物理层、数据链路层和网络层。图 5-11 列出了一些经常使用的广域网技术与 OSI 参考模型之间的对应关系。

OSI参考模型			WAN规范
网络层			X.25 PLP
数据链路层	LLC		LAPB
			Frame Relay
			HDLC
	MAC		PPP
		SMDS	SDLC
物理层			X.21 Bis EIA/TIA-232 EIA/TIA-449 V.24 V.35 HSSI G.37 EIA-530

图 5-11　广域网技术与 OSI 参考模型的对应关系

2. 广域网的组成

广域网是由一些节点交换机以及连接这些交换机的链路组成的。节点交换机执行数据帧的存储和转发功能,节点交换机之间都是点到点的连接,并且一个节点交换机通常与多个节点交换机相连,不同局域网通过路由器与广域网相连,可以实现不同局域网之间的互联。如图 5-12 所示,S 指节点交换机,R 是路由器,节点交换机与节点交换机之间的连线称为中继线,主要用来高速转发数据,路由器(或主机)与节点交换机之间的连线称为用户线,主要用来将各用户接入到广域网。

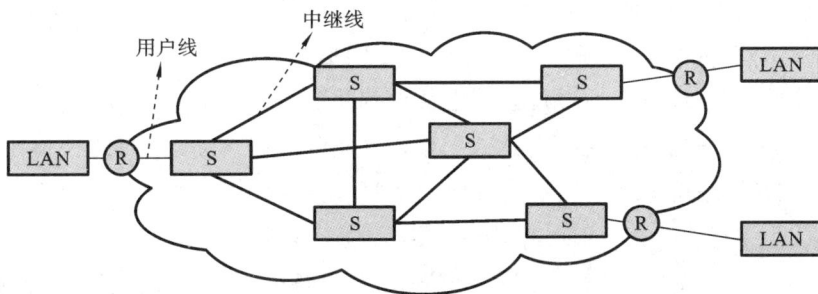

图 5-12　广域网的结构图

3. 广域网提供的服务

广域网服务是在各个局域网或城域网之间提供远程通信的业务,其实质是在两个路由器之间,将网络层的 IP 数据包由数据链路层协议承载,传输到远程路由器,提供远程通信服务。也就是说,广域网服务是通过 PPP、X. 25、HDLC、帧中继和 ATM 等协议实现的。广域网服务只能提供远程通信,不能提供计算机的资源共享。广域网提供的服务有面向连接的网络服务和面向无连接的网络服务。

面向连接的网络服务包括传统公用电话交换网的电路交换方式和分组数据交换网的虚电路交换方式,而面向无连接的网络服务就是分组数据交换网的数据报方式。

5.3.2 分组交换网

数据通信网发展的重要里程碑是采用分组交换方式构成分组交换网。与电路交换网相比,在分组交换网的两个站之间通信时,网络内不需要建立专用物理电路,因此不会像电路交换那样,所有的数据传输控制仅仅涉及两个站之间的通信协议。在分组交换网中,一个分组从发送站传送到接收站的整个传输控制,不仅涉及该分组在网络内所经过的每个节点交换机之间的通信协议,还涉及发送站、接收站与所连接的节点交换机之间的通信协议。国际电信联盟电信标准部门 ITU-T 为分组交换网制定了一系列通信协议,世界上绝大多数分组交换网都采用这些标准。其中,最著名的标准是 X.25 协议,它在推动分组交换网的发展中做出了很大的贡献。人们把分组交换网简称为 X.25 网。

使用 X.25 协议的公共分组交换网诞生于 20 世纪 70 年代,它是一个以数据通信为目标的公共数据网(PDN)。在 PDN 内,各节点由交换机组成,交换机间用存储转发的方式交换分组。

X.25 能接入不同类型的用户设备。由于 X.25 内各节点具有存储转发能力,并向用户设备提供了统一的接口,从而能够使得不同速率、码型和传输控制规程的用户设备都能接入 X.25 网进行相互通信。

X.25 网络设备分为数据终端设备(data terminal equipment,DTE)、数据电路终接设备(data circuit-terminating equipment,DCE)和分组交换设备(packet switching equipment,PSE)。X.25 协议规定了 DTE 和 DCE 之间的接口通信规程。

X.25 使两台 DTE 可以通过现有的电话网络进行通信。进行一次通信时,通信的一端必须首先呼叫另一端,请求在它们之间建立一个会话连接;被呼叫的一端可以根据自己的情况接收或拒绝这个连接请求。一旦建立这个连接,两端的设备可以全双工地进行信息传输,并且任何一端在任何时候均有权拆除这个连接。

X.25 是 DTE 与 DCE 进行点到点交互的规程。DTE 通常指的是用户端的主机或终端等,DCE 则常指同步调制解调器等设备。DTE 与 DCE 直接连接,DCE 连接至分组交换机的某个端口,分组交换机之间建立若干连接,这样,便形成 DTE 与 DTE 之间的通路。在一个 X.25 网络中,各实体之间的关系如图 5-13 所示。

X.25 采用了多路复用技术。当用户设备以点对点方式接入 X.25 网时,能在单一物理链路上同时复用多条逻辑信道(即虚电路),使每个用户设备能同时与多个用户设备进行通信,两个固定用户设备在每次呼叫建立一条虚电路时,中间路径可能不同。

在 X.25 协议中,采用滑动窗口的方法进行流量控制,即发送方在发送完分组后要等待接收方的确认分组,然后再发送新的分组。接收方可通过暂缓发送确认分组来控制发送方的发送速度,进而达到控制数据流的目的。X.25 通过提供设置窗口尺寸和一些控制分组来支持窗口算法。

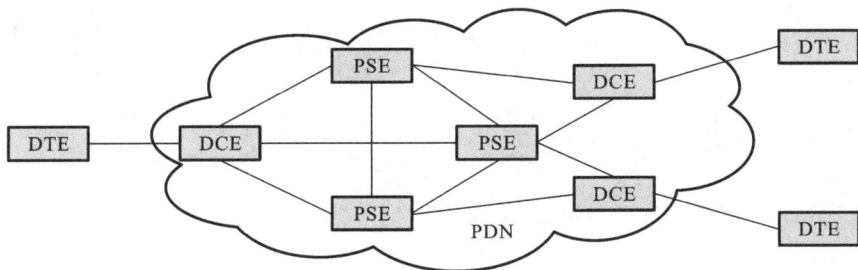

图 5-13　X.25 网络模型

X.25 分组交换网主要由分组交换机、用户接入设备和传输线路组成。

（1）分组交换机。分组交换机是 X.25 的枢纽，根据它在网络中所在的位置，可分为中转交换机和本地交换机。其主要功能是为网络的基本业务和可选业务提供支持，进行路由选择和流量控制，实现多种协议的互联，完成局部的维护、运行管理、故障报告、诊断、计费及网络统计等。

现代的分组交换机大都采用功能分担或模块分担的多处理器模块式结构，具有可靠性高、可扩展性好、服务性好等特点。

（2）用户接入设备。X.25 的用户接入设备主要是用户终端。用户终端分为分组型终端和非分组型终端两种。X.25 根据不同的用户终端来划分用户业务类别，提供不同传输速率的数据通信服务。

（3）传输线路。X.25 的中继传输线路主要有模拟信道和数字信道两种形式。模拟信道利用调制解调器进行信号转换，传输速率为 9.6 Kb/s、48 Kb/s 和 64 Kb/s，而 PCM数字信道的传输速率为 64 Kb/s、128 Kb/s 和 2 Mb/s。

5.3.3　帧中继

1. 帧中继概述

帧中继（frame relay，FR）是广域网的主流技术之一，帧中继协议是一个面向连接的二层传输协议，它是在 X.25 基础上发展起来的。帧中继简化了 X.25 的三层功能，简化了 X.25 中的差错检验机制，提高了传输的效率。随着电子技术与传输技术的发展，传输链路不再是导致误码的主要原因，在传输中再保留复杂的差错检验机制已没有必要。帧中继假设传输链路是可靠的，把差错检验功能和流量控制推向网络的边缘设备，所以大大提高了信息传输的效率。帧中继网络如图 5-14 所示。

帧中继网络是基于虚电路（virtual circuits）的，虚电路有 SVC 和 PVC 两种，国内主要使用帧中继协议的 PVC 业务。常见的组网方式为：用户路由器封装中继帧，作为 DTE设备连接到帧中继网络的 DCE 设备（帧中继交换机）。网络运营商为用户提供固定的虚

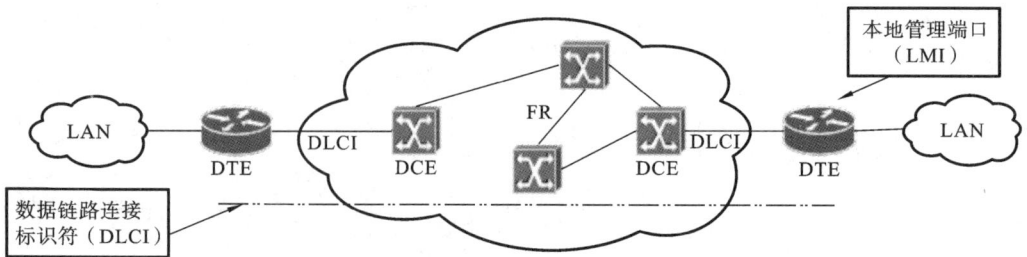

图 5-14　帧中继网络

电路连接,用户可以申请许多虚电路,通过帧中继网络交换到不同的远端用户。

以太网通过 MAC 地址来标识终端,一个 MAC 地址代表一个终端。在帧中继网络中,使用 DLCI(数据链路连接标识符)标识每一个 PVC。通过帧中继地址字段的 DLCI 区分出该帧属于哪一条虚电路。

LMI(本地管理端口)用于建立和维护路由器和交换机之间的连接。LMI 还用于维护虚电路,包括虚电路的建立、删除和状态改变。

2. 帧中继提供的服务

帧中继提供面向连接的服务,它的目标是为局域网互联提供合理的速率和较低的价格。它可以提供点对点和一点对多点的服务。它采用了两种关键技术,即虚拟租用线路和"流水线"方式。

所谓虚拟租用线路是相对于专线方式而言的。例如,一条总速率为 640 Kb/s 的线路,如果以专线方式平均地租给 10 个用户,每个用户最大速率为 64 Kb/s,这种方式有两个缺点:一是每个用户速率都不能大于 64 Kb/s;二是不利于提高线路利用率。采用虚拟租用线路的情况就不一样了,同样是 640 Kb/s 的线路租给 10 个用户,每个用户的瞬时最大速率都可以达到 640 Kb/s,也就是说,在线路不是很忙的情况下,每个用户的速率经常可以超过 64 Kb/s,而每个用户承担的费用只相当于 64 Kb/s 的费用。

所谓的"流水线"方式是指数据帧只在完全到达接收节点后再进行完整的差错检验,当传输到中间节点时,几乎不进行检验,尽量减少中间节点的处理时间,从而减少了数据在中间节点的逗留时间。每个中间节点所做的额外工作就是识别帧的开始和结尾,也就是识别出一帧新数据到达后就立刻将其转发出去。X.25 的每个中间节点都要进行烦琐的差错检验、流量控制等,这主要是因为它的传输介质可靠性低。而帧中继正是因为它的传输介质可靠性高才能够形成"流水线"工作方式。

帧中继通过其虚拟租用线路与专线竞争,又通过其较高的速率(一般为 1.5 Mb/s)与 X.25 竞争,在目前还是一种比较有市场的数据通信服务。

3. 帧中继的特点

(1)高效:帧中继在 OSI 参考模型的第二层以简化传送数据的方式,仅完成物理层和链路层的功能,简化节点之间的处理过程,智能化的终端设备把数据发送到链路层,并封装成帧,以帧为单位进行信息传输,网络不进行纠错、重发、流量控制等,帧不需要确认,在每个节点交换机中直接通过。

（2）经济:帧中继采用统计时分复用技术(即宽带按需分配)向客户提供共享的网络资源,每一条线路和网络端口都可以由多个终端按信息流共享,同时,由于帧中继简化了节点之间的协议处理,将更多的带宽留给客户数据,客户不仅可以使用预定的带宽,在网络资源富裕时,网络允许客户数据突发占用为预定的带宽。

（3）可靠:帧中继传输质量好,保证网络传输不容易出错,网络为保证自身的可靠性,采取了PVC管理和拥塞管理,客户智能化终端和交换机可以清楚地了解网络的运行情况,不向发生拥塞和已删除的永久虚电路PVC上发送数据,以避免造成信息的丢失,保证网络的可靠性。

4. 帧中继的寻址

帧中继寻址如图5-15所示。北京和上海之间的PVC是由北京的DLCI 17和上海的DLCI 16组成。任何一个DLCI值为17,发送到北京的帧中继交换机的数据会以DLCI值为16转发到上海的帧中继交换机。同理,任何一个DLCI值为16,发送到上海的帧中继交换机的数据会以DLCI值为17转发到北京的帧中继交换机。

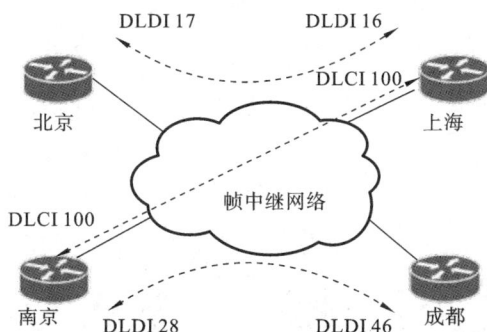

图 5-15　帧中继的寻址

南京和上海之间的PVC中,南京和上海的DLCI值都为100。任何一个DLCI值为100,发送到南京的帧中继交换机的数据将会以同样的DLCI转发到上海的帧中继交换机。同理,任何一个DLCI值为100的发送到上海帧中继交换机的数据将以同样的DLCI值转发到南京的帧中继交换机。可以看出这条PVC链路两旁的DLCI值均为100,之所以能这样是因为DLCI值只是局部有效的。

南京和成都之间的PVC中,南京的DLCI为28,成都的DLCI为46。任何一个DLCI值为28发送到南京帧中继交换机的数据会以DLCI值为46转发到成都帧中继交换机,同理,任何一个DLCI值为46发送到成都帧中继交换机的数据会以DLCI值为28转发到南京的帧中继交换机。

5.3.4 ATM

随着技术的进步,新的通信业务不断涌现,新的通信网络也应运而生。在今天的通信领域有各种各样的网络,如用户电报网、固定电话网、移动电话网、电路交换数据网、分组交换数据网、租用线路网、局域网和城域网等。为了开发一种通用的电信网络,实现全方位的通信服务,电信工程师们提出了综合业务数字网。

1. 综合业务数字网

综合业务数字网(integrated services digital network,ISDN)产生于 20 世纪 80 年代初期,它的目的是以数字系统代替模拟电话系统,把音频、视频和数据业务放在一个网络上统一传输。ISDN 技术的发展经历了以 64 Kb/s 速率为基础的窄带 N-ISDN 和面向多媒体传输的宽带 B-ISDN 两个阶段。

中国电信通常称 ISDN 为一线通,它是以电话综合数字网为基础发展成的通信网,能提供端到端的数字连接,用来承载包括语音和非语音在内的多种电信业务。

1) ISDN 基本连接

ISDN 是在电话网的基础上,实现用户到用户的全数字连接,使用单一的网络、统一的用户—网络接口,为用户提供广泛形式的综合业务。

ISDN 的基本连接结构如图 5-16 所示。ISDN 将与现有的各种专用或公用通信网络互联,并连接一些服务设施(如计算智能更新、数据库等),向用户开放综合的电信业务、数据处理业务等。

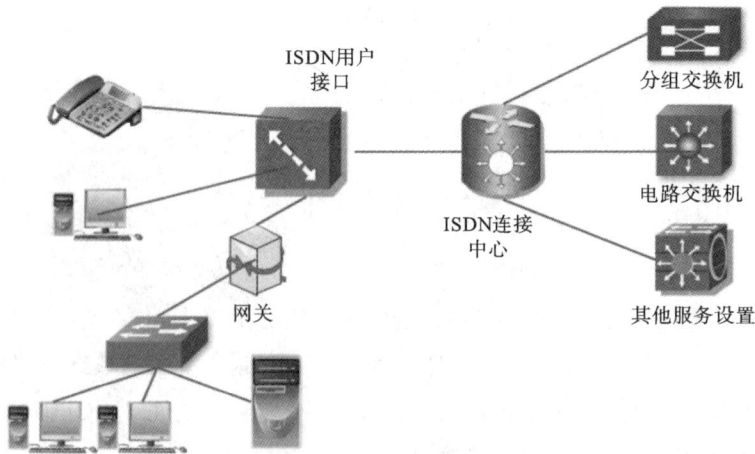

图 5-16 ISDN 的基本连接结构

通过 ISDN,可以用电路交换和分组交换的方式为用户提供多种信号传输方式和不同传输速率的访问服务。

通过 ISDN 有两种方式接入 Internet:一种是基本速率接入方式,它提供给用户

128 Kb/s 的带宽;另一种是基群速率接入方式,用户实际能得到 1920 Kb/s 的带宽。我国 ISDN 网的建设大多是在 PSTN 基础上叠加建网,即在 PSTN 交换机上增扩 ISDN 功能,所以 ISDN 接入可以像普通电话线接入方式一样简便、造价低。

2) ISDN 的通道

通道是提供业务用的具有标准传输速率的传输信道。在对承载业务进行标准化的同时,需要相应的对用户-网络接口上的通道加以标准化。通道有两种主要类型:一种是信息通道,为用户传送各种信息流;另一种是信令通道,它是为了进行呼叫控制而传送信令信息。根据 CCITT 建议,在用户-网络接口处向用户提供的通道有以下类型:

(1) B 通道:64 Kb/s,用于传递用户信息。

(2) D 路路:16 Kb/s 或 64 Kb/s,用于传输信令信息和分组数据。

(3) H_0 通路:384 Kb/s,用于传递用户信息(如立体声节目、图像和数据等)。

(4) H_{11} 通路:1536 Kb/s,用于传递用户信息(如高速数据传输、会议电视等)。

(5) H_{12} 通路:1920 Kb/s,用于传递用户信息(如高速数据传输、图像和会议电视等)。

使用最普遍的是 B 通道。它可以利用已经和正在形成中的 64 Kb/s 交换网络传递语音、数据等各类信息。它还可以作为用户接入分组数据业务的入口信道。

ISDN 是由两个 B 通道和一个 D 通道组成,即基本接口为 2B+D。每个 B 通道可提供 64 Kb/s 的语音或数据传输,用户不但可以同时绑定两个通道以 128 Kb/s 的速率上网,也可以同时在另一个通道上打电话。ISDN 是数字的多路复用用户线路,N-ISDN 线路的传输速率为 160 Kb/s,B-ISDN 线路的传输速率为 155.52 Mb/s。

3) ISDN 的特点

(1) 综合性:ISDN 用户只需接入一个网络,就可进行各种不同方式的通信业务,用户在接口上可连接多个通信终端。

(2) 多路性:一条 ISDN 可至少提供两路传输通道,用户可以同时使用两种以上不同方式的通信业务。

(3) 高速率:ISDN 能够提供比普通市内电话高出几倍的通信速率,最高可达 128 Kb/s,为用户上网、传输数据和使用可视电话提供了方便。

(4) 方便性:ISDN 可提供许多普通电话无法实现的附加业务,如来电号码显示、限制对方来电、多用户号码等。

ISDN 的基本功能是 64 Kb/s 电路交换连接,此外它还有 384 Kb/s 的中速电路交换功能以及大于 2 Mb/s 的高速电路交换功能。ISDN 的主要用户是企业和机关团体,利用从电信部门租用的专线,把分散在各地的专用小交换机(PBX)连接起来,构成本单位的专用网。随着 B-ISDN 的出现,在实现 Internet 和计算机接入方式上也将提供理想的宽带互联技术。

4) B-ISDN 体系结构

窄带 ISDN 的缺点是数据速率太低,不适合视频信息等需要高宽带的应用,它仍然是一种基于电路交换的技术。20 世纪 80 年代，ITU-T 成立了专门的研究组织，开发宽带 ISDN 技术，后来在 I. 321 建议中提出了 B-ISDN 体系机构和基于分组交换的 ATM 技术，如图 5-17 所示。B-ISDN 模型采用了与 OSI 参考模型同样的分层概念，同时还以不同的平面来区分用户信息、控制信息和管理信息。

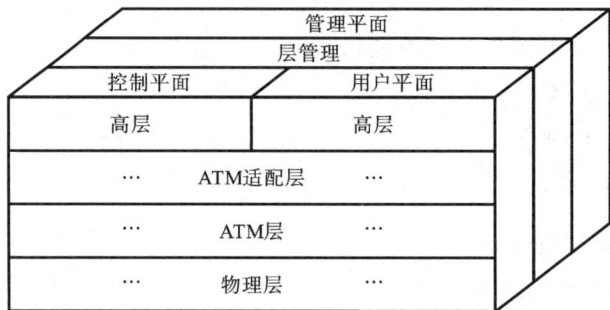

图 5-17　B-ISDN 参考模型

该模型由三个平面和四层组成，三个平面为用户平面、控制平面和管理平面，四个功能层是物理层、ATM 层、ATM 适配层（ATM adaptation layer，AAL）和高层。其中，用户平面和控制平面符合 OSI 参考模型。

三个平面的主要功能为：

（1）用户平面：提供用户信息的传送，同时也具有一定的控制功能，如流量控制、差错控制等；采用分层结构，分为四层。

（2）控制平面：提供呼叫和连接的控制功能，处理网络与终端间 ATM 呼叫和 ATM 连接的建立、保持与释放的信息；也采用分层结构，分为四层。

（3）管理平面：提供性能管理、故障管理及各个平面间综合的网络管理协议，它又分为层管理和面管理。其中层管理负责监控各层的操作，提供网络资源和协议参数的管理，处理操作维护 OAM 信息流。采用分层结构，将来两个管理的功能可能会合并。面管理负责对系统整体和各个平面间的信息进行综合管理，并对所有平面起协调作用。面管理不分层。

控制平面和用户平面只是高层和 AAL 层不同，而 ATM 层和物理层并不区分用户平面和控制平面，对这两个平面的处理是完全相同的。

四个功能层的主要功能如下。

（1）物理层：传输比特信息，规定传输信息的物理媒介的种类、比特定时、传输帧结构及信元的位置。

（2）ATM 层：只负责信元的传输，规定了信元复用传输方法、信头的生成/删除/校验及类型指示。

（3）AAL 层：规定了多种协议以适配不同的高层业务，利用 ATM 层的信元传送能力来提供高层各种业务所需的功能。AAL 以上的协议全部由 ATM 终端处理。

（4）高层：根据不同业务特点完成高层功能。

B-ISDN 的关键技术是异步传输模式，采用 5 类双绞线、同轴电缆或光缆传输，数据速率可达 155.52 Mb/s(STM-1)或 622.08 Mb/s(STM-4)，可以传输无压缩的高清晰电视(HTV)。这种高速网络有广泛的应用领域和广阔发展前途。下面介绍 ATM 的基本概念。

2. 异步传输模式

1）异步传输模式的基本概念

异步传输模式(asynchronous transfer mode,ATM)技术问世于 20 世纪 80 年代末，是一种正在兴起的高速网络技术。国际电信联盟(ITU)和 ATM 论坛制定其技术规范。当时，ATM 被电信界认为是未来宽带基本网的基础。与 FDDI 和 100BASE-T 不同，它是一种新的交换技术，是实现 B-ISDN 的核心技术，也是目前多媒体信息的新工具。ATM 网络被公认为是传输速率达吉比特数量级的新一代广域网的代表。

ATM 以大容量光纤传输介质为基础，以信元(cell)为基本传输单位。ATM 信元是固定长度的分组，共有 53 个字节，分为两个部分。前面 5 个字节为信头，主要完成寻址的功能；后面的 48 个字节为信息字段，用来装载来自不同用户、不同业务的信息。语音、数据、图像等所有的数字信息都要经过切割，封装成统一格式的信元在网络中传递，并在接收端恢复成所需格式。由于 ATM 技术简化了交换过程，免去了不必要的数据检验，采用易于处理的固定大小信元格式，所以 ATM 交换速率大大高于传统的数据网。另外，对于如此高速的数据网，ATM 网络采用了一些有效的业务流量监控机制，对网上用户数据进行实时监控，把网络拥塞发生的可能性降到最低。对不同业务赋予不同的"特权"，如语音的实时性特权最高，一般数据文件传输的正确性特权最高，网络对不同业务分配不同的网络资源，这样不同的业务在网络中才能做到"和平共处"。

ATM 的一般入网方式如图 5-18 所示，与网络直接相连的可以是支持 ATM 协议的路由器或装有 ATM 网卡的主机，也可以是 ATM 子网。在一条物理链路上，可同时建立多条承载不同业务的虚电路。

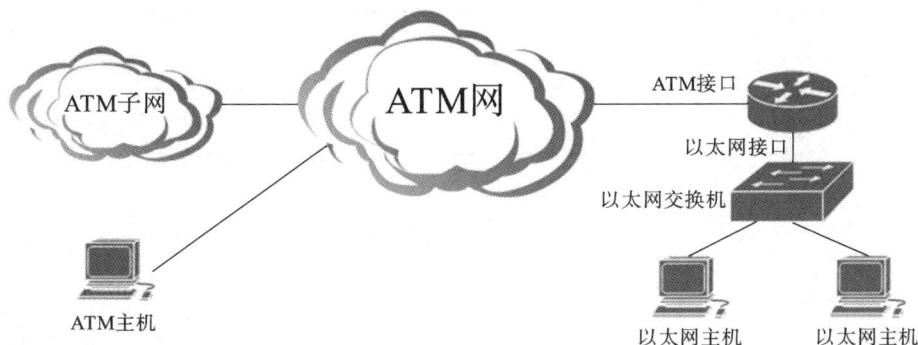

图 5-18 ATM 的入网方式

2）ATM 物理层

物理层主要是提供 ATM 信元的传输通道,将 ATM 层传来的信元加上其传输开销后形成连续的比特流,同时在接收到物理媒介上传来的连续比特流后,取出有效的信元传给 ATM 层。

为实现无差错传输,物理层从下至上被分为物理媒介子层(PM)和传输会聚子层(TC),由它们分别保证在光、电信号对信元的正确传送。PM 子层实现位定时和物理网络接入的功能,TC 子层完成信元校验和速率控制,以及数据帧的组装和拆分的功能。

3）ATM 虚电路

ATM 的网络层以虚电路提供面向连接的服务。ATM 支持两级连接,即虚通路(virtual path)和虚通道(virtual channel)。虚通道相当于 X.25 的虚电路,一组虚信道捆绑在一起形成虚通路,如图 5-19 所示。这样的两级连接提供了更好的调度性能。

图 5-19　ATM 的虚通路与虚通道

ATM 虚电路具有以下特点:

（1）ATM 是面向连接的,在源和目标之间建立虚电路(即虚通道)。

（2）ATM 不提供应答,因为光纤通信是可靠的,只有很少的错误可以留给高层处理。

（3）由于 ATM 的目的是实现实时通信,所以偶然的错误信元不必重传。

虚电路中传送的协议数据单元称为 ATM 信元。ATM 信元包括 5 字节的信元头和 48 字节的数据。信元头的结构如图 5-20 所示,可以看出,在 UNI 和 NNI 上的信元是不一样的。

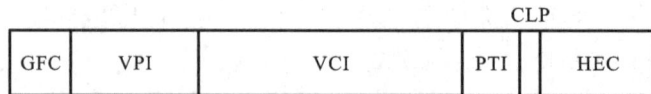

（a）UNI信元

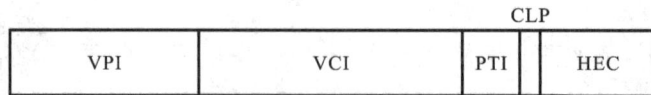

（b）NNI信元

图 5-20　ATM 的信元头结构

下面分别介绍各个字段的含义。

● GFC(general flow control):4 位,主机和网络之间的信元才有这个字段,可用于主机和网络之间的流控制和优先级控制,经过第一个交换机时被重写为 VIP 的一部分。这个字段不会传送给目标主机。

● VPI(虚通路标识符):8 位(UNI)或 12 位(NNI)。

● VCI(虚通道标识符):16 位,理论上每个主机都有 256 个虚通路,每个虚通路包含 65536 个虚通道。实际上,部分虚通道用于控制功能,并不传送用户数据。

● PTI(payload type):负载类型(3 位),如表 5-1 所示,说明了这 3 位的含义,其中的 0 型或 1 型信元是用户提供的,用于区分不同的用户信息,而拥塞信息是网络提供的。

● CLP(cell loss priority):1 位,区分信息的优先级,如果出现拥塞,交换机优先级丢弃 CLP 被设置为 1 的信元。

● HEC(header error check):8 位的头部校验和,将信元形成的多项式乘以 2^8,然后除以 x^8+x^2+x+1,就形成 8 位的 CRC 校验和。

表 5-1 负载类型

PTI 值	含 义	PTI 值	含 义
000	用户数据,无拥塞,0 型信元	100	相邻交换机之间的维护信息
001	用户数据,无拥塞,1 型信元	101	源和目标交换机之间的维护信息
010	用户数据,有拥塞,0 型信元	110	源管理信元
011	用户数据,有拥塞,1 型信元	111	保留

4) ATM 层

ATM 层在物理层之上,利用物理层提供的服务,与对等层间进行以信元为单位的通信,同时为 AAL 层提供服务。ATM 层提供与业务类型无关的、统一的信元传输功能,即网络只提供到 ATM 层为止的功能,流量控制、差错控制等与业务有关的功能均交给终端系统的高层去完成,从而尽量缩短网络处理时间,实现高速通信。

高层的语音、视频、数据、图像等业务先送到 ATM 适配层,用 AAL 协议(如 AAL5 适配),即用 AAL 的帧格式来封装上层数据,然后分割成 48 字节长的 ATM 业务数据单元。ATM 业务数据单元被送到 ATM 层,在此加上 5 字节的信元头,信元头中要标识出 VPI 和 VCI(VPI 和 VCI 在连接建立时已分配好)。ATM 层将具有不同 VPI/VCI 的信元复用在一起交给物理层。在物理层将 ATM 信元封装到传输帧中,然后经物理接口送出。ATM 网络传输过程如图 5-21 所示。

ATM 层功能可以分为三大类:信元复用/分用、信头操作和流量控制功能。

(1) 信元复用/分用:在 ATM 层和物理层的 TC 子层接口处完成,发送端 ATM 层将具有不同 VPI/VCI 的信元复用在一起交给物理层;接收端 ATM 层识别物理层送来的信元的 VPI/VCI,并将各信元送到不同的模块处理,如识别出信令信元就交由控制平面处理,若为 OAM 信元等,则交由管理平面处理。

(2) 信头操作:在用户终端为填写 VPI/VCI 和 PT,在网络节点中为 VPI/VCI 翻译。用户信息的 VPI/VCI 值在建立连接时可由主叫方设置,并经过信令的 SETUP 消息通知

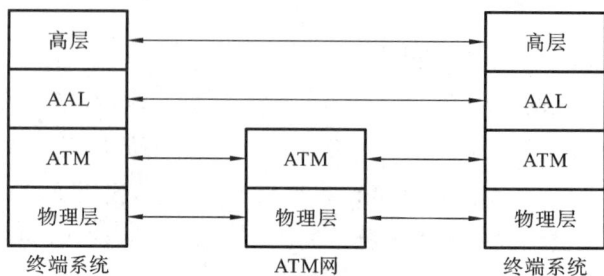

图 5-21　ATM 网络传输过程

网络节点,由网络节点认可,也要由网络侧分配。

（3）流量控制:流量控制由信头中的 GFC 比特支持。

ATM 交换分为虚通路交换(VPS)和虚通道交换(VCS)。VPS 指同一个 VP 内的信元都被映射到另一个 VP 内,交换过程中只改变 VPI 的值,VCI 的值保持不变。而 VCS 是指同一个 VP 内或不同 VP 内的 VC 之间的交换,交换过程中 VPI、VCI 都改变。高速骨干网中网络的主要管理和交换功能集中在 VP 级,从而降低网管和网控的复杂性。而骨干网外,交换机仍然进行 VC 交换。ATM 交换机转发过程及转发映射表如图 5-22 所示。

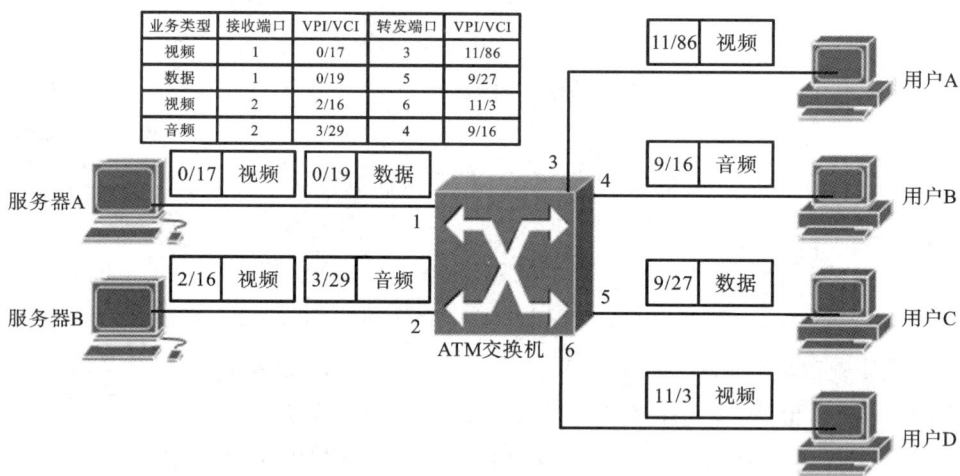

图 5-22　ATM 交换机转发过程

5）ATM 适配层

ATM 适配层负责处理高层来的信息,发送方把高层来的数据分割成 48 字节长的 ATM 负载,接收方把 ATM 信元的有效负载重新组装成用户数据包。ATM 适配层分为以下两个子层。

（1）CS(convergence)子层:提供标准的接口。

（2）SAR(segmentation and reassembly)子层:对数据进行分段和重装配。

AAL 又分为 4 种类型,如表 5-2 所示,对应于 A、B、C 和 D 4 种业务,这 4 种业务是定义 AAL 层时的目标业务。

表 5-2 高层协议

服务类型	A 类	B 类	C 类	D 类
端到端定时	要求		不要求	
比特率	恒定	可变		
连接模式	面向连接			无连接

(1) AAL1:对应于 A 类业务。CS 子层检测丢失和误插入的信元,平滑进来的数据,提供固定速率的输出,并进行分段。SAR 子层加上信元顺序号、奇偶校验和校验和等。

(2) AAL2:对应于 B 类业务,用于传输面向连接的实时数据流。无差错检测,只检查顺序。

(3) AAL3/4:对应 C/D 类业务,原来 ITU-T 有两个不同的协议分别用于 C 类和 D 类业务,后来合并为一个协议。该协议用于面向连接和无连接的服务。

(4) AAL5:对应于 C/D 类业务,这是计算机行业提出的协议,与 AAL3/4 不同之处是在 CS 子层加长了校验和字段。减少了 SAR 子层,48 字节全部用作数据的传输,因而效率更高。主要用来传递计算机数据、UNI 信令信息和 ATM 上的帧中继。定义 AAL5 的主要原因是其格式简单、开销小、纠错强,特别适用于可变比特率数据、支持面向连接及对时延不太敏感的业务传输。

6) ATM 的特点

ATM 可用于广域网、城域网、校园主干网、大楼主干网以及连接计算机等。ATM 与传统的网络技术(如以太网、令牌环网、FDDI)相比,有很大的不同,归纳起来有以下特点:

(1) ATM 是面向连接的分组交换技术,综合了电路交换和分组交换的优点。

(2) 允许语音、视频、数据等多种业务信息在同一条物理链路上传输,它能在一个网络上用统一的传输方式综合多种业务服务。

(3) 提供质量保证服务。ATM 为不同的业务类型分配不同等级的优先级,如为视频、声音等对时延敏感的业务分配高优先级和足够的带宽。

(4) 提供灵活和可变的带宽而不是固定带宽。不同于传统的 LAN 和 WAN 标准,ATM 的标准被设计成与传送的技术无关。为了提高存取的灵活性和可变性,ATM 支持的速率一般为 155 Mb/s~9.6 Gb/s,ATM 可以工作在任何一种不同的速率、不同的介质上,并可使用不同的传送技术。

(5) 并行的点对点存取而不是共享介质,交换机对端点速率可作适应性调整。

(6) 以小的、固定长的信元(cell)为基本传输单位,每个信元的延迟时间是可预计的。

(7) 通过局域网仿真(LANE),ATM 可以和现有以太网、令牌环网共存。由于 ATM 网与以太网等现有网络之间存在着很大差异,所以必须通过 LANE、MPOA 和 IP

Over ATM 等技术,它们才能结合,而这些技术会带来一些局限性,如影响网络性能和质量保证服务等。

ATM 目前的不足之处是设备昂贵,并且标准还在开发中,未完全确定。此外,因为它是全新的技术,在网络升级时几乎要换掉现行网络上的所有设备。因此,目前 ATM 在广域网中的应用并不广泛。

5.4 Internet 地址

5.4.1 IP 地址

1. IP 地址的组成

在以 TCP/IP 为通信协议的网络上,每一台与网络连接的计算机、终端设备都可称为主机(Host)。在 Internet 上,这些主机也被称为"节点"。而每一台主机都有一个固定的地址名称,该名称用以表示网络中主机的 IP 地址(或域名地址)。该 IP 地址不但可以用来标识各个主机,而且也隐含着网络间的路径信息。在 TCP/IP 网络上的每一台计算机,都必须有一个唯一的 IP 地址。

IP 地址共有 32 位,即 4 个字节(每 8 位构成一个字节),由标识网络的 ID 和标识主机的 ID 两部分组成,即网络 ID+主机 ID。

为了简化记忆,实际使用 IP 地址时,几乎都将组成 IP 地址的二进制数记为 4 个十进制数(0~255),每相邻两个字节的对应十进制数间以英文句点分隔,即通常表示为 ×××.×××.×××.×××。例如,将二进制 IP 地址 11001010 01100011 01100000 01001100 写成十进制数 202.99.96.76。计算机很容易地将用户提供的十进制地址转换为对应的二进制 IP 地址,再供网络互联设备识别。

2. IP 地址分类

最初设计因特网时,为了便于寻址以及层次化构造网络,每个 IP 地址包括两个标识码(ID),即网络 ID 和主机 ID。同一个物理网络上的所有主机都使用同一个网络 ID,网络上的一个主机(包括网络上工作站、服务器和路由器等)有一个主机 ID 与其对应。IP 地址根据网络 ID 的不同分为 5 种类型,即 A 类地址、B 类地址、C 类地址、D 类地址和 E 类地址,如图 5-23 所示。

(1) A 类 IP 地址。一个 A 类 IP 地址由 1 字节的网络 ID 和 3 字节主机 ID 组成,网络 ID 的最高位必须是"0",地址范围为 1.0.0.0~126.255.255.255。可用的 A 类网络

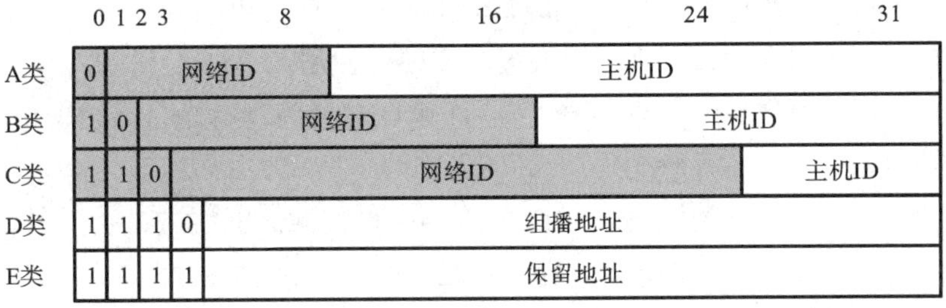

图 5-23 IP 地址的分类

有 126 个(主机的 IP 地址的开头不能用数字 0 和 127,数字 0 表示该地址是本地宿主机,而数字 127 保留用作环回测试地址使用),每个网络有 2^{24} 个 IP 地址,能容纳 $2^{24}-2$ 个主机。

(2) B 类 IP 地址。一个 B 类 IP 地址由 2 字节的网络 ID 和 2 字节的主机 ID 组成,网络 ID 的最高位必须是"10",地址范围为 128.0.0.0～191.255.255.255。可用的 B 类网络有 2^{14} 个,每个网络有 2^{16} 个 IP 地址,能容纳 $2^{16}-2$ 个主机。

(3) C 类 IP 地址。一个 C 类 IP 地址由 3 字节的网络 ID 和 1 字节的主机 ID 组成,网络 ID 的最高位必须是"110",地址范围为 192.0.0.0～223.255.255.255。可用的 C 类网络有 2^{21} 个,每个网络有 2^8 个 IP 地址,能容纳 2^8-2 个主机。

(4) D 类 IP 地址。D 类 IP 地址用于组播(multicast)。一个 D 类 IP 地址第一个字节以"1110"开始,它是一个专门保留的地址,并不指向特定的主机。组播地址用来一次寻址一组计算机,它标识共享同一协议的一组计算机。C 类 IP 地址范围为 224.0.0.0～239.255.255.255。

(5) E 类 IP 地址。以"1111"开始,为将来使用保留。E 类 IP 地址范围为 240.0.0.0～255.255.255.255。

全零("0.0.0.0")地址对应于当前主机;全"1"的 IP 地址("255.255.255.255")是当前网络的广播地址。

3. 网络地址与广播地址

Internet 中的每个网络都有一个网络地址代表网络本身,一个广播地址代表网络中每一台主机。

(1) 网络地址:网络 ID 不变,主机 ID 全 0 的地址;

(2) 广播地址:网络 ID 不变,主机 ID 全 1 的地址。

例如,有 C 类 IP 地址 202.103.24.68,所属网络的网络地址为 202.103.24.0,广播地址为 202.103.24.255,可用地址范围为 202.103.24.1～202.103.24.254。

4. 公有地址与私有地址

公有地址(public address)由互联网信息中心(NIC)负责分配。这些 IP 地址分配给注册并向 NIC 提出申请的组织机构,通过公有地址可直接访问互联网。私有地址(private address)属于非注册地址,专门为组织机构内部使用。

在 IP 地址的 3 种主要类型里,各保留了 3 个区域作为私有地址,范围如下:

(1) A 类地址(1 个 A 类网络):10.0.0.0~10.255.255.255;

(2) B 类地址(16 个 B 类网络):172.16.0.0~172.31.255.255;

(3) C 类地址(256 个 C 类网络):192.168.0.0~192.168.255.255。

5. IP 地址的寻址规则

1) 网络寻址规则

网络寻址规则包括:

(1) 网络地址必须唯一;

(2) 网络 ID 的第一个字节不能为 0(该地址是本地主机,不能传送);

(3) 网络 ID 的第一个字节不能为 127(该地址段被保留作为回环测试使用);

(4) 网络 ID 的第一个字节不能为 255(该地址一般为广播地址)。

2) 主机寻址规则

主机寻址规则包括:

(1) 主机 ID 在同一网络内必须是唯一的;

(2) 主机 ID 不能全为"1",全为"1"表示该网络的广播地址,表示该网络中所有主机;

(3) 主机 ID 不能全为"0",全为"0"表示该网络本身,不表示任何特定的主机。

5.4.2　子网和子网掩码

1. 子网

在计算机网络规划中,通过子网技术将单个大网划分为多个子网,并由路由器等网络互联设备连接。它的优点在于融合不同的网络技术,通过重定向路由来达到减轻网络拥挤(由于路由器的定向功能,子网内部的计算机通信就不会对子网外部的网络增加负载)、提高网络性能的目的。

每一个 A 类网络可以容纳超过千万台主机,一个 B 类网络可以容纳超过 6 万台主机,一个 C 类网络可以容纳 254 台主机。一个 1000 台主机的网络需要 1000 个 IP 地址,需要申请一个 B 类网络的地址。如此地址空间利用率还不到 2%,而其他网络的主机无法使用这些被浪费的地址。为了减少这种浪费,可以将一个大的物理网络划分为若干个子网。子网划分是将二级结构的 IP 地址变成三级结构,即网络 ID+子网 ID+主机 ID。

2. 子网掩码

为了实现更小的广播域并更好地利用主机地址中的每一位,可以把基于分类的 IP 网络进一步分成更小的网络,每个子网由路由器界定并分配一个新的子网网络地址,子网 ID 是借用基于分类的 IP 地址的主机 ID 部分创建的。划分子网后,通过使用掩码,把子网信息隐藏起来,使得从外部看网络没有变化,这就是子网掩码(subnet mask)。

子网掩码告知网络是如何进行子网划分的。子网掩码是一个与 IP 地址结构相同的 32 位二进制数字标识,也可以像 IP 地址一样用点分十进制来表示。其表示方式如下:

(1) 凡是 IP 地址的网络 ID 和子网 ID 部分,都用二进制数 1 表示;

(2) 凡是 IP 地址的主机 ID 部分,用二进制数 0 表示;

(3) 用点分十进制书写。

子网掩码拓宽了 IP 地址的网络 ID 部分的表示范围,主要用于:

(1) 屏蔽 IP 地址的一部分,以区分网络 ID 和主机 ID;

(2) 说明 IP 地址是在本地局域网上,还是在远程网上。

【例 5-1】 源主机 IP 地址为 192.168.10.2,子网掩码为 255.255.255.240,目标主机 IP 地址为 192.168.10.25,请问源主机和目的主机是否属于同一个网络。

解 将源主机 IP 地址 192.168.10.2 转换成二进制数,与子网掩码 255.255.255.240 的二进制数进行按位与运算:

　　　　IP 地址:　11000000 10101000 00001010 00000010

　　　　子网掩码:11111111　11111111　11111111 11110000

　　　　"与"运算:---

　　　　　　　　11000000　10101000 00001010 00000010

该 IP 地址的默认子网掩码为 255.255.255.0,由子网掩码的二进制数可以得出子网位为 0000,即 0 号子网,主机位为 0010,即 2 号主机。

按位与的结果转换为十进制形式,所以该子网网络地址为 192.168.10.0,主机标识为 2。

将目的主机 IP 地址 192.168.10.25 转换成二进制数,与子网掩码 255.255.255.240 的二进制数进行按位与运算:

　　　　IP 地址:　11000000 10101000 00001010 00011001

　　　　子网掩码:11111111 11111111 11111111 11110000

　　　　"与"运算:---

　　　　　　　　11000000　10101000 00001010 00010000

所以该子网的网络地址为 192.168.10.16,子网位为 0001,即 1 号子网,主机位为 1001,即 5 号主机。由于两个主机所在网络的网络地址不同,说明两个主机不在同一个网络中。

没有划分子网时的子网掩码称为默认子网掩码,常用默认子网掩码如下:

(1) A 类网络默认子网掩码为 255.0.0.0;

(2) B 类网络默认子网掩码为 255.255.0.0;

(3) C 类网络默认子网掩码为 255.255.255.0。

3. 子网划分

子网划分通过借用 IP 地址的若干位主机 ID 来充当子网 ID,从而将原网络划分为若干子网来实现的。划分子网时,随着子网地址借用主机 ID 位数增多,子网的数目随之增多,而每个子网中可用主机数逐渐减少。以 C 类网络为例,原有 8 位主机位,$2^8-2=254$ 个主机地址,默认子网掩码为 255.255.255.0。借用 1 位主机位,产生 $2^1=2$ 个子网,新的主机位为 $8-1=7$,即每个子网有 $2^7-2=126$ 个主机地址;同理,借用 2 位主机位,产生 $2^2=4$ 个子网,每个子网有 $2^6-2=62$ 个主机地址。每个子网中,第一个 IP 地址(即主机 ID 全部为 0 的 IP 地址)和最后一个 IP 地址(即主机 ID 全部为 1 的 IP 地址)不能分配给主机使用,所以每个子网的可用 IP 地址数为总 IP 地址数量减 2。

子网划分步骤如下:

(1) 确定要划分的子网数目以及每个子网的主机数目;

(2) 求出子网数目对应二进制的位数 N,以及主机数目对应二进制数的位数 M;

(3) 对该 IP 地址的原子网掩码,将其主机 ID 前 N 位置 1 或后 M 位置 0,即得出该网络划分子网的子网掩码。

【例 5-2】 B 类网络 129.30.0.0 需要划分为 20 个能容纳 200 台主机的网络。

解 因为 $16<20<32$,即 $2^4<20<2^5$,所以,子网位只需占用 5 位主机 ID 就可以划分成 32 个子网,满足划分成 20 个子网的要求。B 类网络的默认子网掩码是 255.255.0.0。现在子网又占用了 5 位主机 ID,根据子网掩码的定义,划分子网后的子网掩码应该为 11111111.11111111.11111000.00000000,转换成十进制为 255.255.248.0。

当子网掩码为 255.255.248.0 时,通过计算得到每个子网的子网号、子网位、每个子网的网络地址、第一个可用地址、最后一个可用地址和广播地址,如表 5-3 所示。

表 5-3 划分成 32 个子网的结果

子网号	子网位	子网网络地址	第一个可用地址	最后一个可用地址	子网广播地址
0	00000	129.30.0.0	129.30.0.1	129.30.7.254	129.30.7.255
1	00001	129.30.8.0	129.30.8.1	129.30.15.254	129.30.15.255
2	00010	129.30.16.0	129.30.16.1	129.30.23.254	129.30.23.255
3	00011	129.30.24.0	129.30.24.1	129.30.31.254	129.30.31.255
…	…	…	…	…	…
31	11111	129.30.248.0	129.30.248.1	129.30.255.254	129.30.255.255

子网中可用的主机 ID 还有 $16-5=11$ 位,每个子网可容纳 $2^{11}-2=2046$ 台主机。满足每个子网能容纳 200 台主机的需求,按照上述方式划分子网,每个子网能容纳的主机数目远大于需求的主机数目,仍然造成了 IP 地址资源的浪费。

为了更有效地利用资源,也可以根据子网所需的主机数来划分子网。还是以上例来说明，128＜200＜256，即 $2^7<200<2^8$，也就是说，在 B 类网络的 16 位主机 ID 中，保留 8 位主机 ID，其余的 16－8＝8 位作为子网位，可以将 B 类网络 129.30.0.0 划分成 2^8＝256 个能容纳 256－2＝254 台主机的子网。此时的子网掩码为 11111111. 11111111. 11111111.00000000，转换成十进制为 255.255.255.0。

当子网掩码为 255.255.255.0 时，通过计算得到每个子网的子网号、子网位、每个子网的网络地址、第一个可用地址、最后一个可用地址和广播地址，如表 5-4 所示。

表 5-4　划分成 256 个子网的结果

子网号	子网位	子网网络地址	第一个可用地址	最后一个可用地址	子网广播地址
0	00000000	129.30.0.0	129.30.0.1	129.30.0.254	129.30.0.255
1	00000001	129.30.1.0	129.30.1.1	129.30.1.254	129.30.1.255
2	00000010	129.30.2.0	129.30.2.1	129.30.2.254	129.30.2.255
3	00000011	129.30.3.0	129.30.3.1	129.30.3.254	129.30.3.255
...	...	...	...	...	...
255	11111111	129.30.255.0	129.30.255.1	129.30.255.254	129.30.255.255

在上例中，我们分别根据子网数和主机数划分子网，得到了两种不同的结果，都能满足要求。实际上，子网位向主机 ID 借 5～8 位时所得到的子网都能满足上述要求，那么在实际工作中，应按照什么原则来决定借用几位主机 ID 呢？

在划分子网时，不仅要考虑目前需要，还应了解将来需要多少子网和每个子网容纳的主机数量。如果子网掩码借用更多的主机位，则可以得到更多的子网，节约了 IP 地址资源。若将来需要更多子网，则不用再重新分配 IP 地址，但每个子网的主机数量有限；反之，子网掩码借用较少的主机位，每个子网的主机数量允许有更大的增长，但可用的子网数量有限。一般来说，一个网络中的节点太多，网络会因为广播通信而饱和，所以网络中的主机数量的增长是有限的，也就是说，在条件允许的情况下，会将更多的主机 ID 用于子网位。

综上所述，子网掩码的设置关系到子网的划分。子网掩码设置的不同，所得到的子网数就不同，每个子网容纳的主机数也不同。若设置错误，则可能导致数据传输错误。

5.4.3　无分类编制

分类的 IP 地址进行子网划分，在一定程度上缓解了 IP 地址的浪费。这种方法每个子网可用的 IP 地址是一样多的，现实中子网的大小有差别，IP 地址仍然有浪费。IETF 研究出采用无分类编制（classless inter-domain routing，CIDR）的方法来解决地址匮乏的问题。CIDR 消除了传统的 A 类、B 类和 C 类地址以及子网划分的概念，因而可以更有效地分配 IP v4 的地址空间，并且可以在新的 IPv6 使用之前容许互联网的规模继续增长。CIDR 不再使用子网的概念，用网络前缀来表示地址块，用斜线记法表示。如 192.33.0.0/24，表示在 32 位的 IP 地址中，前 24 位表示网络前缀（即网络号），后 8 位表示主机号。

CIDR 将网络前缀都相同的连续的 IP 地址组成 CIDR 地址块。一个 CIDR 地址块是由地址块的起始地址（类似于分类地址中的网络地址）和地址块中的地址数来定义的。如 190.33.0.0/24 地址块中，最小地址为 190.33.0.0，最大地址为 190.33.0.255。但主机号分别为全 0 和全 1，这两个地址一般不使用，通常将这两个地址之间的地址分配给主机。

另一方面，随着 Internet 规模不断增大，路由表增长很快，如果所有的 C 类地址都在路由表中占一行，这样路由表就太大了，其查找速度将无法达到满意的程度。CIDR 技术就是用于解决这个问题的，它可以把若干个 C 类网络分配给一个用户，并且在路由表中只占一行，这是一种将大块地址空间合并为少量路由信息的策略。

【例 5-3】 某网络服务提供商 ISP 有 2048 个 C 类网络组成的地址块，网络地址从 196.24.0.0 到 196.31.255.0，这种地址块称为超网。对于这个地址块的路由信息可以用网络号 196.24.0.0 和掩码 255.248.0.0 来表示，简写成 196.24.0.0/13。

我们假设 ISP 连接 6 个用户：

(1) 用户 U1 最多需要 4096 个地址，即 16 个 C 类网络；

(2) 用户 U2 最多需要 2048 个地址，即 8 个 C 类网络；

(3) 用户 U3 最多需要 1024 个地址，即 4 个 C 类网络；

(4) 用户 U4 最多需要 512 个地址，即 2 个 C 类网络；

(5) 用户 U5 最多需要 256 个地址，即 1 个 C 类网络；

(6) 用户 U6 最多需要 256 个地址，即 1 个 C 类网络。

根据需求，这 6 个用户需要 32 个 C 类网络，在 196.24.0.0/13 地址块中选择 196.24.0.0/19 地址块，正好 32 个 C 类网络。对 196.24.0.0/19 地址块进行划分，过程如图 5-24 所示。

ISP 可以给 6 个用户分配如下地址。

(1) 用户 U1：分配的地址范围为 196.24.16.0～192.24.31.255。这个地址块可以用超网路由 196.24.16.0 和掩码 255.255.240.0 表示，简写成 196.24.16.0/20。

(2) 用户 U2：分配的地址范围为 196.24.8.0～192.24.15.255。这个地址块可以用超网路由 196.24.8.0 和掩码 255.255.248.0 表示，简写成 196.24.8.0/21。

(3) 用户 U3：分配的地址范围为 196.24.4.0～192.24.7.255。这个地址块可以用超网路由 196.24.4.0 和掩码 255.255.252.0 表示，简写成 196.24.4.0/22。

(4) 用户 U4：分配的地址范围为 196.24.0.0～192.24.1.255。这个地址块可以用超网路由 196.24.0.0 和掩码 255.255.254.0 表示，简写成 196.24.0.0/23。

(5) 用户 U5：分配的地址范围为 196.24.2.0～192.24.2.255。这个地址块可以用超网路由 196.24.2.0 和掩码 255.255.255.0 表示，简写成 196.24.2.0/24。

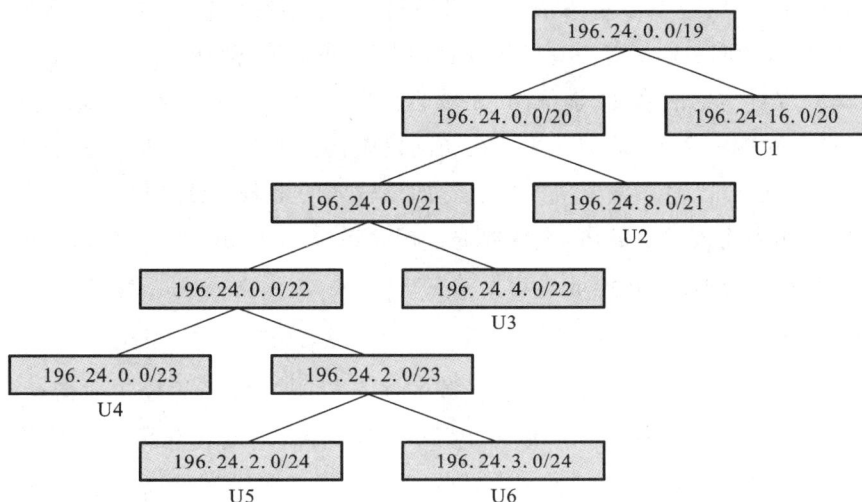

图 5-24 CIDR 地址块划分的过程

（6）用户 U6：分配的地址范围为 196.24.3.0～192.24.3.255。这个地址块可以用超网路由 196.24.3.0 和掩码 255.255.255.0 表示，简写成 196.24.3.0/24。

当使用 CIDR 时，由于采用了网络前缀这种记法，IP 地址由前缀和主机号两部分组成，因此在路由表中的项目也要有相应的改变。在查找路由表时可能会得到不止一个匹配结果。这样就无法从结果中选择正确的路由。因此，路由发布要遵循"最大匹配"的原则，要包含所有可以到达的主机地址。例如，196.24.3.0/24 和 196.24.8.0/21 进行聚合，由于这两个地址块的二进制表示为

$$11000100.00011000.00000011.00000000$$

$$11000100.00011000.00001000.00000000$$

可以看到地址最长 20 位是相同的，即最大匹配的结果是两个地址块聚合成 196.24.0.0/20。

【例 5-4】 对下面 4 条路由：192.24.0.0/21、192.24.16.0/20、192.24.8.0/22、192.24.34.0/23 进行路由汇聚，求能覆盖这 4 条路由的地址。

解 分别将 4 个 IP 地址的十进制形式转化为二进制形式结果如下：

192.24.0.0/21：11000000.00011000.00000000.00000000

192.24.16.0/20：11000000.00011000.00010000.00000000

192.24.8.0/22：11000000.00011000.00001000.00000000

192.24.34.0/23：11000000.00011000.00100010.00000000

由此进行路由汇聚，最大匹配的结果为 192.24.0.0/18。

5.4.4 域名

直接使用 IP 地址就可以访问 Internet 上的主机，但是 IP 地址不宜记忆。为了便于

记忆,在 Internet 上用一串字符来表示主机地址,这串字符就称为域名。例如,IP 地址 211.151.242.180 指向中国高等教育学生信息网(学信网),同样,域名 www.chsi.com.cn 也指向中国高等教育学生信息网(学信网)。域名相当于一个人的名字,IP 地址相当于身份证号,一个域名对应一个 IP 地址。用户在访问网上的某主机时,可以在地址栏中输入该主机的 IP 地址,也可以输入该主机的域名。如果输入的是 IP 地址,则计算机可以直接找到目的主机。如果输入的是域名,则需要通过域名系统(domain name system,DNS)将域名转换成 IP 地址,再通过 IP 地址找到目的主机。

1. 域名结构

DNS 域名系统是一个以分级的、基于域的命名机制为核心的分布式命名数据库系统。DNS 将整个 Internet 视为一个域名空间(name space),域名空间是由不同层次的域(domain)组成的集合。在 DNS 中,一个域代表该网络中要命名资源的管理集合。这些资源通常代表工作站、PC、路由器等,但理论上可以标识任何东西。不同的域由不同的域名服务器来管理,域名服务器负责管理存放主机名和 IP 地址的数据库文件,以及域中的主机名和 IP 地址映射。每个域名服务器只负责整个域名数据库中的一部分信息,而所有域名服务器中的数据库文件中的主机和 IP 地址集合组成 DNS 域名空间。域名服务器分布在不同的地方,它们之间通过特定的方式进行联络,这样可以保证用户通过本地的域名服务器查找到 Internet 上所有的域名信息。

DNS 的域名空间是由树状结构的分层域名组成的集合,如图 5-25 所示。例如,前面提到的学信网的域名 www.chsi.com.cn 由树状结构的分层域名组成。

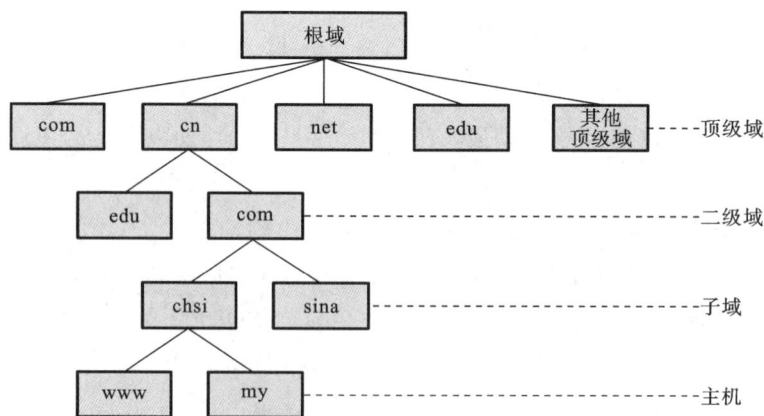

图 5-25 DNS 域名空间

DNS 采用层次化的分布式的名字系统,是一个树状结构。整个树状结构称为域名空间,其中的节点称为域。任何一个主机的域名都是唯一的。

树状的顶端是域名空间的根域"root",根域没有名字,用"."表示;接下来是顶级域,如 com、cn、net、edu 等。在 Internet 中,顶级域由 InterNIC 负责管理和维护。部分顶级域名及含义如表5-5所示。

表5-5 部分 Internet 顶级域名及含义

域　名	含　义	域　名	含　义
com	商业组织	gov	政府机构
edu	教育、学术机构	mil	军事机构
net	网络服务机构	ma	中国澳门特别行政区
org	非盈利性组织、机构	tw	中国台湾省
int	国际组织	uk	英国
cn	中国	us	美国
hk	中国香港特别行政区	au	澳大利亚

再往下是二级域,表示顶级域中的一个特定的组织名称。在 Internet 中,各国的网络信息中心 NIC 负责对二级域名进行管理和维护,以保证二级域名的唯一性。在我国,这项工作由 CNNIC 负责。

在二级域下面创建的域称为子域,它一般由各个组织根据自己的要求进行创建和维护。域名空间最下面一层是主机,它被称为完全合格的域名。在 Windows 操作系统里,可以利用 HOSTNAME 命令在命令提示符下查看该主机的主机名。

2. 域名服务器

一个服务器所负责管辖(有权限)的范围称为区。区是域名空间树状结构的一部分,它将域名空间根据用户的需要划分为较小的区域,以便于管理。这样,就可以将网络管理工作分散开来,所以区是 DNS 系统管理的基本单位。

1)域名服务器提供的资源记录

域名服务器中提供了多种资源记录,分别是:

(1) MX(邮件交换机):标识一个邮件服务器与其对应的 IP 地址的映射关系及其优先级。

(2) SOA(授权开始):标识一个资源记录集合(称为授权区段)的开始。

(3) NS(名字服务器):本区域权限域名服务器的名字。

(4) PTR(指针):将 IP 地址映射到指定域名等。

(5) A(主机地址):将指定域名映射到 IP 地址。

(6) CNAME(别名):将别名映射到标准 DNS 域名。

(7) HINFO(主机描述):通过 ASCII 字符串对 CPU 和 OS 等主机配置信息进行说明。

(8) TXT(文本):ASCII 字符串等。

2)域名服务器的分类

Internet 上的域名服务器系统是按照区来安排的,每个域名服务器都只对域名体系中的一部分进行管辖。域名服务器划分为四种不同的类型。

（1）主域名服务器：主域名服务器是特定域所有信息的权威信息源，数据可以修改。

（2）辅助域名服务器：当主域名服务器出现故障、关闭或负载过重时，辅助域名服务器作为主域名服务器的备份提供域名解析服务。辅助域名服务器与主域名服务器不同的是，它的数据不是直接输入的，而是从其他 DNS 服务器（主域名服务器或其他辅助域名服务器）中复制过来的，只是一个副本，数据无法被修改。

（3）缓存域名服务器：缓存域名服务器是一种特殊的 DNS 服务器，它本身并不管理任何区域，但 DNS 客户端仍可以向它提出查询请求。它类似于代理服务器，且没有自己的域名数据库，而是将所有查询转发到其他 DNS 服务器处理。当缓存域名服务器从其他 DNS 服务器收到查询结果后，除了返回给客户机之外，还会将结果保存在自身高速缓存中。当下一次 DNS 客户端再查询相同的域名数据时，就可以从高速缓存里得到结果，从而加快对 DNS 客户端的响应速度。若在局域网中建立一台缓存域名服务器，则可以提高客户机 DNS 的查询效率并减少内部网络与 Internet 的通信流量。

（4）转发域名服务器：负责所有非本地域名的本地查询。转发域名服务器自身无法完成某一域名解析，而是将该 DNS 查询请求依次转发到指定的域名服务器。

3）域名解析的过程

域名解析有迭代解析和递归解析两种方法。

（1）递归查询：主机向本地域名服务器提出域名解析请求，本地域名服务器向根域名服务器提出域名解析请求，根域名服务器向顶级域名提出解析请求，顶级域名向二级域名提出请求，依次类推，一直找到目标域名服务器为止，目标域名服务器将域名对应的 IP 地址沿原路返回给提出域名解析请求的主机。

（2）迭代查询：主机向本地域名服务器提出域名解析请求，本地域名服务器向根域名服务器提出域名解析请求，根域名服务器返回顶级域名服务器的 IP 地址；本地域名服务器向顶级域名服务器提出解析请求，顶级域名返回二级域名服务器的 IP 地址；以此类推，目标域名服务器将要解析的域名对应的 IP 地址返回给本地域名服务器，本地域名服务器将查询结果返回给提出域名查询请求的主机。

简言之，递归解析要求域名服务器系统一次性完成全部域名地址转换，用户主机和本地域名服务器发送的域名解析请求条数均为 1 条；迭代解析则是每次请求一个服务器，不行再请求别的服务器。用户主机和本地域名服务器发送的域名解析请求条数为 1 条和多条。

【例 5-5】 假设域名为 hbeutc. cn 的主机打算访问主机 chsi. com. cn。请给出域名 chsi. com. cn 迭代解析的过程。

解 域名为 hbeutc. cn 的主机访问主机 chsi. com. cn，域名迭代解析的过程如下：

（1）主机 hbeutc. cn 先向本地 DNS 服务器 dns. hbeutc. cn 提出域名解析请求，如有记录则返回目标主机 chsi. com. cn 的 IP 地址，否则本地 DNS 服务器向根域名服务器提出解析.cn 域服务器的请求；

（2）根域名服务器返回.cn 域服务器的 IP 地址，本地 DNS 服务器向.cn 域服务器提出解析.com.cn 域服务器的请求；

（3）.cn 域服务器返回.com.cn 域服务器的 IP 地址，本地 DNS 服务器向.com.cn 域服务器提出解析 chsi.com.cn 域名的请求；

（4）.com.cn 域服务器返回 chsi.com.cn 域服务器的 IP 地址，本地域名服务器将此 IP 地址返回给主机 hbeutc.cn，并将结果保存在本地域名服务器的高速缓存中；

（5）主机 hbeutc.cn 根据本地域名服务器返回的 IP 地址访问主机 chsi.com.cn。

域名为 hbeutc.cn 的主机访问主机 chsi.com.cn 完整的过程如图 5-26 所示。

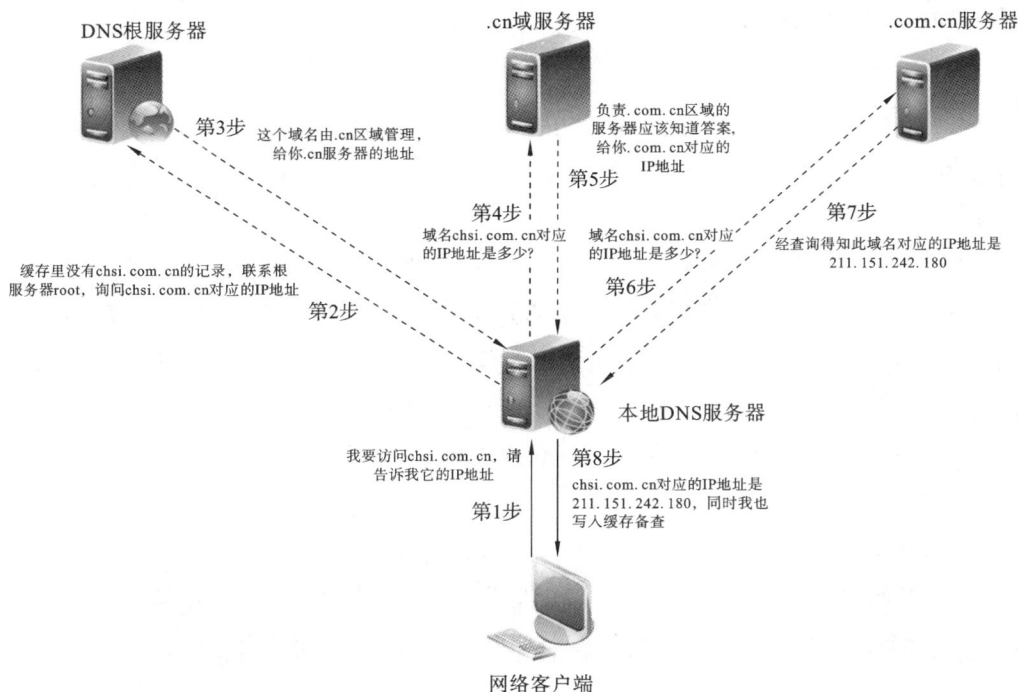

图 5-26 域名解析的过程

5.4.5 IPv6

IPv4 的地址空间为 32 位，理论上可支持 2^{32} 约 40 亿个 IP 地址，但是由于按 A、B、C 地址类型的划分，导致了大量的地址浪费。例如，一个使用 B 类地址的网络可包含 65534 个主机，对于大多数机构而言都太大了，申请到一个 B 类地址的机构实际上很难充分利用如此多的地址，造成 IP 地址的大量闲置，如 IBM 公司就占用了约 1700 万个 IP 地址。

目前，A 类和 B 类地址已经耗尽，C 类地址基本耗尽。占用 IP 地址的设备已由 Internet

早期的大型机变为数量巨大的 PC,而且随着网络技术的发展,数量更加巨大的家电产品也在信息化、智能化,也存在着对 IP 地址潜在的巨大需求,IPv4 在数量上已不能满足需要。鉴于上述状况,1992 年 7 月,IETF(internet engineering task force)在波士顿的会议上发布了征求下一代 IP 地址的计划,1994 年 7 月选定了 IPv6 作为下一代 IP 标准。

IPv6 继承了 IPv4 的优点,吸取了 IPv4 长期运行积累的成功经验,拟从根本上解决 IPv4 地址枯竭和路由表急剧膨胀两大问题,并且在安全性、移动性、QoS、数据包处理效率、多播、即插即用等方面进行了革命性的规划,IPv6 取代 IPv4 已是必然趋势。

目前,各国都在投入大量的人力、物力进行 IPv6 网络的建设,我国的 IPv6 实验网络也已经开始试运行,IPv6 网络即将进入大规模实施阶段。在今后相当长的时间内 IPv4 将和 IPv6 共存,并最终过渡到 IPv6。

1. IPv6 的新增功能

IPv6 是互联网的新一代通信协议,在兼容了 IPv4 的所有功能的基础上,增加了一些更新的功能。相对于 IPv4,IPv6 主要做了如下改进。

1)地址扩展

IPv6 地址空间由原来的 32 位增加到 128 位,确保加入互联网的每个设备的端口都可以获得一个 IP 地址,并且 IP 地址也定义了更丰富的地址层次结构和类型,增加了地址动态配置功能。IPv6 还考虑了多播通信的规模大小(IPv4 由 D 类地址表示多播通信),在多播通信地址内定义了范围字段。作为一个新的地址概念,IPv6 引入了任意播地址。任意播地址是指 IPv6 地址描述的同一通信组中的一个节点。此外,IPv6 取消了 IPv4 中地址分类的概念。

2)地址自动配置

IPv6 地址为 128 位,若像 IPv4 一样记忆和手工配置地址,是不可想象的。IPv6 支持地址自动配置,这是一种关于 IP 地址的即插即用机制。IPv6 有两种地址配置方式,即状态地址自动配置和无状态地址自动配置。状态地址自动配置的方式需要专门的自动配置服务器,服务器保持、管理每个节点的状态信息。该方式的问题是需要保持和管理专门的服务器。无状态地址自动配置方式需要配置地址的网络接口先使用邻居发现机制获得一个链路本地地址,网络接口得到这个链路本地地址之后,再接收路由器宣告的地址前缀,结合接口标识得到一个全球地址。

3)简化了 IP 报头的格式

为了降低报文的处理开销和占用的网络带宽,IPv6 对 IPv4 的报头格式进行了简化。

4)可扩展性

IPv6 改变了 IPv4 报头的设置方法,从而改变了操作位在长度方面的限制,使得用户可以根据新的功能要求设置不同的操作。IPv6 支持扩展选项的能力,在 IPv6 中选项不属于报头的一部分,其位置处于报头和数据域之间。由于大多数 IPv6 选项在 IP 数据报传输过程中无需路由器检查和处理,因此这样的结构提高了拥有选项的数据报通过路由器时的性能。

5）服务质量（QoS）

IPv6 的报头结构中新增了优先级域和流标签域。优先级有 8 b,可定义 256 个优先级,这为根据数据包的紧急程度确定其传输的优先级提供了手段。

6）安全性

IPv6 定义了实现协议认证、数据完整性、数据加密所需的有关功能。

7）流标号

为了处理实时服务,IPv6 报文中引入了流标号位。

8）域名解析

IPv4 和 IPv6 两者 DNS 的体系和域名空间是一致的,即 IPv4 和 IPv6 共同拥有统一的域名空间。在向 IPv6 过渡阶段,一个域名可能对应多个 IPv4 和 IPv6 的地址。以后随着 IPv6 网络的普及,IPv4 地址将逐渐淡出。

2. IPv6 的地址结构

IPv6 用 128 个二进制位来描述一个 IP 地址,理论上有 2^{128} 个 IP 地址,即使按保守方法估算 IPv6 实际可分配的地址,地球表面的每平方厘米的面积上可分配到数以亿计的 IP 地址。显然,在可预见的时期内,IPv6 地址耗尽的机会是很小的,其巨大的地址空间足以为所有可以想象出的网络设备提供一个全球唯一的地址。

1）地址表示

IPv6 的 128 位地址以 16 位为一分组,每个分组写成 4 个十六进制数,中间用冒号分隔,称为冒号分十六进制格式,以下是一个完整的 IPv6 地址:

FEAD:BA98:0054:0000:0000:00AE:7654:3210

IPv6 地址中每个分组中的前导零位可以省略,但每个分组至少要保留 1 位数字。如上例中的地址也可表示为

FEAD:BA98:54:0:0:AE:7654:3210

若地址中包含很长的零序列,则可以将相邻的连续零位合并,用双冒号“::”表示。“::”在一个地址中只能出现一次,该符号也用来压缩地址前部和尾部相邻的连续零位。

例如,地址 1080:0:0:0:8:800:200C:417A 和 0:0:0:0:0:0:0:1 可分别表示为 1080::8:800:200C:417A 和::1。

在 IPv4 和 IPv6 混合网络中,也可采用 x:x:x:x:x:x:d.d.d.d 形式来表示 IPv6 地址,x 表示用十六进制数表示的分组,d 表示用十进制数表示的分组。例如,0:0:0:0:0:0:202.1.68.8 和::FFFF.129.144.52.38。

在 URL 中使用 IPv6 地址时要用“[”和“]”来封闭,例如,http://[DC:98::321]:8080/index.htm。

2）地址类型

IPv6 地址分为三类，即单播、多播和任意播地址，IPv6 没有广播地址。各类分别占用不同的地址空间，所有类型的 IPv6 地址都被分配到接口，而不像 IPv4 那样分配到节点。一个接口可以被分配任何类型的多个 IPv6 地址，包括单播、多播、任意播或一个地址范围。IPv6 依靠地址头部的标识符识别地址的类别。

单播（unicast）地址：单播地址是单一接口的地址，发往单播地址的包被送给该地址所标识的接口。若节点有多个接口，则任意接口的单播地址都可以标识该节点。

多播（multicast）地址：多播地址是一组接口的地址标识，发往多播地址的包将被送给该地址标识的所有接口。地址开始的 11111111 标识该地址为多播地址。地址格式如图 5-27（a）所示，由于 112 b 可标识 2^{112} 个组，数量巨大，因而 IPv6 工作组建议使用如图 5-27（b）所示的组地址格式。

任意播（anycast）地址：任意播地址是一组接口的地址标识，发往任意播地址的数据包仅被发送给该地址标识的接口之一，通常是距离最近的一个地址。任意播地址不能作为源地址，只能作为目的地址，不能分配给主机，只能分配给路由器。

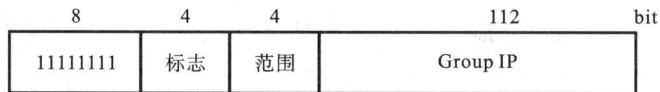

8	4	4	112	bit
11111111	标志	范围	Group IP	

（a）IPv6多播地址格式

8	4	4	80	32	bit
11111111	标志	范围	保留，全为0	Group IP	

（b）IPv6工作组建议使用的多播地址格式

图 5-27　组播地址格式

3）地址分配

IPv6 与 IPv4 的地址分配方式不同，在 IPv4 中 IP 地址是用户拥有的，即用户一旦申请到 IP 地址空间，就可以永远使用该地址空间，而不论从哪个 ISP 获得接入服务。这种方式使 ISP 必须在路由表中为每个用户网络维护一条路由条目，导致随着用户数的增加，将会出现大量无法归纳的特殊路由条目。

IPv6 采用了和 IPv4 不同的地址分配方式，将地址从用户拥有变成了 ISP 拥有。全球网络地址由 Internet 分配号码权威机构（Internet Assigned Numbers Authority，IANA）分配给 ISP，用户的 IP 地址是 ISP 地址空间的子集。用户改变 ISP 时，用户要使用新 ISP 为其提供的新的 IP 地址，这样能有效控制路由信息的增加，避免路由爆炸现象的出现。

根据 IPv6 工作组的规定，IPv6 地址空间的管理必须符合 Internet 团体的利益，必须通过一个中心权威机构来分配。目前这个权威机构就是 IANA。IANA 会根据互联网体系结构委员会(Internet Architecture Board,IAB)和 IEGS 的建议来进行 IPv6 地址的分配。

目前 IANA 已经委派三个地方组织来执行 IPv6 地址分配的任务,分别是:欧洲的 RIPE-NCC(www.ripe.net)、北美的 INTERNIC(www.internic.net)和亚太平洋地区的 APNIC(www.apnic.net)。

3. IPv4 向 IPv6 的转换

IPv4 和 IPv6 会在相当长的一段时间内共存,如何提供平稳的转换机制,对现有 IPv4 用户影响最小,已经成为一个重要的问题。目前已提出了许多转换机制,有些技术上已十分成熟,一些技术已经在国际 IPv6 试验网 6Bone 上应用。IETF 推荐了双协议栈、隧道技术、地址转换等技术作为未来的转换技术。

1) 双协议栈技术

双协议栈技术使 IPv6 网络节点同时支持 IPv4 栈和 Ipv6,具有一个 IPv4 和一个 IPv6 栈。若一台主机同时支持 IPv6 和 IPv4,那么它就可以与分别支持 IPv4 和 IPv6 的主机通信。IPv6/IPv4 双协议栈结构如图 5-28 所示。

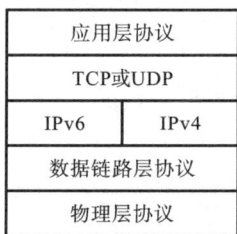

图 5-28 IP 双协议栈结构

2) 隧道技术

隧道技术是将 IPv6 数据包作为数据封装在 IPv4 数据包中,使 IPv6 数据包在 IPv4 设施上传输。隧道技术的优点在于隧道的透明性,IPv6 主机之间的通信可以忽略隧道的存在,隧道只起到物理通道的作用。缺点是不能实现 IPv4 主机和 IPv6 主机之间的通信。

3) 地址转换技术

网络地址转换(network address translation,NAT)技术是将 IPv4 地址和 IPv6 地址分别看作私有地址和公有地址,或者相反。例如,内部的 IPv4 主机要和外部的 IPv6 主机通信时,NAT 设备将 IPv4 地址转换成 IPv6 地址,NAT 设备维护一个 IPv4 与 IPv6 地址的映射表。NAT 技术可以解决 IPv4 主机和 IPv6 主机之间的互通问题。

5.4.6 NAT

目前,IP 地址正逐渐耗尽,要想在 ISP 处申请一个新的 IP 地址已不是一件很容易的事了。解决该问题的方法之一就是使用网络地址转换服务。

当一个私有网络要通过 Internet 注册的公有 IP 连接到外网时,位于内部网络和外部网络间的 NAT 路由器就负责在发送数据包之前把内部 IP 翻译成外部合法 IP 地址,使内部网络可以使用相同的注册 IP 地址访问 Internet。这样一来就可以减少注册 IP 地址的使用。

1. 私有地址

私有地址(private address)属于非注册地址,是专门为组织机构内部使用而划定的。使用私有 IP 地址是无法直接连接到 Internet 的,但能够用在公司内部的 Intranet 的 IP 地址上,如表 5-6 所示。

表 5-6　私有 IP 地址

私有 IP 地址范围	子网掩码
10.0.0.0～10.255.255.255	255.0.0.0
172.16.0.0～172.31.255.255	255.255.0.0
192.168.0.0～192.168.255.255	255.255.255.0

虽然说私有 IP 地址无法直接连到 Internet,但可以通过防火墙、NAT 路由器等设备或特殊软件的帮助间接连接到 Internet。

2. NAT 的定义

NAT 是将一个地址域(如专用 Intranet)映射到另一个地址域(如 Internet)的标准方法。它是一个根据 RFC1631 开发的 IETF 标准,允许一个 IP 地址域以一个公有 IP 地址出现在 Internet 上。NAT 可以将内部网络中的所有节点的私有地址转换成一个公有 IP 地址,反之亦然。它也可以应用到防火墙技术中,把个别 IP 地址隐藏起来不被外部发现,使外部无法直接访问内部网络设备。

3. NAT 的工作原理

NAT 服务器存在内部网络和外部网络接口中,只有当内部网络和外部网络之间进行数据传送时,才进行地址转换。如果地址转换必须依赖手工建立的内外部地址映射表来运行,则称为静态网络地址转换。如果 NAT 映射表是由 NAT 服务器动态建立的,对网络管理员和用户是透明的,则称为动态网络地址转换。此外,还有一种服务与动态 NAT 类似,但它不但会改变经过这个 NAT 设备的 IP 数据包的 IP 地址,还会改变 IP 数据包的 TCP/IP 端口,这一服务称为网络地址端口转换。

1)静态网络地址转换

静态网络地址转换是一种 1:1 的转换模式,仅将需要访问外网的内部私有地址分配一个公有 IP 地址。静态网络地址转换的工作过程如图 5-29 所示。

(1)在 NAT 服务器上建立静态 NAT 映射表。

图 5-29　静态网络地址转换过程

（2）当内部主机（IP 地址为 192.168.16.10）需要建立一条到 Internet 的会话连接时，首先将请求发送到 NAT 服务器上。NAT 服务器接收到请求后，会根据接收到的请求数据包检查 NAT 映射表。

（3）如果已为该地址配置了静态地址转换，则 NAT 服务器就使用相对应的公有 IP 地址，并转发数据包，否则 NAT 服务器不对地址进行转换，直接将数据包丢弃。这里 NAT 服务器使用 202.96.128.2 来替换内部私有 IP 地址 192.168.16.10。

（4）Internet 上的主机接收到数据包后进行应答（这时主机接收到的是 202.96.128.2 的请求）。

（5）当 NAT 服务器接收到来自 Internet 上的主机的数据包后，检查 NAT 映射表。如果 NAT 映射表存在匹配的映射项，则使用内部私有 IP 地址替换数据包的目的 IP 地址，并将数据包转发给内部主机。如果不存在匹配映射项，则将数据包丢弃。

2）动态网络地址转换

动态网络地址转换是一种 $m:n$ 转换模式，即 m 个内部 IP 地址动态转换为 n 个外部公有 IP 地址，一般情况下，$m \geqslant n$。动态网络地址转换的工作过程如图 5-30 所示。

（1）当内部 IP 地址为 192.168.16.10 的主机需要建立一条到 Internet 的会话连接时，首先将请求发送到 NAT 服务器，NAT 服务器接收到请求后，根据接收到的请求数据包检查 NAT 映射表。

（2）如果还没有为该内部主机建立地址转换映射项，则 NAT 服务器就对该地址进行转换，建立 192.168.16.10:2320 到 202.96.128.2:2320 的映射项，并记录会话状态。如果已经存在该映射项，则 NAT 服务器利用转换后的地址发送数据包到 Internet 主机上。

（3）Internet 主机接收到信息后进行应答，并将应答信息回传给 NAT 服务器。

（4）当 NAT 服务器接收到应答信息后，检查 NAT 映射表。如果 NAT 映射表存在

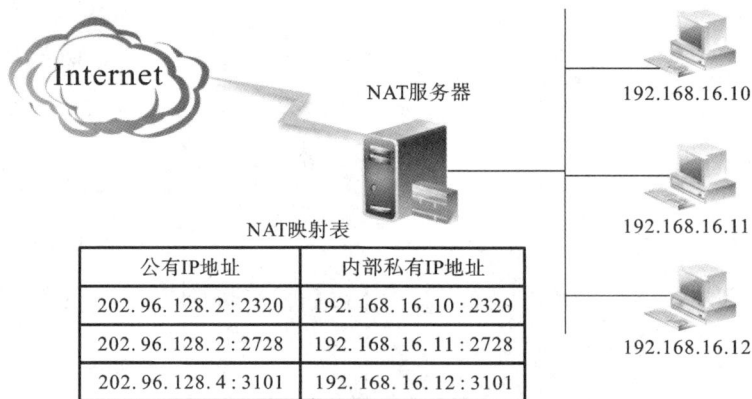

图 5-30　动态网络地址转换过程

匹配的映射项,则使用内部私有 IP 地址替换数据包的目的 IP 地址,并将数据包转发给内部主机。如果不存在匹配映射表,则将数据包丢弃。

3) 网络地址端口转换

网络地址端口转换是一种特殊的 NAT 服务,是一种 $m:1$ 转换模式,这种技术也叫伪装。因此,用一个服务器的公有 IP 地址可以把子网中所有主机的 IP 地址都隐藏起来。如果子网中多个主机要同时通信,那么还要对端口号进行翻译,所以这种技术经常被称为网络地址和端口翻译(network address port translation,NAPT)。在很多 NAPT 实现中专门保留一部分端口号给伪装使用,称为伪装端口号。如图 5-31 所示,通过对这个表对端口进行翻译,从而隐藏了内部网络 192.168.16.0 中的所有主机。

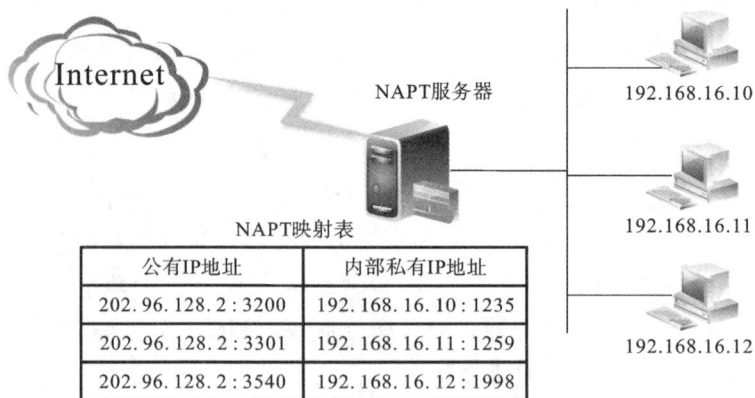

图 5-31　网络地址端口转换过程

(1) 当内部 IP 地址为 192.168.16.10、端口号为 1235 的主机需要与 Internet 上的 IP 地址为 202.18.4.6、端口号为 2350 的主机建立连接时,首先将请求发送到 NAPT 服务器。NAPT 服务器接收到请求后,会根据接收到的请求数据包检查 NAPT 映射表。

(2) 如果还没有为该内部主机建立地址转换映射项,NAPT 服务器就会为这个传输创建一个 Session,并且给这个 Session 分配一个端口 3200,然后改变这个数据包的源端口为 3200。所以原来数据包首部 192.168.16.10:1235→202.18.4.6:2350 经转换后变为 202.96.128.2:3200→202.18.4.6:2350。

（3）Internet 主机接收到信息后,进行应答,并将应答信息回传给 NAPT 服务器。

（4）当 NAPT 服务器接收到应答信息后,检查 NAPT 映射表。如果 NAPT 映射表存在匹配的映射项,则使用内部私有 IP 地址替换数据包中的目的 IP 地址,并将数据包转发给内部主机。如果不存在匹配映射项,则丢弃该数据包。

从本质上说,网络地址端口转换不是简单的 IP 地址之间的映射,而是网络套接字映射。网络套接字由 IP 地址和端口号组成,当多个不同的内网私有地址映射到同一个内网公有地址时,可以使用不同的端口号来区分它们。

5.5 路由选择协议

路由选择由于涉及不同的路由选择算法和路由选择协议,要相对复杂一些。为了判定最佳路径,路由选择算法要启动并维护包含路由信息的路由表,其中路由信息根据所用的路由选择算法不同而不尽相同。路由选择算法将收集到的不同信息填入路由表中,根据路由表,将目的网络与下一跳(next top)的关系告诉路由器,路由器之间互相通信来进行路由更新,由此来更新和维护路由表,使之正确反映网络的拓扑变化,并由路由器根据路由表上的量度来决定最佳路径,这就是路由选择协议(routing protocol),如路由信息协议(RIP)、开放式最短路径优先协议(OSPF)、边界网关协议(BGP)等。

转发是指沿着寻找好的最佳路径传送信息分组,路由器首先在路由表中查找,判明是否知道如何将分组发送到下一站点,如路由器或者主机。如果路由器不知道如何发送分组,通常将该分组丢弃;否则就根据路由表的相应表项,将分组发送到下一个站点。如果目的网络直接和路由器相连,路由器就把分组直接送到相应端口上。这就是路由转发协议(routed protocol),也称为路由协议协议。

路由转发协议和路由选择协议是相互配合又独立的概念,前者使用后者维护的路由表,后者也要利用前者的功能来发布路由协议和分组。不过通常提到的路由协议,如没有特别指明,都是指路由选择协议。

5.5.1 路由选择算法

按照能否自动随网络拓扑的改变调整自己的路由表,路由选择算法分为两类:静态路由和动态路由。

1. 静态路由

静态路由又称非自适应路由,是指在路由器中设置固定的路由表,除非管理员干预,否则静态路由不会发生变化。由于静态路由不能对网络的改变作出反应,一般用于网络规模不大、拓扑结构固定的网络中。

静态路由选择的优点有以下几点:

(1)不需要动态路由选择协议,减少了路由器的日常开销。

(2)在小型互联网络上很容易配置。

(3)可以控制路由选择。

总的来说,静态路由的优点是简单、高效、可靠,在所有的路由中,静态路由的优先级别最高。当动态路由和静态路由发生冲突时,以静态路由为准。

【例 5-6】 如图 5-32 所示,3 个路由器连接 4 个网络,使用静态路由配置的方法配置各路由器的路由表。

解 Router1 与网络 N1 和 N2 直接相连,没有下一跳路由器,Router1 到网络 N3 和 N4,下一跳路由器都是 Router2。

Router2 与网络 N2 和 N3 直接相连,没有下一跳路由器,Router2 到网络 N1,下一跳路由器为 Router1,Router2 到网络 N4,下一跳路由器为 Router3。

Router3 与网络 N3 和 N4 直接相连,没有下一跳路由器,Router3 到网络 N1 和 N2,下一跳路由器都是 Router2。

配置后的路由表如图 5-32 所示。

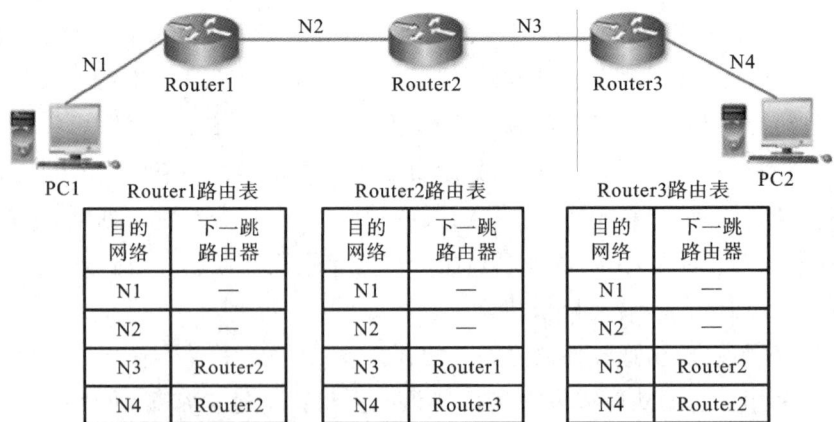

Router1 路由表

目的网络	下一跳路由器
N1	—
N2	—
N3	Router2
N4	Router2

Router2 路由表

目的网络	下一跳路由器
N1	—
N2	—
N3	Router1
N4	Router3

Router3 路由表

目的网络	下一跳路由器
N1	—
N2	—
N3	Router2
N4	Router2

图 5-32 使用静态路由设置路由表

2. 动态路由

动态路由又称自适应路由,是由路由器从其他路由器中周期性地获得路由信息而生成的,具有根据网络拓扑的变化自动更新路由的能力,具有较强的容错能力。这种能力是静态路由所不具备的。同时,动态路由多应用于大型网络,因为使用静态路由管理大型网络的工作过于烦琐且容易出错。

动态路由也有多种实现方法。目前在 TCP/IP 协议中使用的动态路由主要分为两种类型:距离矢量路由选择协议(distance-vector routing protocol)和链路状态路由选择协议(link-state routing protocol)。

1) 距离矢量路由选择协议

距离矢量路由选择协议也称为 Bellman-Ford 算法,它使用到远程网络的距离去求最佳路径。每经过一个路由器为一跳,到目的网络最少跳数的路由被确定为最佳路径。

距离矢量路由算法定期向相邻路由器发送自己完整的路由表,相邻路由器将收到的路由表与自己的路由表合并以更新自己的路由表。距离矢量路由算法仅使用跳步数来确定到达远程网络的最佳路径,若发现不止一条路径到达同一目的网络且又跳数相同,则自动执行循环负载平衡。

2) 链路状态路由选择协议

基于链路状态的路由选择协议,也称为最短路径优先算法(SPF)。链路状态路由选择协议的目的是映射互联网的拓扑结构。

每个链路状态路由器提供关于其邻居的拓扑结构的信息,包括路由器所连接的链路和链路的状态。这个信息在网络上广播,目的是所有的路由器可以接收到第一手信息。链路状态路由器并不会广播包含在它们的路由表内的所有信息,仅发送已经变化的路由信息。链路状态路由器将向其邻居发送呼叫消息,这称为链路状态数据包(LSP)或者链路状态通告(LSA)。邻居将 LSP 复制到它们的路由选择表中,并传递那个信息到网络的剩余部分。这个过程称为泛洪(flooding)。这样,每个路由器并行地构造一个拓扑数据库,数据库中有来自互联网的 LSA。

5.5.2　内部网关协议

内部网关协议(interior gateway protocol,IGP)是在一个自治系统内路由器之间交换路由信息的协议。互联网被分成多个域,每个域是一组主机和使用相同路由选择协议的路由器集合,并由单一机构管理。这个网络管理区域称为自治系统(autonomous system,AS)。

常见的内部网关协议有基于距离矢量路由选择算法的路由信息协议(RIP)和基于链路状态路由协议(OSPF)等。

1. 路由信息协议

路由信息协议(routing information protocol,RIP)是内部网关协议中应用最广泛的一种基于距离矢量的路由协议。

RIP 路由器收集所有可到达目的网络的不同路径,并且保存有关到达每个目的网络的最少站点数的路径信息,除到达目的网络的最佳路径外,任何其他信息均予以丢弃。同时路由器也把所收集的路由信息用 RIP 通知相邻的其他路由器。这样,正确的路由信息逐渐扩散到了整个互联网。距离矢量路由器定期向相邻路由器发送到达目的网络所经过的跳数和下一跳是哪个路由器或者达到目的网络要使用的矢量(方向)。

RIP 使用非常广泛,具有简单、可靠、便于配置的优点。RIP 路由器通过广播定期更新来自相邻路由器之间交换路由信息,每 30 s 发送一次路由信息更新。RIP 允许的最大跳数为 15,任何超过 15 跳的目的网络均被标记为不可达。因此而产生的网络流量较大,会消耗很多带宽。但是,如果网络环境很简单,则路由信息协议消耗的带宽也很少。因此,RIP 只适用于小型的同构互联网。

使用 RIP 进行动态路由配置的路由表包含 3 个字段,即目的网络、距离、下一跳地址。初始状态时,网络中每个路由器仅知道直接连接网络的路由,即目的网络为直接连接网络的网络地址、距离为 1、下一跳地址为直接到达。RIP 网络中所有的路由器对相邻路由器发过来的 RIP 分组,进行如下操作:

(1) 对 IP 地址为 A 的相邻路由器发来的 RIP 分组,先修改次分组中的所有项目:"下一跳地址"字段中的 IP 地址都改为 A,并把所有的"距离"字段的值加 1。

(2) 对修改后的 RIP 分组中的每一个项目,进行如下操作:

① 如果原来路由表中没有目的网络,则把该项目添加到路由表中;

② 如果原来路由表中有目的网络,则查看下一跳 IP 地址,若下一跳 IP 地址是 A,则把收到的项目替换原来路由表中的项目,否则执行③;

③ 如果收到的项目中的距离小于路由表中的距离,则进行更新,否则什么都不做。

(3) 若 3 分钟还没有收到相邻路由器的更新路由表,则把下一跳 IP 地址为该路由器的网络标记为不可达的网络,即把距离设置为 16(距离 16 表示不可达)。

(4) 返回。

【例 5-7】 有 4 个网络通过 3 个路由器相互连接,如图 5-33 所示。目前只有一个 C 类网络地址 211.1.1.0。

(1) 请选定子网掩码,将该网络地址划分为 4 个子网,分别分配给 4 个不同的网络,列出每个设备(端口)的 IP 地址。

(2) 使用静态路由配置的方式,分别写出 3 个路由器的路由表。

(3) 使用 RIP 协议进行动态路由配置,分别写出路由器 Router1 和 Router2 的第一次学习生成路由表的过程。

解 (1) 划分子网。

C 类网络 211.1.1.0,默认子网掩码为 255.255.255.0,现要将该网络划分为 4 个子网,因此需要向主机 ID 借 2 位表示子网 ID,网络 ID 和子网 ID 共 24+2=26 位,因此选用的子网掩码为 255.255.255.192。划分子网结果如表 5-7 所示。

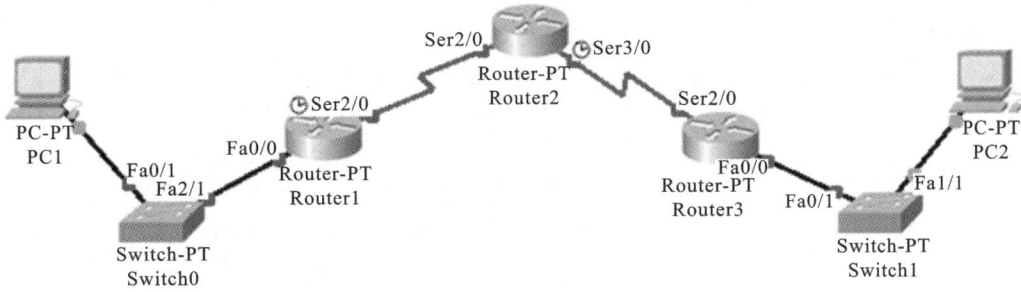

图 5-33 互联网拓扑结构

表 5-7 划分为 4 个子网的结果

子网号	子网 ID	子网网络地址	第一个可用地址	最后一个可用地址	子网广播地址
0	00	211.1.1.0	211.1.1.1	211.1.1.62	211.1.1.63
1	01	211.1.1.64	211.1.1.65	211.1.1.126	211.1.1.127
2	10	211.1.1.128	211.1.1.129	211.1.1.190	211.1.1.191
3	11	211.1.1.192	211.1.1.193	211.1.1.254	211.1.1.255

根据上述子网划分的结果,各设备(端口)的 IP 地址分配如表 5-8 所示。

表 5-8 IP 地址分配

设备	端口	IP 地址	子网掩码	默认网关
PC1	Fa0	211.1.1.1	255.255.255.192	211.1.1.62
Router1	Fa0/0	211.1.1.62	255.255.255.192	—
	Ser2/0	211.1.1.65	255.255.255.192	—
Router2	Ser2/0	211.1.1.126	255.255.255.192	—
	Ser3/0	211.1.1.129	255.255.255.192	—
Router3	Ser2/0	211.1.1.190	255.255.255.192	—
	Fa0/0	211.1.1.254	255.255.255.192	—
PC2	Fa0	211.1.1.193	255.255.255.192	211.1.1.254

(2) 根据上述子网划分、IP 地址分配的结果,路由器 Router1、Router2、Router3 的路由表设置如表 5-9 所示。

表 5-9 静态路由表配置结果

Router1			Router2			Router3		
目的网络	子网掩码	下一跳地址	目的网络	子网掩码	下一跳地址	目的网络	子网掩码	下一跳地址
211.1.1.0	255.255.255.192	—	211.1.1.0	255.255.255.192	211.1.1.65	211.1.1.0	255.255.255.192	211.1.1.129
211.1.1.64	255.255.255.192	—	211.1.1.64	255.255.255.192	—	211.1.1.64	255.255.255.192	211.1.1.129
211.1.1.128	255.255.255.192	211.1.1.126	211.1.1.128	255.255.255.192	—	211.1.1.128	255.255.255.192	—
211.1.1.192	255.255.255.192	211.1.1.126	211.1.1.192	255.255.255.192	211.1.1.190	211.1.1.192	255.255.255.192	—

（3）初始状态 3 个路由器的路由表如表 5-10 所示。

表 5-10　路由器的路由表的初识状态

Router1			Router2			Router3		
目的网络	距离	下一跳地址	目的网络	距离	下一跳地址	目的网络	距离	下一跳地址
211.1.1.0	1	—	211.1.1.64	1	—	211.1.1.128	1	—
211.1.1.64	1	—	211.1.1.128	1	—	211.1.1.192	1	—

① Router1 收到 Router2 发过来的 RIP 分组（Router2 的路由表）进行修改，距离加 1，下一跳地址设为 Router2 的 IP 地址。结果如表 5-11 所示。

表 5-11　Router2 修改后的 RIP 分组

Router2		
目的网络	距离	下一跳地址
211.1.1.64	2	211.1.1.126
211.1.1.128	2	211.1.1.126

把这个表的每一行和表 5-10 中的 Router1 的路由表进行比较。

表 5-10 中的第一行在表 5-11 中，下一跳地址不同，比较距离，1＜2，保留原来的路由项目。

表 5-10 中的第二行不在表 5-11 中，把这一行添加到 Router1 的路由表中。

这样更新之后的 Router1 的路由表如表 5-12 所示。

表 5-12　更新之后的 Router1 的路由表

Router1		
目的网络	距离	下一跳地址
211.1.1.0	1	—
211.1.1.64	1	—
211.1.1.128	2	211.1.1.126

② 同一时刻，Router2 收到 Router1 和 Router3 发过来的 RIP 分组（Roouter1 的路由表）进行修改，距离加 1，下一跳地址设为 Router1 的 IP 地址。结果如表 5-13 所示。

表 5-13　Router1、Router3 修改后的 RIP 分组

Router1			Router3		
目的网络	距离	下一跳地址	目的网络	距离	下一跳地址
211.1.1.0	2	211.1.1.65	211.1.1.128	2	211.1.1.190
211.1.1.64	2	211.1.1.65	211.1.1.192	2	211.1.1.190

把这两个表中每一行和表 5-10 中的 Router2 的路由表进行比较。

Router1 修改后的 RIP 分组中：

表 5-13 中的 Router1 第一行不在表中，把这一行添加到 Router2 的路由表中。

表 5-13 中的 Router1 第二行在表中，下一跳地址不同，比较距离，1＜2，保留原来的路由项目。

Router3 修改后的 RIP 分组中：

表 5-13 中的 Router2 第一行在表中，下一跳地址不同，比较距离，1＜2，保留原来的路由项目。

表 5-13 中的 Router2 第二行不在表中，把这一行添加到 Router2 的路由表中。

这样更新之后的 Router2 的路由表如表 5-14 所示。

表 5-14 更新之后的 Router2 的路由表

Router2		
目的网络	距离	下一跳地址
211.1.1.64	1	—
211.1.1.128	1	—
211.1.1.0	2	211.1.1.65
211.1.1.192	2	211.1.1.190

经过第一次学习，Router2 的路由表已经建立完整，经过多次学习后，3 个路由器的路由表都将建立完整。

2. 开放最短路径优先协议

开放最短路径优先协议(open shortest path first，OSPF)是一种基于链路状态的内部网关协议。OSPF 用于单一自治系统(AS)内决策路由。OSPF 具有支持大型网络、占用网络资源少、路由收敛快等优点，在目前的网络配置中占有很重要的地位。

距离矢量协议发布自己的路由表，交换的路由信息量很大。链路状态协议与之不同，它是从各个路由器收集链路状态信息，构造网络拓扑结构图，使用 Dijkstra 的最短路径优先算法计算到达各个目标的最佳路由。

链路状态协议与距离矢量协议发布路由信息的方式不同，距离矢量协议是周期性地发布路由信息，而链路状态协议是在网络拓扑发生变化时才发布路由信息，而且 OSPF 采用 TCP 连接发送报文，每个报文都要求应答，因而通信更加可靠。

为了适应大型网络配置的需要，OSPF 协议引入了"区域"的概念。如果网络规模很大，则路由器要学习的路由信息很多，对网络资源的消耗很大，所以典型的链路状态协议都把网络划分成较小的区域(area)，从而限制了路由信息传播的范围。每个区域就如同一个独立的网络,区域内的路由器只保存该区域的链路状态信息,使得路由器的链路状态数据库可以保持合理的大小,路由计算的时间和报文数量都不会太大。OSPF 主干网负责在各个区域之间传播路由信息。OSPF 将自治区划分为不同的区域,如图 5-34 所示。

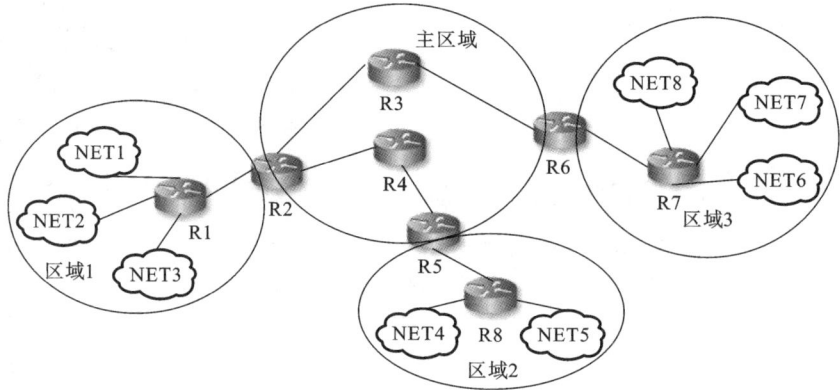

图 5-34 OSPF 将自治区划分为不同的区域

在 OSPF 中,把连接到同一个链路的路由器称为相邻路由器。在一个相对简单的网络结构中,如每个路由器仅跟一个路由器相互连接时,相邻路由器之间可以交换路由信息。但是在一个比较复杂的网络中,如在同一个链路中加入了以太网或 FDDI 等路由器时,就不需要在所有相邻路由器之间进行控制信息的交换,而是确定一个指定路由器,并以它为中心交换路由信息即可。

RIP 中包的类型只有一种。它利用路由控制信息,一边确认是否连接了网络,一边传送网络信息。但是这种方式有一个严重的缺点,即网络的个数越多,每次所要交换的路由控制信息量就越大。而且当网络已经处于比较稳定的、没有什么变化的状态时,还要定期交换相同的路由控制信息,这在一定程度上浪费了网络带宽。

1) OSPF 工作原理

OSPF 简单地说就是两个相邻的路由器通过发报文的形式成为邻居关系,邻居再相互发送链路状态信息形成邻居关系,之后各自根据最短路径算法算出路由,放在 OSPF 路由表,OSPF 路由与其他路由比较后择优地加入全局路由表。整个过程使用了 5 种报文、8 种状态机、3 个阶段和 4 张表。

(1) 5 种报文。

如表 5-15 所示,OSPF 使用 5 种类型的报文完成路由控制信息的处理。通过发送问候(HELLO)报文确认是否连接。每个路由器为了同步路由控制信息,利用数据库描述报文(database description)相互发送路由摘要信息和版本信息。如果版本比较老,则首先发出一个链路状态请求(link state request)报文请求路由控制信息,然后由链路状态更新(link state update)报文接收路由状态信息,最后再通过链路状态确认(link state acknowledgement)报文通知大家本地已经接收到路由控制信息。有了这样一个机制后，OSPF 不仅可以大大地减少网络流量，还可以达到迅速更新路由信息的目的。

表 5-15　5 种类型 OSPF 报文

类型	报　文　名	功　　能
1	问候(HELLO)	确认相邻路由器、确定指定路由器
2	数据库描述(DBD)	链路状态数据库的摘要信息
3	链路状态请求(LSR)	请求从数据库中获取链路状态信息
4	链路状态更新(LSU)	更新链路状态数据库中链路状态信息
5	链路状态确认应答(LSACK)	链路状态信息更新的确认应答

（2）8 种状态机。

OSPF 路由器在完全邻接之前，要经过如表 5-16 所示的 8 种状态，形成邻居关系的过程和相关邻居状态的变换过程如图 5-35 所示。

表 5-16　OSPF 的 8 种状态

类型	状态名称	内　　容
1	Down	未启动协议，一旦启动，进行 hello 的收发，进入下一状态
2	Init(初始化)	若收到了携带自己的 RID 的 hello 包，则和对方一起进入下一状态
3	2-way(双向通信)	邻居关系建立的标志，此时进行条件匹配，若成功，RID 大的优先进入下一状态，否则保持邻居关系，hello 包保活 10 s 即可
4	Exstart(预启动)	使用类似 hello 的 DBD 进行主从关系选举，route-id 数值大为主，优先进入下一状态
5	Exchange(准交换)	本地路由器向邻居发送数据库描述包，并且会发送 LSR 用于请求新的 LSA
6	Loading(加载)	本地路由器向邻居发送 LSR 用于请求新的 LSA 信息
7	Full(完全邻接)	邻接(毗邻)关系建立的标志
8	Attempt(尝试)	只适于 NBMA 网络，网络中邻居是手动指定的，必须使用单播邻居建立，若邻居指定发生错误，则进入该状态

（3）3 个阶段。

邻居发现阶段，通过发送 HELLO 报文形成邻居关系；路由通告阶段，邻居间发送链路状态信息形成邻居关系；路由计算阶段，根据最短路径算法算出路由表。

（4）4 张表。

邻居表，主要记录形成邻居关系路由器；链路状态数据库，记录链路状态信息；OSPF 路由表，通过链路状态数据库得出；全局路由表，OSPF 路由与其他路由比较得出。

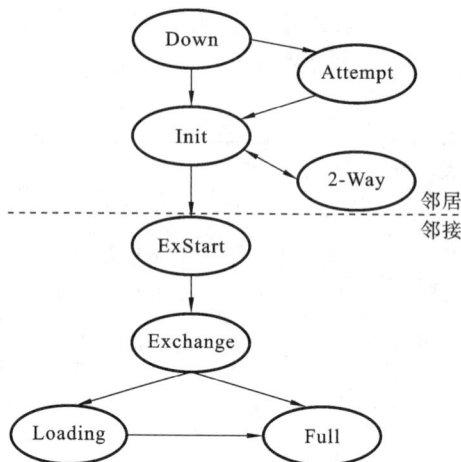

图 5-35 OSPF 状态机

2）OSPF 的工作过程

（1）了解自身链路，每台路由器了解与其直连的网络。

（2）寻找邻居，不同于 RIP，OSPF 运行后，不立即向网络广播路由信息，而是寻找网络中与自己交换链路状态信息的周边路由器。可以交互链路状态信息的路由器互为邻居。

（3）创建链路状态数据包，路由器一旦建立了邻居关系，就可以创建链路状态数据包。

（4）链路状态信息传递，路由器将描述链路状态的 LSA 泛洪到邻居，最终形成包含网络完整链路状态信息的链路状态数据库。

（5）计算路由，路由区域内的每台路由器都可以使用 SPF 算法来独立计算路由。

3）OSPF 协议主要优点

（1）OSPF 适用于大规模的网络：OSPF 对路由的跳数没有限制，支持更大规模的网络。

（2）组播触发式更新：OSPF 在收敛完成后，以触发方式发送拓扑变化的信息给其他路由器，这样就可以减少网络宽带的利用率。

（3）收敛速度快：如果网络结构出现改变，OSPF 会以最快的速度发出新的报文，从而使新的拓扑情况很快扩散到整个网络。

（4）以开销作为度量值：OSPF 以开销值作为标准，而链路开销和链路带宽正好形成了反比的关系，带宽越高，开销就会越小。

（5）OSPF 协议的设计是为了避免路由环路：在使用最短路径的算法下，收到路由中的链路状态，然后生成路径。

（6）应用广泛：OSPF 广泛应用在互联网上，是使用最广泛的 IGP 之一。

5.5.3 外部网关协议

互联网被划分成多个自治系统（AS），内部网关协议（IGP）在一个域中选择路由。外部网关协议(exterior gateway protocol,EGP)为两个相邻的位于各自域边界上的路由器提供一种交换消息和路由信息的方法。

　　最新的外部网关协议称为边界网关协议(border gateway protocol,BGP)。现在BGP4 广泛用于不同自治系统(AS)之间交换路由信息,如图 5-36 所示。当两个 AS 需要交换路由信息时,每个 AS 都必须指定一个运行 BGP 的节点,来代表 AS 与其他 AS 交换路由信息。这个节点通常是一个路由器,该路由器执行 BGP,两个 AS 中利用 BGP 交换信息的路由器也称为 BGP 发言人。

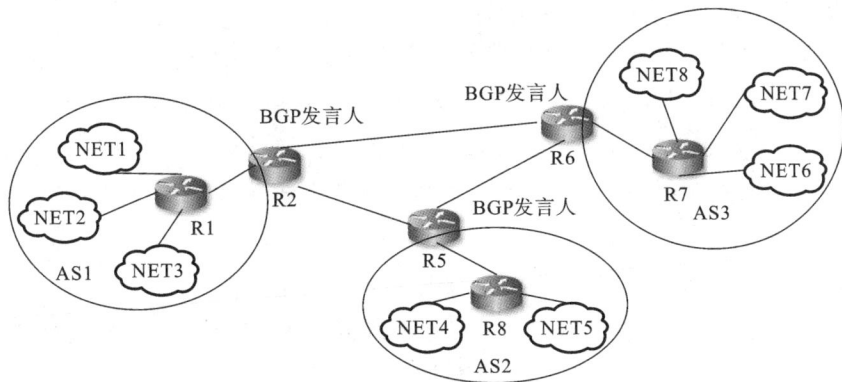

图 5-36　使用 BGP 连接不同 AS

　　BGP4 是一种基于距离矢量算法的自治系统间的路径向量路由协议。BGP 的主要功能是与其他自治系统的 BGP 交换网络可达信息,各自治系统内可以运行不同的内部网关协议。BGP 更新信息包括网络号、自治系统路径的成对信息。自治系统路径包括到达某个特定网路须经过的路径集,这些更新信息通过 TCP(179 端口)连接传送,以保证传输的可靠性。

　　BGP4 是一种动态发现协议,支持 CIDR。使用增量的、触发性的路由更新,即不是定期发送整个路由表,而只是在发生变化时,传输改变的内容。这样节省了更新路由所用的带宽。BGP 的 4 种报文如表 5-17 所示。BGP 中用上述 4 种报文可实现以下 3 个功能。

表 5-17　BGP 的 4 种报文

报 文 类 型	功 能 描 述
打开(Open)	建立邻居关系
更新(Update)	发送新的路由信息
保持活动状态(Keepalive)	对 Open 的应答/周期性地确认邻居关系
通告(Notification)	报告检测到的错误

　　(1) 建立邻居关系。位于不同自治系统中的两个路由器首先建立邻居关系,然后才能周期性地交换路由信息。建立邻居关系的过程是由一个路由器发送 Open 报文,另一

个路由器若愿意接受请求则以 Keepalive 报文应答。至于路由器如何知道对方的 IP 地址，协议中没有规定，可以由管理人员在配置时提供。Open 报文中包含发送者的 IP 地址及其所属自治系统的标识，另外还有一个保持时间参数，即定期交换信息的时间间隔。接收者把 Open 报文中的保持时间与自己的保持时间计数器对比，选取其中的较小者，这就是一次交换信息保持有效的最长时间。建立邻居关系的一对路由器以选定的周期交换路由信息。

（2）邻居可到达性。这个过程维护邻居关系的有效性，通过周期性地互相发送 Keepalive 报文，双方都知道对方的活动状态。

（3）网络可到达性。每个路由器维护一个数据库，记录着它可到达的所有子网。当情况有变化时，用更新报文把最新信息及时地传送给其他 BGP 路由器。Update 报文包含两类信息：一类是要作废的路由器列表；另一类是新增路由的属性信息。前者列出了已经关机和失效的路由器，接收者把有关内容从本地数据库中删除。后者包含以下 3 种信息。

① 网络层可到达信息。发送路由器可到达子网地址列表。

② 经过的自治系统。数据包经过的自治系统的标识，主要用于通信策略控制。收到这个信息的路由器可以自主决定是否选择某条通路。

③ 下一跳。指下一步转发的边界路由器的 IP 地址，可以是发送者的地址，也可以是另外的边界路由器的地址。

5.6　Internet 应用

5.6.1　WWW 服务

WWW 即万维网（World Wide Web），可以缩写为 W3 或 Web，又称环球信息网、环球网等。它并不是独立于 Internet 的另一个网，而是基于超文本技术将许多信息资源链接成一个信息网，由节点和超链接组成，方便用户在 Internet 上搜索和浏览信息的超媒体信息查询服务系统，是互联网所提供的服务之一。

WWW 中节点的连接关系是相互交叉的，一个节点可以以各种方式与另外的节点相连接。超媒体的优点是用户可以通过传递一个超链接，得到与当前节点相关的其他节点的信息。

超媒体是一个与超文本类似的概念，在超媒体中，超链接的两端可以是文本节点，也可以是图像、语音等各种媒体的数据。WWW 通过超文本传输协议 HTTP 向用户提供多媒体信息,所提供信息的基本单位是网页,每一个网页可以包含文字、图像、动画、声音等多种信息。

WWW 是通过 WWW 服务器(也叫 Web 站点)来提供服务的。网页可存放在全球任何地方的 WWW 服务器上(例如,学信网的 WWW 服务器 http://www.chsi.com.cn/),只要接入 Internet 就可以使用浏览器访问全球任何地方的 WWW 服务器提供的信息。

1. WWW 地址

WWW 地址,即 WWW 服务器的 IP 地址或域名,通常以协议名开头,后面是负责管理该站点的组织名称,后缀则标识该组织的类型和地址所在的国家或地区。例如,地址:http://www.chsi.com.cn 提供的信息如表 5-18 所示。如果该地址指向特定的网页,那么其中也应包括附加信息,如端口号、网页所在的目录以及网页文件名称等。使用 HT-ML 编写的网页通常以 .htm 或 .html 扩展名结尾。例如,WWW 地址 https://account.chsi.com.cn:80/passport/check.htm,该 WWW 地址也称为网页资源的 URL。浏览网页时,其地址显示在浏览器的地址栏中。

表 5-18 Web 地址示例

项　　目	含　　义
http://	这台 Web 服务器使用 HTTP 协议
WWW	该站点在 Web 上
chsi	该 Web 服务器属于学信网
com	属于商业组织
cn	属于中国大陆地区

2. WWW 的工作方式

WWW 系统的结构采用了客户机/服务器(Client/Server,C/S)模式,它的工作原理如图 5-37 所示。信息资源以主页(也称首页,html 文件)的形式存储在 WWW 服务器中,用户通过 WWW 客户端程序(浏览器)向 WWW 服务器发出请求;WWW 根据客户端请求内容,将保存在 WWW 服务器中的某个页面发送给客户端;浏览器在接收到该页面后对其进行解释,最终将图、文、声并茂的画面呈现给用户。用户可以通过网页中的超链接,方便地访问位于 WWW 服务器中的其他页面,或是其他 WWW 服务器中的网络信息资源。

3. WWW 浏览器

WWW 浏览器(Web Browser),也称 Web 浏览器,是安装在客户端上的 WWW 浏览工具,其主要作用是在其窗口中显示和播放从 WWW 服务器上取得的那个主页文件中嵌

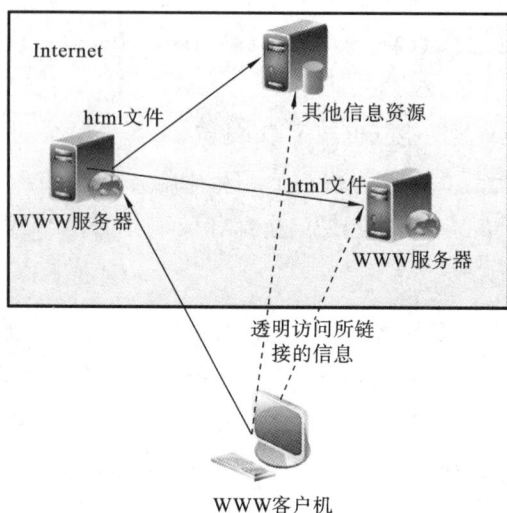

图 5-37 WWW 服务的工作原理

入的文本、图形、动画、图像、音频和视频信息等,访问主页中各超文本和超媒体链接对应的信息;此外它也可以让用户访问和获得 Internet 上的其他各种信息服务。对于主页中所涉及的各种不同格式的文件,Web 浏览器一般通过预置的即插软件(plug-ins)或外部辅助应用程序(external helper applications)直接或间接地对内容进行显示与播放,供用户观赏。目前,主流的浏览器有 Microsoft Internet Explorer(IE 浏览器)和 Netscape Navigator 等。

5.6.2 电子邮件

1. 电子邮件的基本概念

利用计算机网络来发送或接收的邮件称为"电子邮件",英文名为 E-mail。对于大多数用户而言,E-mail 是 Internet 上使用频率最高的服务之一。

提供独立处理电子邮件业务的服务器(一台计算机或一套计算机系统)称为邮件服务器。它将用户发送的信件承接下来再转送到指定的目的地,或将电子邮件存储到相关的网络邮件服务器的邮箱中,等待邮箱的拥有者读取。

发送与接收邮件的计算机可以属于局域网、广域网或 Internet。如某一局域网或广域网没有接入 Internet,那么该网络的电子邮件只能在其网内的各工作站(即个人计算机或终端机)间传送而不能越出网外。这种只限制在局部或全局(广域)网内传递的邮件为"办公室电子邮件"(Office E-mail),而对那些能够在世界范围内(即 Internet)传递的电子邮件则称为"Internet 电子邮件"(Internet E-mail)。

2. 电子邮件地址

互联网上的电子邮件服务采用客户/服务器(Client/Server)方式。电子邮件服务器其实就是一个电子邮局,它全天候全时段开机运行着电子邮件服务程序,并为每一个用户开设一个电子邮箱,用以存放任何时候从世界各地寄给该用户的邮件,等待用户任何时刻上网索取。用户在自己的计算机上运行电子邮件客户程序,如 Outlook Express、Messenger、FoxMail 等,用以发送、接收、阅读邮件等。

要发送电子邮件,必须知道收件人的 E-mail 地址(电子邮件地址),即收件人的电子邮箱所在。这个地址是由 ISP 向用户提供的,或者是 Internet 上的某些网站向用户免费提供的,但它不同于家门口那种木质邮箱,而是一个"虚拟邮箱",即 ISP 的邮件服务器硬盘上的一个存储空间。在日益发展的信息社会,E-mail 地址的作用如同电话号码一样重要,并逐渐成为一个人的电子身份。报刊、杂志、电视台等单位也常提供 E-mail 地址以方便用户联系。

E-mail 地址格式均为:用户名@电子邮件服务器域名,如 luyinglan@126.com。其中用户名由英文字符组成,不分大小写,用于鉴别用户身份,又叫注册名,但不一定是用户的真实姓名。不过,在确定自己的用户名时,不妨起一个自己好记但不易被别人猜出,又不易与他人重名的名字。@的含义和读音与英文介词"at"相同,表示"位于"之意。

电子邮件服务器域名是用户的电子邮件邮箱所在电子邮件服务器的域名。在邮件地址中不分大小写。整个 E-mail 地址的含义是"在某电子邮件服务器上的某用户"。

3. 电子邮件传输协议

1) 简单邮件传输协议

TCP/IP 协议栈提供两个电子邮件传输协议:邮件传输协议(mail transfer protocol,MTP)和简单邮件传输协议(simple mail transfer protocol,SMTP)。顾名思义,后者比前者简单。

SMTP 是 Internet 上传输电子邮件的标准协议,用于提交和传送电子邮件,规定了主机之间传输电子邮件的标准交换格式和邮件在链路上的传输机制。SMTP 通常用于把电子邮件从客户机传输到服务器上,以及从某一服务器传输到另一个服务器上。Internet 中,大部分电子邮件由 SMTP 发送。SMTP 的最大特点就是简单,它只定义了邮件如何在邮件传输系统中通过发送方和接收方之间的 TCP 连接传输,而不规定其他任何操作,包括用户界面与用户之间的交互以及邮件的存储、邮件系统多长时间发送一次邮件等。

与文件传输协议一样,在正式发送邮件之前,SMTP 也要求客户与服务器之间建立一个连接,然后发送方可以发送若干报文。发送完以后,终端连接,推出 SMTP 进程,也可以请求服务器交换收、发双方的位置,进行反方向的传输。接收方服务器必须确认每一个报文,接收方也可以终止整个连接或当前报文传输。

2）邮局协议

每个具有邮箱功能的计算机系统必须运行邮件服务器程序来接收电子邮件,并将邮件放入正确的邮箱。TCP/IP 专门设计了一个对电子邮件信箱进行远程读取的协议,它允许用户的邮箱位于某个运行邮件服务器程序的计算机,即邮件服务器上,并允许用户从他的个人计算机对邮箱的内容进行读取。这个协议就是邮局协议 POP3（post office protocol 第 3 版）。

POP3 是 Internet 上传输电子邮件的第一个标准协议,也是一个离线协议。它提供信息存储功能,负责为用户保存收到的电子邮件,并且从邮件服务器上下载、读取邮件。

POP3 为客户机提供了身份认证信息（用户名和口令）,可以规范对电子邮件的访问。这样一来,邮件服务器上要运行两个服务器程序:一个是 SMTP 服务器程序,它使用 SMTP 协议与输客户端程序进行通信;另一个是 POP 服务器程序,它与用户计算机中的 POP 客户程序通过 POP 协议进行通信,如图 5-38 所示。

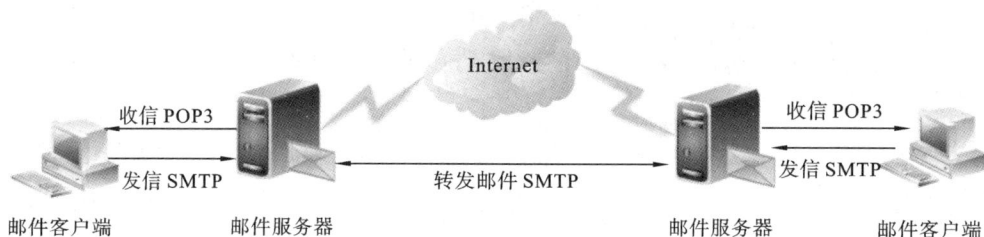

图 5-38　电子邮件传输模型

3）网际消息访问协议

当电子邮件客户机软件通过慢速的电话线访问 Internet 和 E-mail,网际消息访问协议（Internet message access protocol,IMAP4）比 POP3 更为适用。使用 IMAP 时,用户可以有选择地下载电子邮件,甚至只是下载邮件的部分内容。因此,IMAP 比 POP 更加复杂。

4. 电子邮件传送过程

电子邮件系统是一种典型的客户机/服务器模式的系统,Internet 中有很多电子邮件服务器,它们是整个电子邮件系统的核心,利用 SMTP 和 POP3 实现邮件的传送和接收。

电子邮件服务器的工作过程如下:

（1）发送方将待发的电子邮件通过 SMTP 发往目的地的邮件服务器。

（2）邮件服务器接收别人发给本机用户的电子邮件,并保存在用户的邮箱里。

（3）用户打开邮箱时,邮件服务器将用户邮箱的内容通过协议传至用户个人计算机中,完成用户收取电子邮件的过程。

收发电子邮件的流程如图 5-39 所示。

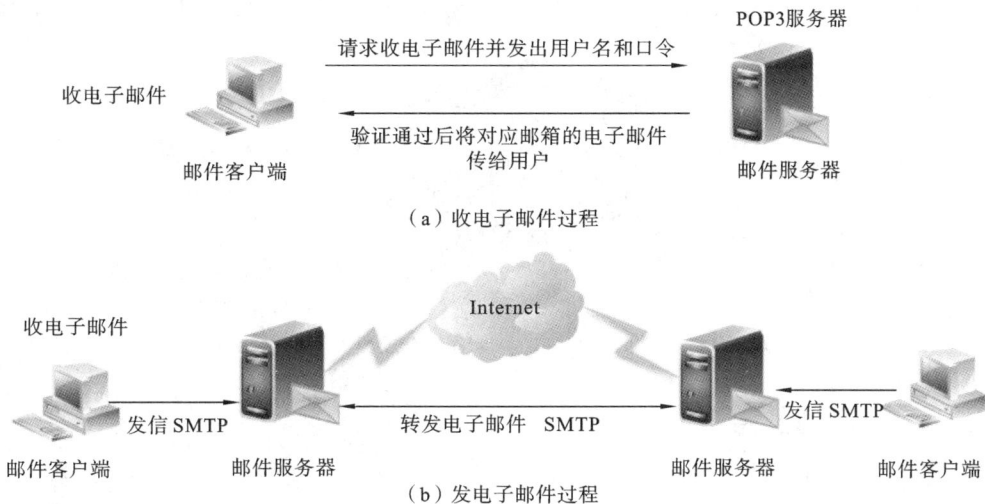

POP3服务器

收电子邮件

请求收电子邮件并发出用户名和口令

验证通过后将对应邮箱的电子邮件
传给用户

邮件客户端   邮件服务器

（a）收电子邮件过程

Internet

收电子邮件

发信 SMTP   转发电子邮件　SMTP   发信 SMTP

邮件客户端   邮件服务器   邮件服务器   邮件客户端

（b）发电子邮件过程

图 5-39　收发电子邮件的过程

5.6.3　文件传输服务

1. FTP 概述

文件传送协议（file transfer protocol，FTP）是 Internet 文件传送的基础。通过该协议，用户可以将文件从一台计算机上传输到另一台计算机上，并保证其传输的可靠性。FTP 是应用层协议，采用了 Telnet 协议和其他低层协议的一些功能。

FTP 方式在传输过程中不对文件进行复杂的转换，具有很高的效率。不过，这也造成了 FTP 的一个缺点：用户在文件下载到本地之前无法了解文件的内容。无论如何，Internet 和 FTP 的完美结合，让每个联网的计算机都拥有了一个容量巨大的备份文件库。

FTP 是一种实时联机服务，在进行工作时用户首先要登录到对方的计算机上，登录后仅可以进行与文件搜索和文件传输有关的操作。使用 FTP 几乎可以传输包含文本文件、二进制可执行程序、图像文件、声音文件、数据压缩文件等在内的任何类型的文件。

与大多数 Internet 服务一样，FTP 也是一个客户机/服务器系统。用户通过一个支持 FTP 协议的客户机程序，连接到在远程主机上的 FTP 服务器程序。用户通过客户机程序向服务器程序发出命令，服务器程序执行用户所发出的命令，并将执行的结果返回到客户机。例如，用户发出一条命令，要求服务器向用户传送某一个文件的一份副本，服务器会响应这条命令，将指定文件送至用户的机器上。客户机程序代表用户接收到这个文件，将其存放在用户目录中。

在 FTP 的使用当中，用户经常遇到两个概念：下载（download）和上传（upload）。下

211

载文件就是从远程主机复制文件至本地计算机上；上传就是将文件从本地计算机中复制至远程主机上。用户可通过客户机程序向（从）远程主机上传（下载）文件，如图 5-40 所示

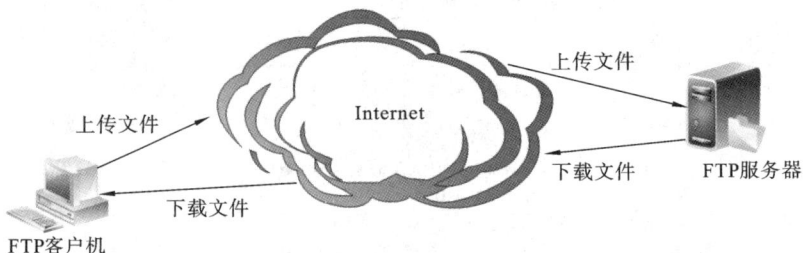

图 5-40　文件传输工作过程

2. FTP 的工作过程

FTP 服务使用的是 TCP 端口 21 和 20。一个 FTP 服务器进程可以同时为多个客户端进程提供服务，FTP 服务器的 TCP 端口 21 始终处于监听状态。

客户端发起通信，请求与服务器的端口 21 建立 TCP 连接，客户端的端口号为 1024～65535 中的一个随机数。该连接用于发送和接收 FTP 控制信息，所以又称为控制连接。

当需要传输数据时，客户端再打开连接服务器端口 20 的第二个端口，建立另一个连接。服务器的端口 20 只用于发送和接收数据，只在传输数据时打开，在传输结束时关闭。该连接称为数据连接。每一次开始传输数据时，客户端都会建立一个新数据连接，在该数据传输结束时立即释放。

3. FTP 的访问

FTP 支持授权访问，即允许用户使用合法的账号访问 FTP 服务器。这时，使用 FTP 时必须首先登录，在远程主机上获得相应的权限以后，方可上传或下载文件。也就是说，要想向哪一台计算机传送文件，就必须具有那台计算机相应的授权。换言之，除非有用户 ID 和口令，否则便无法传送文件。

这种方式有利于提高服务器的安全性，但违背了 Internet 的开放性，Internet 上的 FTP 主机成千上万，不可能要求每个用户在每一台主机上都拥有账号。所以，许多时候允许匿名 FTP 访问。

匿名 FTP 是这样一种机制，用户可通过它连接到远程主机上，并从其下载文件，而无需成为其注册用户。系统管理员建立了一个特殊的用户 ID 和口令（用户 ID 为 anonymous，口令为 guest），通过 FTP 程序连接匿名 FTP 服务器的方式与连接普通 FTP 服务器的方式差不多，只是在要求提供用户标识 ID 时必须输入 anonymous，该用户 ID 的口令一般为 guest。

值得注意的是，匿名 FTP 不适用于所有 Internet 服务器，它只适用于那些提供了匿名服务的服务器。

当远程主机提供匿名 FTP 服务时,会指定某些目录向公众开放,允许匿名存取,系统中的其余目录则处于隐匿状态。作为一种安全措施,大多数匿名 FTP 服务器都允许用户从其下载文件,而不允许用户向其上传文件。即使有些匿名 FTP 服务器确实允许用户上传文件,用户也只能将文件上传至某一指定上传目录中。随后,系统管理员会去检查这些文件,他将这些文件移至另一个公共下载目录中,供其他用户下载,利用这种方式,远程服务器的用户得到了保护,避免了用户上传有问题的文件,如带病毒的文件。

Internet 中的用户可通过 FTP 在任何两台 Internet 主机之间复制文件。但是,实际上大多数用户只有一个 Internet 账户,FTP 主要用于下载公共文件,如共享软件、各公司技术支持文件等。

Internet 上有成千上万台匿名 FTP 服务器,这些服务器上存放着数不清的文件,供用户免费下载。实际上,几乎所有类型的信息都可以在 Internet 上找到。

5.6.4　DHCP

动态主机配置协议(dynamic host configuration protocol,DHCP)是一个局域网的应用层协议,主要作用是给网内主机自动分配 IP 地址,用户或网络管理员可以对网内所有计算机进行集中管理。

在小型网络中,IP 地址的分配一般采用静态的方式,但在大型网络中,为数量巨大的计算机分配静态 IP 地址,将极大地增加网络管理员的负担,而且容易导致 IP 地址分配错误。因此,采用动态主机配置协议 DHCP 动态分配 IP 地址是目前大中型网络广泛使用的 IP 地址分配方法。

1. DHCP 的功能

DHCP 服务采用客户端/服务器模型,当 DHCP 服务器接收到来自网络主机申请地址的信息时,才会向网络主机发送相关的地址配置信息,以实现网络主机地址信息的动态配置。DHCP 具有以下功能:

(1) 保证服务范围内的主机的 IP 地址都唯一。

(2) DHCP 允许给用户分配永久固定的 IP 地址。

(3) DHCP 允许用户用其他方法获得 IP 地址(如静态配置 IP 地址的主机)。

(4) DHCP 可以为用户动态分配 IP 地址、子网掩码、默认网关、DNS 服务器地址等网络配置参数。

(5) DHCP 给用户指定一个有限租期的 IP 地址,到期后可指定给其他主机。

2. DHCP 服务的工作过程

(1) DHCP 服务器被动打开 UDP 端口 67,等待 DHCP 客户端发来的请求报文。

(2) 客户端向服务器的 UDP 端口 67 以广播的形式发送 DHCP 发现报文 DHCPDis-

cover,该报文的源地址为 0.0.0.0,目的地址为 255.255.255.255,试图找到网络中的服务器,以便从服务器获得一个 IP 地址。

(3) 收到 DHCP 发现报文的服务器通过 UDP 端口 68 发出 DHCP 提供报文 DH-CPOffer,客户端可能收到多个 DHCP 提供报文 DHCPOffer。

(4) 客户端从多个服务器中选择一个,通常采用最先到达的 DHCPOffer 报文中服务器所提供的 IP 地址。

(5) 被选择的 DHCP 服务器发送确认报文 DHCPACK。DHCP 客户端就可以使用这个 IP 地址,租期默认为 8 天。

(6) 租用期过了一半(即 50%)时,DHCP 客户端向服务器单播一个 DHCPRequest 要求更新租用期。若 DHCP 不响应此报文,则在租期的 87.5% 时,DHCP 客户端必须重新发送 DHCPRequest 报文。

(7) DHCP 客户可以随时提前终止服务器所提供的租用期,这时只需要向 DHCP 服务器发送释放报文 DHCPRelease。

5.6.5 SNMP

1. 网络管理的基本概念

随着计算机网络的发展,新技术、新业务、新概念层出不穷,网络的规模不断扩大、网络的复杂性不断增长,这导致网络的管理费用不断上升,管理问题日益突出,网络管理的研究和应用日趋重要。网络管理理论已成为当今国际上网络领域研究的热点。网络管理的目标是保证网络的有效性、可靠性、开放性、综合性、安全性和经济性,为网络经营者和网络用户提供一个能集成多个厂商生产的网络设备,并保证这些设备稳定运转,以提供安全可靠、经济实惠并能够保证服务质量的综合业务计算机网络。

一般来说,网络管理是通过某种方式对网络状态进行调整,使网络能正常、高效地运行。其目的很明确,就是使网络中的各种资源得到更加高效的利用;当网络出现故障时,能及时作出报告和处理,并协调、保持网络的高效运行等。

2. 网络管理的功能

国际标准化组织把网络管理目标分解为以下 5 部分功能。

1) 配置管理(configuration managenment)

配置管理允许网络管理者对网络进行初始化和配置,使其能够提供网络服务。它通过定义、收集、管理和使用配置信息,控制网络资源配置以减轻拥塞、分离故障,使系统达到现有网络环境下所能提供的最好服务质量。配置管理的典型功能有:

(1) 定义配置信息(描述网络资源的特征与属性);

(2) 设置和修改设备属性(被管对象的管理信息值);

（3）定义和修改网络元素间的互联关系；

（4）启动和终止网络运行；

（5）发行软件（给系统装载软件、更新软件版本和配置软件参数等）；

（6）检查参数值和互联关系；

（7）报告配置现状。

2）性能管理（performance management）

性能管理是优化服务质量的需要。它监视被管网络，对系统资源的运行状况、通信效率及其所提供的服务性能等系统性能进行分析。根据分析结果确定是否触发某个诊断测试过程或重新配置网络以维持网络的性能。性能管理的典型功能有：

（1）收集统计信息；

（2）维护并检查系统状态日志；

（3）确定自然和人工状况下系统的性能；

（4）改变系统操作模式以进行系统性能管理的操作。

3）故障管理（fault management）

故障管理为操作决策提供依据，以确保网络的可用性。其主要功能是分析网络故障的原因，当网络中某个部件失效时，迅速查找到故障并及时排除。故障管理包括故障检测、故障隔离、故障纠正和故障记录等 4 个方面。故障管理的典型功能有：

（1）维护并检查错误日志；

（2）接收错误检测报告并作出响应；

（3）跟踪、辨认错误；

（4）执行诊断测试；

（5）纠正错误。

4）安全管理（security management）

安全管理用于降低运行网络及其网络管理系统的风险。安全管理通过对授权机制、访问控制、加密和加密关键字的管理，防止侵入者非法获取网络数据、非法访问网络资源和在网络上发送错误信息。安全管理的典型功能有：

（1）维护和检查防火墙和安全日志；

（2）创建、删除、控制安全服务和机制；

（3）提供各种级别的警告或报警。

5）计费管理（accounting management）

计费管理为成本计算和收费提供依据。它记录网络资源的使用情况、提出计费报告，为网络资源的使用核算成本和提供收费依据，这对商业网络尤为重要。它可以通过控制网络服务和网络应用等资源来控制用户的最大使用费用、提高网络资源的利用率。

3. 网络管理系统

为了实现一个更优质的网络环境，网络管理系统（network manage system，NMS）能够通过监测计算机系统和其他网络设备的状态,获得用于分析网络性能的各种原始数据。这就要求每个被管理的设备中都有一个在设备非正常运转时能判别错误类型并发出相应的告警信息的软件模块在运行。这些软件模块通常称为代理(agent)。代理运行于被管理的设备中,收集该设备的有关信息并存入相关管理的数据库——管理信息库(MIB)中,并通过某种网络管理协议向设备中的网络管理实体——网络管理者(network manager)提供相应数据。NMS 接收代理所提供的监测数据,并运用各种模型对这些数据进行运算,分析判断网络的状态。根据状态分析的结果和预定的管理策略对各种管理实体做出具体的响应,执行一个或一组管理操作,包括操作员通知、事件日志登录、系统关闭以及自动进行系统修复等。

通过上面的讨论,不难看出网络管理系统应由 4 部分组成:多个位于被管理设备中的代理、至少一个网络管理员、一种通用的网络管理协议以及一个或多个管理信息库。网络管理员通过和被管设备代理交换管理信息来获取网络状态。在工作过程中,网络管理员定期轮询各网络设备代理,被管代理监听和响应来自网络管理员的网络管理查询和命令。信息交换通过网络管理协议来实现。这些网络状态信息分别驻留在管理工作站和被管理对象的 MIB 中。这种网络模式通常称为管理者-代理(Manager-Agent)模式。

4. 简单网络管理协议

1) 网络管理协议概述

网络管理系统中最重要的部分就是网络管理协议,它定义了网络管理器与被管代理间的通信方法。下面简单介绍几种网络管理协议。

在网络管理协议产生以前的相当长的时间里,管理者要学习各种从不同网络设备获取数据的方法。因为各个生产厂家使用专用的方法收集数据,相同功能的设备,不同的生产厂商提供的数据采集方法可能大相径庭。在这种情况下,制定一个行业标准越来越紧迫。

首先开始研究网络管理通信标准问题的是国际上最著名的国际标准化组织 ISO,他们对网络管理的标准化工作始于 1979 年,主要针对 OSI 参考模型的传输环境而设计的。

ISO 的成果是 CMIS(公共管理信息服务)和 CMIP(公共管理信息协议)。CMIS 支持管理进程和管理代理之间的通信要求,CMIP 则是提供管理信息传输服务的应用层协议,CMIS 和 CMIP 规定了 OSI 参考模型的网络管理标准。基于 OSI 参考模型的产品有 AT&T 的 Accumaster 和 DEC 公司的 EMA 等,HP 的 OpenView 最初也是按 OSI 标准设计的。

后来,Internet 工程任务组(IETF)为了管理以几何级数增长的 Internet,决定采用基于 OSI 的 CMIP 协议作为 Internet 的管理协议,并对它作了修改,修改后的协议称为 CMOT(common management over TCP/IP)。但由于 CMOT 迟迟未能出台,IETF 决定把已有的 SGMP(简单网关监控协议)进一步修改后,作为临时的解决方案。这个在

SGMP 基础上开发的解决方案就是著名的简单网络管理协议 SNMP,也称 SNMPv1。

SNMPv1 最大的特点是简单、易实现且成本低。此外,它还有以下特点:

(1) 可伸缩性,SNMP 可管理绝大部分符合 TCP/IP 体系结构的设备。

(2) 可扩展性,通过定义新的被管理对象,可以非常方便地扩展管理能力。

(3) 健壮性,即使在被管理设备发生严重错误时,也不会影响管理者的正常工作。

近年来,SNMP 发展很快,已经超越传统的 TCP/IP 环境,受到更为广泛的支持,成为网络管理方面事实上的国际标准。支持 SNMP 的产品中最流行的是 IBM 公司的 NetView、Cabletron 公司的 Spectrum 和 HP 公司的 OpenView。除此之外,许多其他生产网络通信设备的厂家,如 Cisco、Crosscomm、Proteon、Hughes 等也都提供了基于 SNMP 的实现方法。相对于 OSI 标准,SNMP 简单而实用。

如同 TCP/IP 协议栈的其他协议一样,开始的 SNMP 没有考虑安全问题,为此许多用户和厂商提出了修改 SNMPv1,增加安全模块的要求。于是,IETF 在 1992 年开始了 SNMPv2 的开发工作。宣布计划中的第二版将在提高安全性和更有效地传递管理信息方面加以改进,具体包括提供验证、加密和时间同步机制以及 GETBULK 操作提供一次取回大量数据的能力等。

最近几年,IETF 为 SNMP 的第二版做了大量的工作,其中大多数是为了寻找加强 SNMP 安全性的方法。然而不幸的是,涉及的方面依然无法取得一致,从而只形成了现在的 SNMPv2 草案标准。1997 年 4 月,IETF 成立了 SNMPv3 工作组。SNMPv3 的重点是安全、可管理的体系结构和远程配置。目前 SNMPv3 已经是 IETF 提议的标准,并得到了供应商们的强有力支持。

2) SNMPv1

简单网络管理协议(SNMP)已经成为事实上的标准网络管理协议。由于 SNMP 首先是 IETF 的研究小组为了解决在 Internet 上的路由器管理问题提出的,因此许多人认为 SNMP 在 IP 上运行的原因是 Internet 运行的是 TCP/IP 协议,但事实上,SNMP 是被设计成与协议无关的,所以它可以在 IP、IPX、AppleTalk、OSI 以及其他传输协议上使用。SNMP 采用 UDP 提供的数据报服务传递信息,这时由于 UDP 实现网络管理的效率较高。

SNMP 的体系结构分为 SNMP 管理者(SNMP manager)、SNMP 代理者(SNMP agent)和网络管理系统(network manage system,NMS),每一个支持 SNMP 的网络设备中都包含一个代理,此代理随时记录网络设备的各种情况,网络管理程序再通过 SNMP 通信协议查询或修改代理所记录的信息。SNMP 的网络管理组织结构如图 5-41 所示。

如果网络设备使用的不是 SNMP 而是另一种网络管理协议,那么 SNMP 就无法控制该设备,这时可以使用委托代理(proxy agent)。委托代理能提供协议转换的功能对被管对象进行管理。

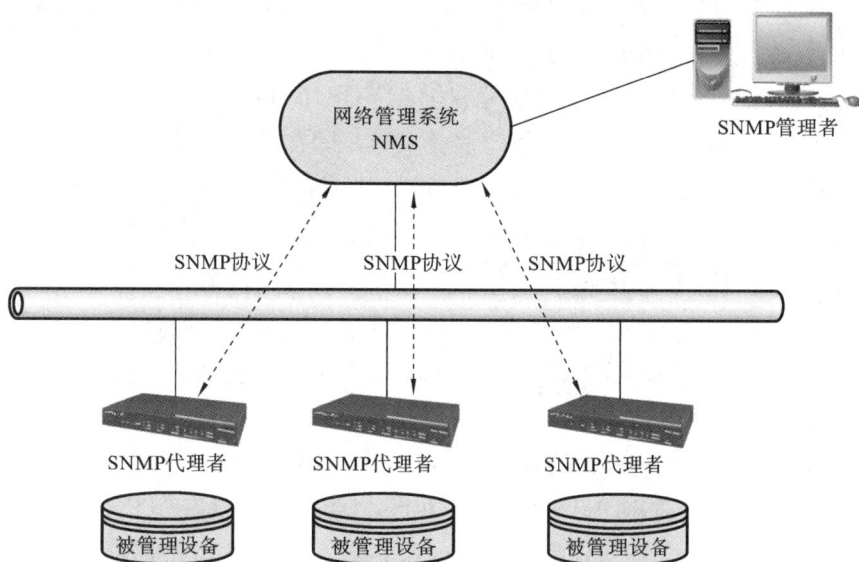

图 5-41 SNMP 体系结构

SNMP 的网络管理由三个部分组成,即 SNMP 本身、管理信息结构 SMI 和管理信息库 MIB。三部分的功能如下:

(1) SNMP。

SNMP 定义了管理站与代理之间所交换报文的格式,SNMP 的操作通常只有两种基本的管理功能:"读"操作,用 Get 报文来检测各被管对象的状况;"写"操作,用 Set 报文来改变各被管对象的状况。当代理收到一个 Get 请求时,如果有一个值不能提供,则返回该实例的下一个值。在 SNMP 中,管理进程使用报文 get-request、getnext-request 查询代理中一个或多个变量的值;管理进程使用报文 set-request 设置(修改)代理中一个或多个值;代理使用报文 get-request 响应相关的查询或设置操作。这 4 种报文的缺省目标端口是 UDP162。

SNMP 提供了一种从网络上的设备中收集网络管理信息的方法。从被管理设备中收集数据有两种方法:一种是轮询(polling-only)方法;另一种是基于中断(interrupt-based)的方法。

SNMP 使用嵌入网络设备中的代理软件来收集网络的通信信息和有关网络设备的统计数据。代理软件不断地收集统计数据,并把这些数据记录到一个管理信息库(MIB)中。网管员通过向代理的 MIB 发出查询信号可以得到这些信息,这个过程就叫轮询(polling)。为了能全面地查看一天的通信流量和变化率,管理人员必须不断地轮询 SNMP 代理,每分钟就轮询一次。这样,网管员可以使用 SNMP 来评价网络的运行状况,并揭示出通信的趋势,如哪一个网段接近通信负载的最大能力或正使通信出错等。先进的 SNMP 网管站甚至可以通过编程来自动关闭端口或采取其他矫正措施来处理历史的网络数据。

如果只是用轮询的方法,那么网络管理工作站总是在控制之下,但这种方法的缺陷在于信息的实时性,尤其是错误的实时性。多久轮询一次、轮询时选择什么样的设备顺序都会对轮询的结果产生影响。轮询的间隔太小,会产生太多不必要的通信量;间隔太大,而且轮询时顺序不对,那么关于一些大的灾难性事件的通知又会太慢,就违背了积极主动的网络管理目的。

与之相比,当有异常事件发生时,基于中断的方法可以立即通知网络管理工作站,实时性很强。但这种方法也有缺陷。产生错误或自陷需要系统资源。如果自陷,则必须转发大量的信息,那么被管理设备可能不得不消耗更多的事件和系统资源来产生自陷,这将会影响到网络管理的主要功能。

以上两种方法的结合——面向自陷的轮询方法(trap-directed polling),可能是执行网络管理最有效的方法。一般来说,网络管理工作站轮询在被管理设备中的代理来收集数据,并且在控制台上用数字或图形的表示方法来显示这些数据。被管理设备中的代理可以在任何时候向网络管理工作站报告错误情况,而并不需要等到管理工作站为了获得这些错误情况而轮询它的时候才会报告。

(2)管理信息结构 SMI。

SMI 定义了被管对象命名、存储被管对象的数据类型和网络上传输的管理数据编码的规则。

SMI 采用的是层次型的对象命名规则,所有对象构成一颗命名树,连接树根节点到对象所在节点的路径上所有节点标识构成了该对象的对象标识符(object identifier)。由于树中的各个分支是用数值表示的,因此对象标识符就构成了一个整数序列,中间用“.”分隔。

(3)MIB 在被管对象中创建命名对象,并规定其类型。

【例 5-8】 图 5-42 所示的是被管对象的树结构,其中 private 子树是为私有企业管理信息准备的,目前这个子树只有一个子节点 enterprise(1)。某私有企业向 Internet 编码机构申请到一个代码 920,该企业为它生产的路由器赋予的代码为 3,求该路由器的对象标识符。

解 private 节点的对象标识符为 1.3.6.1.4。由于 private 子树只有一个子节点 enterprise(1),而某私有企业所申请到的企业代码为 920,当该企业为它生产的路由器赋予代码为 3,则该路由器的对象标识符是 1.3.6.1.4.1.920.3。

3)SNMPv2

SNMPv2 既支持集中式网络管理,也支持分布式网络管理。在分布式网络管理的情况下,有些系统既是管理站又是代理,作为代理系统它可以接受上级管理系统的轮询命令,提供本地存储的管理信息;作为管理站它可以要求各代理提供有关被管设备的信息。

SNMPv2 提供了 3 种访问管理信息的方法:

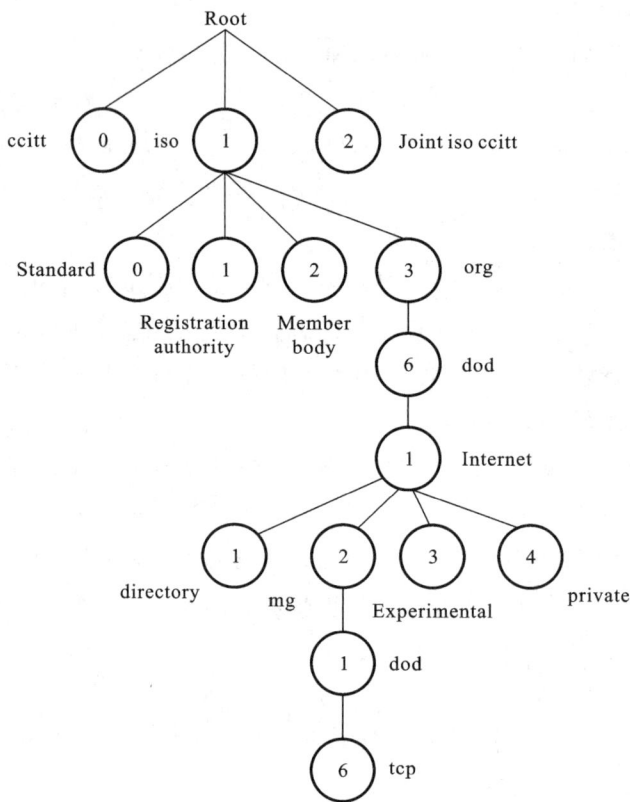

图 5-42 被管对象的树结构

（1）两个管理站之间的信息交换机制（即 InformRequest 操作），从而支持分布式管理结构。

（2）管理站使用 GetRequest（或 GetNextRequest、GetBulkRequest、SetRequest）向代理发出通信请求，管理代理以 Response 报文响应响应的请求。

（3）代理向管理站发送陷入报文（SNMPv2-Trap），以报告被管对象的状态变化。

SNMPv2 不包括代理向管理站发出通信请求的操作方法。

4）SNMPv3

SNMPv3 重新定义了网络管理框架和安全机制，新开发的网络管理系统都支持 SNMPv3。前两版中的管理站和代理在 SNMPv3 中统一称为 SNMP 实体。实体是 SNMPv3 体系结构的实现，由一个或多个 SNMP 引擎和一个或多个 SNMP 应用程序组成。

（1）SNMP 引擎。

SNMP 引擎提供以下服务：

① 发送和接收报文；

② 认证和加密报文；

③ 控制对管理对象的访问。

（2）SNMP 应用程序。

SNMPv3 的应用程序分为以下 5 种：

① 命令生成器：建立 SNMP Read/Write 请求，并且处理这些请求的响应。

② 命令响应器：接收 Read/Write 请求，对管理数据进行访问，并按照协议规定的操作产生响应报文，返回给读/写命令的发送者。

③ 通知发送器：监控系统中出现的特殊事件，产生通知类报文，并且要有一种机制，以决定向何处发送报文，使用什么 SNMP 版本和安全参数等。

④ 通知接收器：监听通知报文，并对确认通知产生响应。

⑤ 代理转发器：在 SNMP 实体之间转发报文。

（3）基于用户的安全模型（USM）。

SNMPv3 把对网络协议的安全威胁分为主要的和次要的两类。标准规定安全模块必须对以下两种主要威胁提供防护：

① 修改信息，某些未经授权的实体改变了进来的 SNMP 报文，企图实施未经授权的管理操作，或者提供虚假的管理对象。

② 假冒，即未经授权的用户冒充授权用户的标识，企图实施管理操作。

标准还规定安全模块必须对以下两种次要威胁提供防护：

① 修改报文流，由于 SNMP 协议通常是基于无连接的传输服务，重新排序报文流、延迟或重放报文的威胁都可能出现。这种威胁的危害性在于通过报文流的修改可能实施非法的管理操作。

② 消息泄露，SNMP 引擎之间交换的信息可能被窃听，对着何种威胁的防护应采取局部的策略。

有以下两种威胁时安全体系结构不必防护的，因为它们不是很重要，或者说这种防护没有多大的作用。

① 拒绝服务，因为在很多情况下拒绝服务和网络失效是无法区别的，所以可以由网络管理协议来处理，安全子系统不必采取措施。

② 通信分析，即由第三者分析管理实体之间的通信规律，从而获取需要的信息。由于通常都是由少数管理站来管理整个网络的，所以管理系统的通信模式是可预见的，因而防护通信分析就没有多大作用了。

（4）SNMPv3 将安全协议分为 3 个模块。

① 时间序列模块，提供对报文延迟和重放的维护。

② 认证模块，提供完整性和数据源的认证。SNMPv3 结合 MD5 和 SHA 算法形成认证协议，产生一个 96 位的报文摘要来防止修改信息。

③ 加密模块，防止报文内容的泄露。

5）远端网络监控

远端网络监控（remote network monitoring，RMON）用来解决一个中心节点管理各局域分布网和远程站点的问题。网络监视数据包含了一组统计数据和性能指标,它们在不同的监视器(或探测器)和控制台系统之间相互交换。结果数据可用来监控网络利用率,以用于网络规划、性能优化和协助网络错误诊断。RMON 监视系统包括监视器和管理站两部分。

RMON 与 SNMP 的主要区别是:

(1) RMON 提供了整个子网的管理信息,而 SNMP 管理信息库只包含本地设备的管理信息。

(2) RMON 扩充了管理信息库 MIB-2,在不改变 SNMP 的条件下增强了网络管理的功能,进一步解决了 SNMP 在日益扩大的分布式网络中所面临的局限性。

(3) RMON 的定义为网络的分布式管理提供了实现的可能性。

习题 5

学生扫码做题

第6章
计算机网络安全

      互联网的迅速发展给社会生活带来了前所未有的便利,这主要得益于互联网的开放性和匿名性特征。计算机犯罪、黑客、有害程序和后门问题等严重威胁着网络的安全。目前,网络安全问题成为当今网络技术的一个重要研究课题。同时,网络的规模也越来越大,结构越来越复杂,所有这一切也都要求有一种端到端的网络管理措施,使得系统和网络故障时间减到最小,管理员可以通过网管工具检测系统和网络的运行状况,进行网络流量分析与统计,从而为网络安全策略的制定提供有力的依据。

6.1　网络安全的基本概念

6.1.1　什么是网络安全

网络安全是指网络系统的硬件、软件以及系统中的数据受到保护,不会由于偶然或恶意的原因而遭到破坏、更改、泄露,系统能连续、可靠和正常地运行,网络服务不中断。

因此,计算机网络的安全理解为:通过采用各种技术和管理措施,使网络系统正常运行,从而确保网络数据的可用性、完整性和保密性。所以,建立网络安全保护措施的目的是确保经过网络传输和交换的数据不会发生泄露、篡改、丢失和假冒等。所要研究的网络安全问题从本质上讲就是网络上信息的安全问题。凡是涉及网络信息的保密性、完整性、可用性、真实性和可控性的相关技术和理论都是网络安全的研究领域。

6.1.2　网络安全威胁

1. 网络安全威胁的类型

网络安全威胁是对网络安全缺陷的潜在利用,这些缺陷可能导致非授权访问、信息泄露、资源耗尽、资源被盗或者被破坏等。网络安全所面临的威胁可以来自很多方面,并且随着时间的变化而变化。网络安全威胁有以下几类:

(1)窃听　是指未经授权的攻击者非法访问网络、窃取信息的情况,一般可以通过在不安全的传输通道上截取正在传输的信息或利用协议和网络的弱点来实现。

(2)假冒　伪造源于一个可信任的地址的数据包使机器信任另一台机器的攻击手段。

(3)重放　重复一份报文或报文的一部分,以便产生一个被授权效果。

(4)通信量分析　通过对网上信息流的观察和分析推断出网上传输的有用信息,如有无传输,传输的数量、方向和频率等。由于报文头部信息不能加密,所以即使数据进行了加密处理,也可以进行有效的流量分析。

(5)篡改　有意或无意地修改或破坏信息系统,或者在非授权和不能监测的方式下对数据进行修改。

(6)拒绝服务　目的是拒绝服务访问、破坏组织的正常运行,最终使系统的部分 Internet 连接和网络系统失效。

（7）资源的非授权使用　即与所定义的安全策略不一致的使用。

（8）诽谤　利用计算机信息系统的广泛互联性和匿名性散布错误的消息，以达到诋毁某个对象的形象和知名度的目的。

（9）社会工程　是利用说服或欺骗的方式，让网络内部的人员提供必要的信息从而获得对系统的访问。攻击对象一般是安全意识薄弱的公司职员。

（10）恶意代码攻击　恶意代码攻击是对信息系统最大的威胁，包括计算机病毒、蠕虫、特洛伊木马、移动代码及间谍软件等。

① 计算机病毒是一段附着在其他程序上的可以实现自我繁殖的程序代码，甚至可以在用户不知道的情况下改变计算机的运行方式，计算机病毒必须满足两个条件：能够自我复制和自动执行。

② 蠕虫与传统病毒类似，但它不利用文件来寄生，即可在系统之间复制自身的程序。

③ 特洛伊木马程序是具有欺骗性的文件，它不能自我复制，其程序包含能够在触发时导致数据丢失甚至被窃的恶意代码。如要传播，必须在计算机中有效地启动这些程序。

④ 移动代码是能够从主机传输到客户计算机上并执行的代码。

⑤ 间谍软件是一种能够在用户不知情的情况下偷偷进行安装，安装后很难找到其踪影，并悄悄把截获的一些信息发给第三者的软件。

2. 网络安全漏洞

通常，入侵者寻找网络存在的安全弱点，从缺口处无声无息地进入网络。因而开发黑客反击武器的思想是找出现行网络中的安全弱点，演示、测试这些安全漏洞，然后指出应如何堵住安全漏洞。当前信息系统的安全性非常弱，主要体现在操作系统、计算机网络和数据库管理系统都存在安全隐患，这些安全隐患表现在以下几方面：

（1）物理安全性。凡是能够让非授权机器物理接入的地方都会存在潜在的安全问题，也就是能让接入用户做本不允许做的事情。

（2）软件安全漏洞。"特权"软件中带有恶意的程序代码，从而可以导致其获得额外的权限。

（3）不兼容使用安全漏洞。当系统管理员把软件和硬件捆绑在一起时，从安全的角度来看，可以认为系统将有可能产生严重安全隐患。所谓的不兼容性问题，即把两个毫无关系但有用的事物连接在一起，从而导致了安全漏洞。一旦系统建立和运行，这种问题很难被发现。

（4）选择合适的安全策略。完美的软件、受保护的硬件和兼容部件并不能保证正常而有效地工作，除非用户选择了适当的安全策略和打开了能增加其系统安全的部件。

3. 网络攻击

攻击是指某个实体（人、事件、程序等）对某一资源的机密性、真实性、完整性和可用性在合法使用时可能造成的危害。这些可能出现的危害,是某些别有用心的人通过一定的攻击手段来实现的。

网络攻击可分成故意的(如系统入侵)和偶然的(如将信息发到错误地址)两类。故意攻击又可进一步分成被动攻击和主动攻击两类。

(1)被动攻击,是指在传输中窃听/监听。目的是从传输中获取信息,只对信息进行监听,而不对其修改和破坏。当截获了信息后,如果信息未进行加密,则可以直接得到消息的内容即析出消息内容;但如果加密了,则要通过对信息的通信量和数据报的特性信息进行分析,得到相关信息,最后析出消息的内容,如图6-1所示。

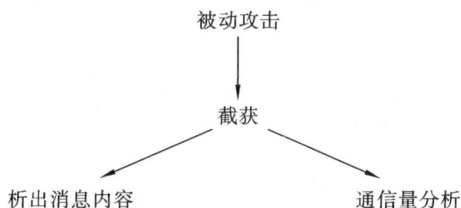

图6-1　被动攻击图解

截获是对信息机密性的攻击,在信息的发送者和接收者都不知情的情况下,通过非法手段获得不应该获得的信息。这对信息的发送者和接收者将带来巨大的损失,如图6-2所示。

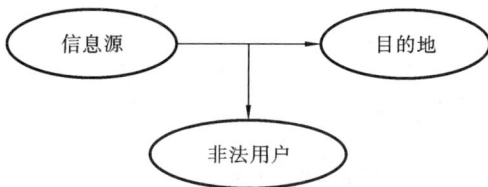

图6-2　截获

(2)主动攻击,是指对信息进行故意篡改和破坏,使合法用户得不到可用信息。一般有3种主动攻击方式:伪造是假冒他人制造一个虚假的信息流以达到个人目的,伪造是针对信息的真实性;篡改是针对信息的完整性,使其被修改后失去本来的含义;中断是对信息的可用性进行攻击,使其不能到达目的地,如图6-3所示。

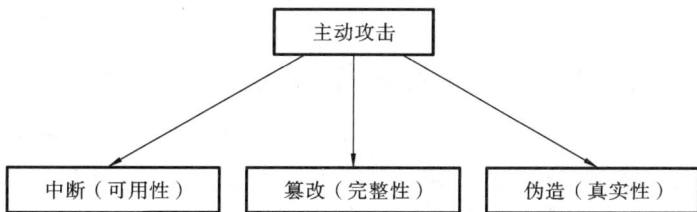

图6-3　主动攻击图解

① 中断:也称为拒绝服务攻击,是对信息可用性的攻击,使用各种方法使信息不能到达目的地,如图 6-4 所示。

图 6-4　中断

② 篡改:是对信息完整性的攻击,非法用户首先截获其他用户的信息,然后对信息进行修改以达到自己目的,再发送给该信息的接收者,该信息的发送者和接收者都不知道该信息已经被修改,所以该种攻击的危害是巨大的,如图 6-5 所示。

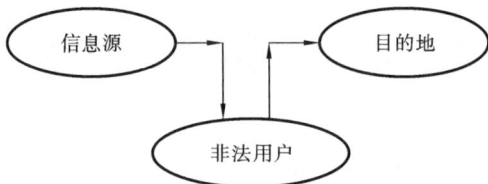

图 6-5　篡改

③ 伪造:是对信息的真实性的攻击,非法用户伪造他人向目标用户发送信息,达到自己欺骗目标用户的目的,如图 6-6 所示。

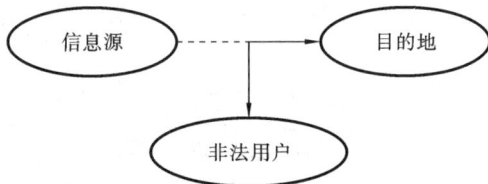

图 6-6　伪造

(3) 物理临近攻击。在物理临近攻击中未授权者可物理上接进网络、系统或设备,目的是修改、收集或拒绝访问信息。

6.1.3　网络安全的内容

任何形式的网络服务都会导致安全方面的风险,问题是如何将风险降低到最低限度。目前的网络安全措施有数据加密、数字签名、报文摘要、身份认证、防火墙和入侵检测等。

(1) 数据加密。数据加密是通过对信息的重新组合,使得只有收发双方才能解码并还原信息的一种手段。随着相关技术的发展,数据加密正逐步被集成到系统和网络中。在硬件方面,已经在研制用于 PC 和服务器主板的加密协处理器。

(2) 数字签名。数字签名可以用来证明消息确实是由发送者签发的。

（3）报文摘要。报文摘要方案是计算认证码,附加在消息后面发送,根据认证码检验报文是否被篡改。

（4）身份认证。有多种方法来认证一个用户的合法性,如密码技术、利用人体生理特征进行识别、智能 IC 卡和 U 盘等。

（5）防火墙。防火墙是位于两个网络之间的屏障,一边是内部网络(可信赖的网络),另一边是外部网络(不可信赖的网络)。按照系统管理员预先定义好的规则控制数据包的进出。

（6）入侵检测。通过从网络中的关键地点收集信息并对其进行分析,从中发现违反安全策略的行为和遭到入侵攻击的迹象,并自动做出响应。

6.2 数据加密

安全立法对保护网络系统有不可替代的重要作用,但依靠法律也阻止不了攻击者对网络数据的各种威胁。加强行政管理、人事管理、采取物理保护措施等都是保护系统安全所不可缺少的有效措施,但有时也会受到各种环境、费用、技术以及系统工作人员素质等条件的限制。采用访问控制、系统软硬件保护等方法保护网络系统资源,简单易行,但也存在诸如系统内部某些职员可以轻松越过这些障碍而进行计算机犯罪等不易解决的问题。采用密码技术保护网络中存储和传输中的数据,是一种非常实用、经济、有效的方法。对信息进行加密保护可以防止攻击者窃取网络机密信息,也可以检测出他们对数据的插入、删除、修改及滥用有效数据的各种行为。

对网络数据进行加密要用到密码学方面的知识。密码学有着悠久的历史。在计算机发明之前,很早就有人利用加密的方法传递信息,像军事人员、外交使者和情侣们等都曾利用加密方法来传递机密的、隐私的信息。其中,军事人员对密码学的发展贡献最大,而且还扩展了该领域。

数据加密的目的是,确保通信双方相互交换的数据是保密的,即使这些数据在传输过程中被第三方截获,也会由于不知道密码而无法了解该信息的真实含义。如果一个加密算法或加密机制能够满足这种条件,则认为该算法是安全的,这是衡量一个加密算法好坏的主要依据。

6.2.1 密码学发展历史

密码学的研究已有几千年的历史。它的发展可大致分为三个阶段。1949 年之前是密码发展的第一阶段——古典密码体制。古典密码体制是通过某种方式的文字置换进行的,这种置换一般通过某种手工或机械变换方式进行转换,同时简单地使用了数学运算。在古代,虽然加密方法已体现了密码学的若干要素,但它还只是一门艺术,而不是一门科学。

1949—1975年是密码学发展的第二阶段。1949年,Shannon发表了《保密通信的信息理论》的文章,证明了密码学能够置于坚实的数学基础之上,为密码系统建立了理论基础,从此密码学成为一门科学。这是密码学的第一次飞跃。由于计算机技术的发展,密码算法从机械时代进入电子时代,复杂程度和安全程度得到很大的提高。

到了1976年后,美国数据加密标准(DES)的公布使密码学的研究公开,密码学也得到了迅速的发展。与此同时,著名的密码学专家Diffie和Hellman在《密码编码学新方向》一文中提出了公开密钥的思想,使密码学产生了第二次飞跃,开创了公钥密码学的新纪元。传统密码体制是加密、解密双方都用相同的密钥和加密函数,每个用户之间都需要一个专用密钥。当保密用户比较多时,密钥的产生、分配和管理是一个很严重的问题。公钥密码体制的思想一改传统做法,将加密、解密密钥甚至加密、解密算法分开,用户只需保留解密密钥,而将加密密钥和加密算法一起公之于众,任何人都可以加密,但持有解密密钥的用户才能解密,这样就省去了密钥管理的麻烦,特别适应于大容量通信的需要。由于公钥密码体制不仅能完成加密和解密功能,而且还具有数字签名、认证、鉴别等多项功能,因此在信息安全需求急剧增长且日益迫切的今天,公钥密码体制已成为密码学研究的热点。随着计算技术、通信和数学理论的发展,密码学也迅速发展成一门包括密码编码、密码分析、密钥管理、鉴别、认证等多方面的独立学科,密码技术已成为信息安全的核心技术。当前普遍使用的加密算法有DES、RSA和PGP等。

6.2.2 密码学基本概念

1. 明文和密文

明文是指一般人们能看懂的语言、文字与符号。明文一般用 m 表示,它可能是位序列、文本文件、位图、数字化的语音序列或数字化的视频图像等。明文经过加密后称为密文,非授权者无法看懂,一般用 c 表示。

2. 加密和解密

明文加工成密文的运算称为加密运算。一个加密运算由一个算法类组成,这个算法类中不同的运算可以用不同的参数来表示,这些参数分别代表不同的加密算法,我们称之为密钥。密钥参数的取值范围称为密钥空间。用解密密钥把密文恢复出明文的运算称为解密运算。图 6-7 所示的为加密、解密过程。

假设用 E 表示加密算法,D 表示解密算法,若加密和解密运算都使用同一密钥 k,那

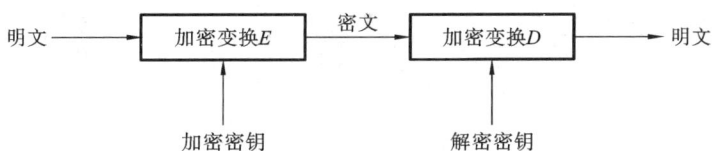

图 6-7 加密、解密过程

么加密算法 E 作用于明文 m 得到密文 c，用数学表达式可表示为

$$E_k(m) = c$$

相反地，解密算法 D 作用于 c 得到明文 m，用数学表达式可表示为

$$D_k(c) = m$$

先加密后解密，明文将恢复，故必须有以下等式成立：

$$D_k(E_k(m)) = m$$

若加密和解密运算使用不同密钥，设加密密钥为 k_e，相应的解密密钥为 k_d，则有：

$$E_{k_e}(m) = c$$

$$D_{k_d}(c) = m$$

$$D_{k_d}(E_{k_e}(m)) = m$$

3. 密码体制

密码体制一般由以下 5 部分组成：

（1）明文空间 M：全体明文的集合。

（2）密文空间 C：全体密文的集合。

（3）密钥空间 K：全体密钥的集合。其中每一个密钥 k 均由加密密钥 k_e 和解密密钥 k_d 组成，即 $k = (k_e, k_d)$。

（4）加密算法 E：是一组由明文 M 到密文 C 的加密变换，$C = (M, k_e)$。

（5）解密算法 D：是一组由密文 C 到明文 M 的解密变换，$M = (C, k_d)$。

所有加密算法的安全性都基于密钥的安全性，而不是基于加密算法的安全性。加密算法是公开的，是可以被人们分析的。也就是说，即使攻击者知道加密算法，但不知道密钥，它就不能获得明文。

4. 密码体制分类

密码体制从原理上可以分为对称密码体制和非对称密码体制两大类。对称密码体制又称为单钥或私钥或传统密码体制，非对称密码体制又称双钥或公钥密码体制。

对称密码体制是加密和解密均采用同一密钥，即 $k = k_e = k_d$，而且通信双方都必须获得这一密钥，并保持密钥的秘密。对称密码体制的模型如图 6-8 所示。

非对称密码体制是加密和解密使用不同的密钥。每个用户保存一对密钥，即公钥 PK 和私钥 SK，PK 是公开信息，用作加密密钥（$k_e = $ PK），而 SK 需要由用户自己保存，用作解密密钥（$k_d = $ SK）。非对称密码体制模式如图 6-9 所示。

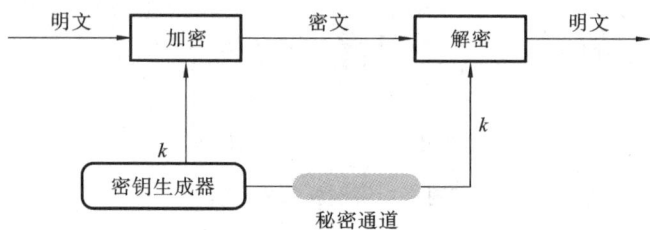

图 6-8 对称密码体制的模型

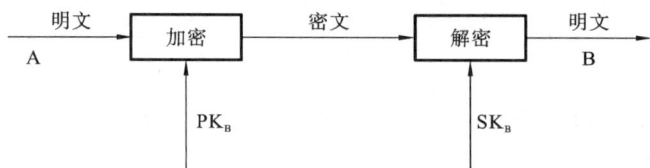

图 6-9 非对称密码体制模式

图 6-9 中假定用户 A 向用户 B 发明文,用户 A 首先用用户 B 的公钥 PK$_B$加密明文,然后传送密文给用户 B。用户 B 用自己的私钥 SK$_B$解密,从而得到明文。

虽然非对称密码体制 PK 和 SK 是成对出现的,但却不能根据 PK 计算出 SK。非对称密码体制的优点是可以适应网络的开放性要求,与对称密码体制相比,密钥管理要简单得多,尤其可以方便地实现数字签名和认证。但非对称密码体制的算法相对复杂,加密数据的速度较慢。

5. 密码分析

密码分析是在不知道密钥的情况下,从密文恢复出明文甚至密钥的过程。对密码进行分析的行为成为攻击。在攻击者知道所使用密码系统的条件下(Kerckhoffs 假设),常用的密码分析攻击有以下几种。

(1)唯密文攻击:攻击者只有部分密文,这些密文都是采用同一种加密方法生成的。

(2)已知明文攻击:攻击者知道部分明文和对应的密文。

(3)选择明文攻击:攻击者不仅知道部分明文和对应的密文,而且还可以选择被加密的明文。

(4)选择密文攻击:攻击者能选择不同的密文得到对应的明文。

攻击一般分为被动攻击和主动攻击。对一个密码系统采取截获密文进行分析的攻击称为被动攻击。密码分析攻击都是被动攻击。

6. 密码体制的基本准则

密码体制的基本准则是指在进行密码体制设计或评估时应考虑的基本原则。常用的密码体制的准则有以下几个:

(1)密码体制是不可破的。不可破准则是指密码体制在理论上和实际上是不可破的。所谓理论上不可破是指密钥变化的范围是无穷大的，用任何方法都无法破译。理论上不可破的密码体制是一种理想的密码体制，是很难实现的。实际使用的密码体制都是实际上不可破的密码体制。

实际上不可破的密码体制在不同情况下可以有不同的要求。例如，要破译该密码体制的实际计算量（计算时间和费用）十分巨大，以致实际上要破译是无法实现的，或要破译该密码体制所需要的计算时间超过该信息保密的有效时间，或费用超过该信息的价值以致不值得去破译它，等等。

（2）密码体制的安全性不是依赖加密算法的保密，而是依赖密钥的保密。密钥的空间要足够大，使攻击者无法得到密钥。

（3）密码体制要便于实现、使用。密码体制不能独立存在，它必须在计算机或通信系统中使用。因此，密码体制要易于在计算机和通信系统实现，并且使用简单，费用低。

6.2.3　对称加密算法

对称密码体制又称传统密码体制，是从传统的简单置换、替代密码发展而来的。对称密码体制的特点是加密和解密本质上均采用同一密钥，而且通信双方都必须获得这一密钥，并保持密钥的秘密。

对称密码体制的安全性主要取决于密钥的安全性。如何产生满足要求的密钥、如何将密钥安全可靠地分配给通信双方是这类体制设计和实现的主要课题。对称密码体制的最大优点是算法实现速度快，使对称密码体制容易结合到通信、网络等多种系统和产品中。自1977年美国颁布数据加密标准（DES）算法作为美国数据加密标准以来，对称密码体制得到了迅速发展，在世界各国得到了广泛应用。

对称密码体制从加密模式上可分为分组密码和序列密码两大类。

1. 分组密码

分组密码是将明文 m 编码表示后的数字序列 $m_1, m_2, \cdots, m_x$，即 $m = (m_1, m_2, \cdots, m_x)$，各组分别在密钥 $k = (k_1, k_2, \cdots, k_f)$ 控制的加密算法加密下变换为 n 组密文 $c = (c_1, c_2, \cdots, c_n)$，如图 6-10 所示。

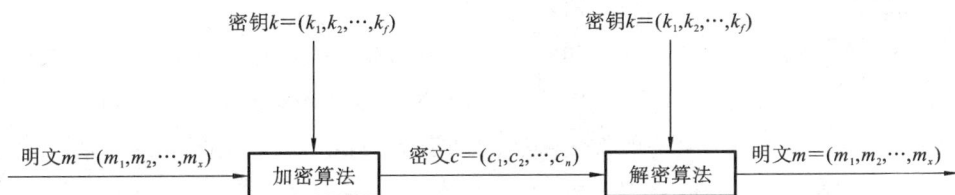

图 6-10　分组密码模型

在分组密码中，一般每组密文的每一位都与对应明文组的所有位有关。若 M 为明文的字母表,C 为密文的字母表,K 为密钥空间,则分组密码的加密算法 $E(m,k)$ 就是 $M' \times K \rightarrow C^n$。对每个 $k \in K$,$E(m,k)$ 是从 M^x 到 C^n 的一个映射。可见,设计分组密码的问题在于找到一种算法,以便能在密钥控制下从一个足够大且足够好密钥的置换子集合中,简单而迅速地寻找出一个映射。一个好的分组密码应该是既难破译又容易实现,即加密函数和解密函数都必须容易计算,但要从这些函数求出密钥应该是几乎不可能的。

分组密码的优点是容易标准化。因为在现代数据网络通信中,信息通常是被成块地处理和传输的。另外,分组密码也容易实现同步。因为一个密文组的传输错误不会影响其他组,丢失一个密文组也不会对其随后的组解密的正确性产生影响。分组密码的主要缺点是分组加密不能隐蔽数据模式,即相同的密文组对应相同的明文组,容易受到攻击。

最典型的分组密码有数据加密标准(data encryption standard,DES)、高级数据加密标准(advanced encryption standard,AES)等。下面将详细介绍 DES 算法。

2. DES 算法

DES 算法是迄今为止世界上最为广泛使用和流行的一种分组密码算法,它的分组长度为 64 比特,密钥长度为 56 比特,它是由美国 IBM 公司研制的,是早期称为 Lucifer 密码的一种发展和修改。DES 在 1975 年 3 月 17 日首次被公布在联邦记录中,在做了大量的公开讨论后,DES 于 1977 年 1 月 15 日被正式批准并作为美国联邦信息处理标准,即 FIPS 46,同年 7 月 15 日开始生效。规定每隔 5 年由美国国家保密局(National Security Agency,NSA)做出评估,并重新批准它是否继续作为联邦加密标准。最后一次评估是在 1994 年 1 月,美国已决定 1998 年 12 月以后将不再使用 DES。1997 年,DESCHALL 小组经过近 4 个月的努力,通过 Internet 搜索了 3×10^{16} 个密钥,找出了 DES 的密钥,恢复出了明文。1998 年 5 月,美国 EFF(Electronic Frontier Foundation)宣布,他们将一台价值 20 万美元的计算机改装成专用解密机,用 56 小时破译了 56 比特密钥的 DES。美国国家标准和技术协会已征集并进行了几轮评估、筛选,产生了称为 AES(advanced encryption standard)的新加密标准。尽管如此,DES 对于推动密码理论的发展和应用起了重大作用,对于掌握分组密码的基本理论、设计思想和实际应用仍然有着重要的参考价值。

1)DES 算法及其基本思想

DES 算法是一种最为典型的对称加密算法,它是按分组方式进行工作的算法,通过反复使用替换和换位两种基本的加密组块的方法来达到加密的目的。下面简单介绍这种加密算法的基本思想。

DES 算法将输入的明文分成 64 位的数据组块进行加密,密钥长度为 64 位,有效密钥长度为 56 位(其他 8 位用于奇偶校验)。其加密过程大致分

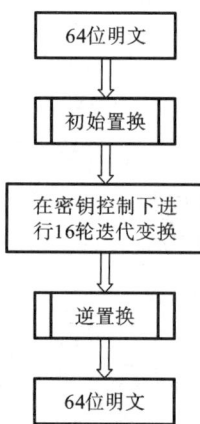

图 6-11 DES 算法加密流程

成3个步骤:初始置换、16轮的迭代变换和逆置换,如图6-11所示。

首先,将64位的数据经过一个初始置换(这里记为IP变换)后,分成左、右各32位两部分进入迭代过程。在每一轮的迭代过程中,先将输入数据右半部分的32位扩展为48位,然后与由64位密钥所生成的48位的某一子密钥进行异或运算,得到的48位的结果通过S盒压缩为32位,将这32位数据经过置换后,再与输入数据左半部分的32位数据异或,最后得到新一轮迭代的右半部分。同时,将该轮迭代输入数据的右半部分作为这一轮迭代输出数据的左半部分。这样,就完成了一轮的迭代。通过16轮这样的迭代后,产生了一个新的64位数据。注意,最后一次迭代后,所得结果的左半部分和右半部分不再交换,这样做的目的是为了使加密和解密可以使用同一个算法。最后,再将这64位的数据进行一个逆置换,就得到64位的密文。

可见,DES算法的核心是16轮的迭代变换过程,这个迭代过程如图6-12所示。

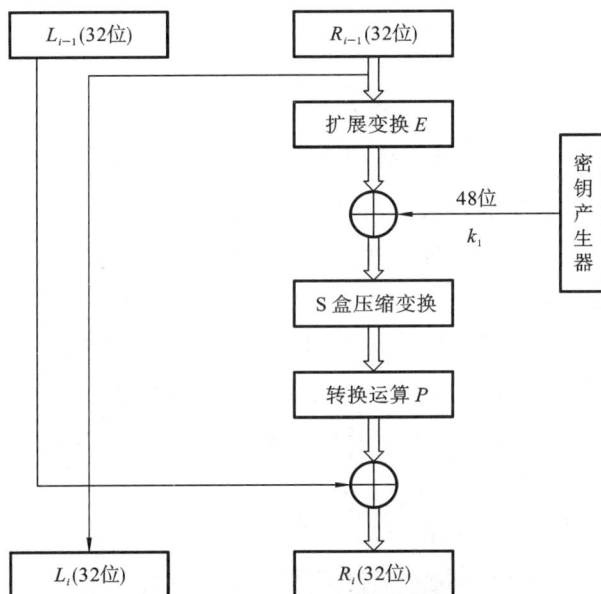

图6-12 DES算法的迭代过程

从图6-12可以看出,对于每轮迭代,其左、右半部的输出分别为

$$L_i = R_{i-1}$$
$$R_i = L_{i-1} \oplus f(R_{i-1}, k_i)$$
$$L_0 R_0 \leftarrow \text{IP}(\langle 64\text{ 位明文}\rangle)$$
$$L_i \leftarrow R_{i-1}, \quad R_i = L_{i-1} \oplus f(R_{i-1}, k_i)$$
$$R_i \leftarrow L_{i-1} \oplus f(R_{i-1}, k_i)$$
$$\langle 64\text{ 位明文}\rangle \leftarrow \text{IP}^{-1}(R_{16} L_{16})$$

其中,i表示迭代的轮次,$\oplus$表示按位异或运算,f是指包括扩展变换E、密钥产生、S盒压

缩、置换运算 P 等在内的加密运算。

这样,可以将整个 DES 加密过程用数学符号简单表示为

$$L_0 R_0 \leftarrow \text{IP}(\langle 64\ \text{位明文} \rangle)$$

$$L_i \leftarrow R_{i-1}$$

$$R_i \leftarrow L_{i-1}$$

$$R_i \leftarrow L_{i-1} \oplus f(R_{i-1}, k_i)$$

$$\langle 64\ \text{位明文} \rangle \leftarrow \text{IP}^{-1}(R_{16} L_{16})$$

其中,$i=1,2,3,\cdots,16$。

DES 的解密过程和加密过程类似,只是在 16 轮的迭代过程中所使用的子密钥刚好和加密过程中的反过来,即第一轮迭代时使用的子密钥采用加密时最后一轮(第 16 轮)的子密钥,第 2 轮迭代时使用的子密钥采用加密时第 15 轮的子密钥,……最后一轮(第 16 轮)迭代时使用的子密钥采用加密时第 1 轮的子密钥。

2)DES 算法的安全性分析

DES 算法的整个体系是公开的,其安全性完全取决于密钥的安全性。在该算法中,由于经过了 16 轮的替换和换位的迭代运算,使得密码的分析者无法通过密文获得该算法的一般特性以外的更多信息。对于这种算法,破解的唯一可行途径是尝试所有可能的密钥。对于 56 位长度的密钥,可能的组合达到 $2^{56} = 7.2 \times 10^{16}$ 种,想用穷举法来确定某一个密钥的机会是很小的。

为了更进一步提高 DES 算法的安全性,可以采用加长密钥的方法。例如,IDEA(International data encryption algorithm)算法将密钥的长度加大到 128 位,每次对 64 位的数据组块进行加密,从而进一步提高了算法的安全性。

3)DES 算法在网络安全中的应用

DES 算法在网络安全中有着比较广泛的应用。但由于对称加密算法的安全性取决于密钥的保密性,在开放的计算机通信网络中如何保管好密钥是个严峻的问题。因此,在网络安全的应用中,通常是将 DES 等对称加密算法和其他算法结合起来使用,形成混合加密体系。在电子商务中,用于保证电子交易安全性的 SSL 协议的握手信息中也用到了 DES 算法来保证数据的机密性和完整性。另外,在 UNIX 系统中,也使用了 DES 算法用于保护和处理用户密码的安全。

6.2.4 公开加密算法

1. 公开密钥密码体制的特点

公开密钥密码体制的概念是由 Stanford 大学的研究人员 Diffie 与 Hellman 于 1976 年提出的。所谓公开密钥密码体制,就是使用不同的加密密钥与解密密钥,是一种"由已

知加密密钥推导出解密密钥在计算上是不可行的"密码体制。

公开密钥密码体制的产生主要有两个原因：一是由于常规密钥密码体制的密钥分配问题；二是由于对数字签名的需求。

在常规密钥密码体制中，加解密的双方使用的是相同的密钥。但怎样才能做到这一点呢？一种是事先约定，另一种是用信使传送。在高度自动化的大型计算机网络中，用信使传送密钥显然是不合适的。如果事先约定密钥，就会给密钥的管理和更换带来了极大的不便。若使用高度安全的密钥分配中心（key distribution center，KDC），则会使得网络成本增加。

对数字签名的强烈需要也是产生公开密钥密码体制的一个原因。许多应用需要对纯数字的电子信息进行签名，表明该信息确实是某个特定的人产生的。

公开密钥密码体制提出不久，人们就找到了 3 种公开密钥密码体制。目前最著名的是由美国 3 位教授 Rivest、Shamir 和 Adleman 于 1976 年提出并在 1978 年正式发表的 RSA 体制，它是基于数论中大分解问题的体制。

在公开密钥密码体制中，加密密钥（即公开密钥）PK 是公开信息，而解密密钥（即私有密钥）SK 是需要保密的，因此私有密钥也叫秘密密钥。加密算法 E 和解密算法 D 也都是公开的。虽然私有密钥 SK 是由公开密钥 PK 决定的，但却不能根据 PK 计算出 SK。

在继续讨论公开密钥密码体制之前，先要澄清 3 个容易产生错误的观点。第一个错误观点就是认为"公开密钥加密方法要比传统的加密方法更加安全"。实际上，任何加密方法的安全性取决于密钥的长度，以及攻破密文所需的计算量。在这方面，公开密钥密码体制并不具有比传统加密体制更加优越之处。第二个错误观点就是认为"公开密钥密码体制是一种通用技术，它已使得传统的密码体制成为陈旧的。"实际上正好相反，由于目前公开密钥加密算法的开销较大，在可见的将来还看不出来要放弃传统的加密方法。第三个错误观点就是认为"公开密钥的密钥分配实现起来很简单。"实际上，这还需要密钥分配协议，具体的分配过程并不比采用传统加密方法的更为简单。

公开密钥算法的特点如下：

（1）发送者用加密密钥 PK 对明文 X 加密后，接收者用解密密钥 SK 解密，即可恢复出明文，或写为：$D_{sk}(E_{pk}(X))=X$。

加密密钥是公开密钥，而解密密钥是接收者专用的私有密钥，对其他人都保密。此外，加密和解密的运算可以对调，即 $E_{pk}(D_{sk}(X))=X$。

（2）加密密钥不能用来解密，即 $D_{pk}(E_{sk}(X))\neq X$。

（3）在计算机上可以容易地产生成对的 PK 和 SK。

（4）从已知的 PK 实际上不可能推导出 SK，即从 PK 到 SK"计算上是不可能的"。

（5）加密算法和解密算法都是公开的。

公开密钥算法的过程如图 6-13 所示。

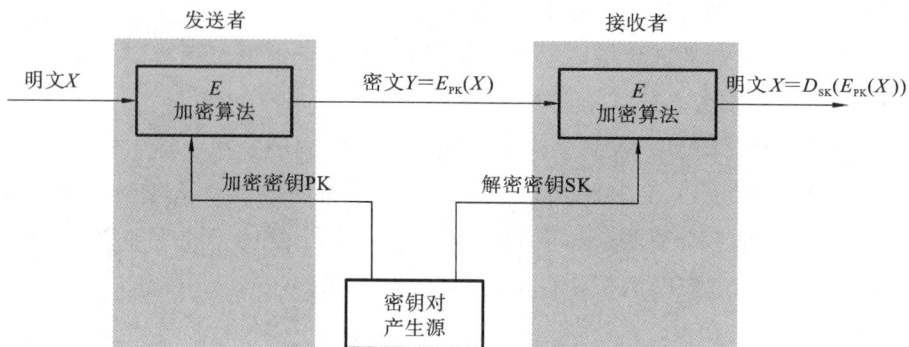

图 6-13　公开密钥算法的过程

2. RSA 算法及其基本思想

RSA 算法是在 1977 年由美国 3 位教授 Rivest、Shamirt 和 Adleman 在题为《获得数字签名和公开密钥密码系统的一种方法》中提出的,算法的名称取自 3 位教授的名字。RSA 算法是第一个提出的公开密钥算法,是至今为止最为完善的公开密钥算法之一。

RSA 算法的安全性基于大数分解的难度。其公钥和私钥是一对大素数的函数。从一个公钥和密文中恢复出明文的难度等价于分解两个大素数的乘积。

下面通过具体的例子说明 RSA 算法的基本思想。

首先,用户秘密地选择两个大素数,这里为了计算方便,假设这两个素数为:$p=7$,$q=17$。计算出 $n=p\times q=7\times17=119$,将 n 公开。

用户再计算出 z 的欧拉函数 $\Phi(n)=(p-1)\times(q-1)=6\times16=96$。从 1 到 $\Phi(n)$ 之间选择一个和 $\Phi(n)$ 互素的数 e 作为公开的加密密钥(公钥),这里选择 5。

计算解密密钥 d,使用 $(d\times e) \bmod \Phi(n)=1$,这里可以得到 d 为 77。

这样,将 $p=7$ 和 $q=17$ 丢弃。将 $n=119$ 和 $e=5$ 公开,作为公钥,将 $d=77$ 保密,作为私钥。这样就可以使用公钥对发送的信息进行加密,接收者如果拥有私钥,就可以对信息进行解密了。

例如,要发送的信息为 $s=19$,那么可以通过如下计算得到密文:

$$c=s^e \bmod(n)=19^5 \bmod(119)=66$$

将密文"发送给接收者,接收者在接收到密文信息后,可以使用私钥恢复出明文:

$$s=c^d \bmod(n)=66^{77} \bmod(119)=19$$

例子中选择的两个素数 P 和 q 只是作为示例,但可以看到,从 P 和 q 计算 n 的过程非常简单,但从 $n=119$ 找出 $P=7$,$q=17$ 还是不大容易的。在实际应用中,P 和 q 将是非常大的素数(上百位的十进制数),那样,通过 n 找出 p 和 q 的难度将非常大,甚至接近不可能。所以这种大数分解素数的运算是一种"单向"运算,单向运算的安全性就决定了 RSA 算法的安全性。

3. RSA 算法的安全性分析

如上所述,RSA 算法的安全性取决于从 z 中分解出 p 和 q 的困难程度。因此,如果能找出有效的因数分解的方法,将是对 RSA 算法的一个锐利的"矛"。密码分析学家和密码编码学家一直在寻找更锐利的"矛"和更坚固的"盾"。为了增加 RSA 算法的安全性,最实际的做法就是增加 n 的长度。随着 n 的位数的增加,分解 z 将变得非常困难。

随着计算机硬件水平的发展,对一个数据进行 RSA 加密的速度将越来越快,另一方面,对 n 进行因数分解的时间也将有所缩短。但总体来说,计算机硬件的迅速发展,对 RSA 算法的安全性是有利的,也就是说,硬件计算能力的增强,使得人们可以给 n 加大位数,而不至于放慢加密和解密运算的速度;而同样硬件水平的提高,对因数分解计算的帮助却没有那么大。

4. 数字签名技术

在计算机网络上进行通信时,不像书信或文件传送那样,可以通过亲笔签名或印章来确认身份。经常会发生这样的情况:发送方不承认自己发送过某一个文件;接收方伪造一份文件,声称是对方发送的;接收方对接收到的文件进行篡改等。那么,如何对网络上传送的文件进行身份验证呢? 这就是数字签名所要解决的问题。

一个完善的数字签名应该解决好下面的 3 个问题:

(1) 接收方能够核实发送方对报文的签名,如果当事双方对签名真伪发生争议,应该能够在第三方面前通过验证签名来确认其真伪。

(2) 发送方事后不能否认自己对报文的签名。

(3) 除了发送方外,其他任何人不能伪造签名,也不能对接收或发送的信息进行篡改与伪造。

满足上述 3 个条件的数字签名技术,就可以解决对网络上传输的报文进行身份验证的问题了。

数字签名的实现采用了密码技术,其安全性取决于密码体系的安全性。现在经常采用公钥密钥加密算法实现数字签名,特别是采用 RSA 算法。下面简单介绍数字签名的实现思想。

假设发送者 A 要发送一个报文信息 P 给接收者 B,那么 A 采用私钥 SK_A 对报文 P 进行解密运算,实现对报文的签名。然后将结果 $D_{SK_A}(P)$ 发送给接收者 B。B 在接收到 $D_{SK_A}(P)$ 后,采用已知发送者 A 的公钥 PK_A 对报文进行加密运算,就可以得到 $P=E_{PK_A}(D_{SK_A}(P))$,核实签名,如图 6-14 所示。加密运算和解密运算都是数学运算,此处解密运算用于数字签名,加密运算用于核实身份。

对上述过程的分析如下:

(1) 由于除了发送者 A 外没有其他人知道 A 的私钥 SK_A,所以除了 A 外没有人能生成 $D_{SK_A}(P)$,因此,B 就相信报文 $D_{SK_A}(P)$ 是 A 签名后发送出来的。

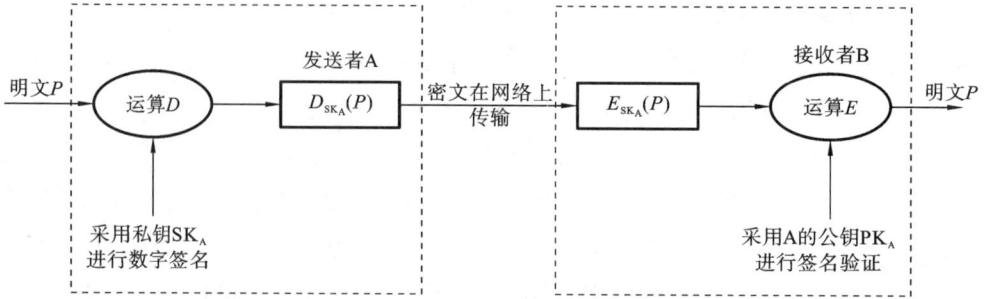

图 6-14　数字签名的实现

（2）如果 A 要否认报文 P 是其发送的，那么 B 就可以将 $D_{SK_A}(P)$ 和报文 P 在第三方面前出示，第三方就很容易利用已知的 A 的公钥 PK_A 证实报文 P 确实是 A 发送的。

（3）如果 B 要将报文 P 篡改，伪造为 Q，那么，B 就无法在第三方面前出示 $D_{SK_A}(P)$，这就证明 B 伪造了报文 P。

上述过程实现了对报文信息 P 的数字签名，但报文 P 并没有进行加密，如果其他人截获了报文 $D_{SK_A}(P)$ 并知道了发送者的身份，就可以通过查阅文档得到发送者的公钥 PK_A，因此获取报文 P 的内容。

为了达到加密的目的，可以采用这样的模型：在将报文 $D_{SK_A}(P)$ 发送出去之前，先用 B 的公钥 PK_B 对报文进行加密；B 在接收到报文后先用私钥 SK_B 对报文进行解密，然后再验证签名。这样，就可以达到加密和签名的双重效果，如图 6-15 所示。

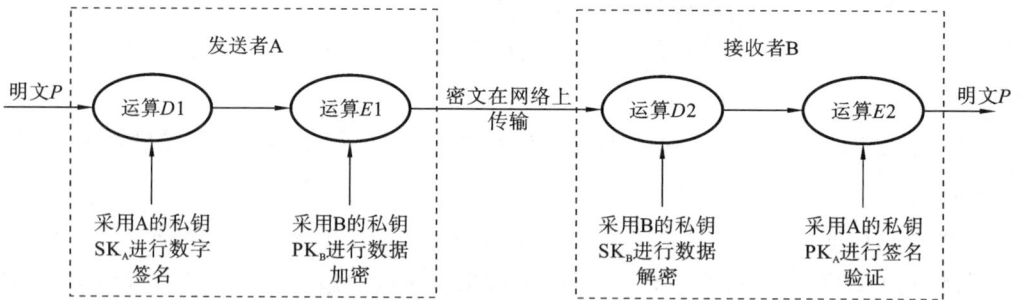

图 6-15　具有保密性的数字签名的实现

目前，数字签名技术在商业活动中得到了广泛的应用，所有需要手动签名的地方，都可以使用数字签名。例如，使用了电子数据交换（EDI）来购物并提供服务，就使用了数字签名。再例如，中国招商银行的网上银行系统，也大量地使用了数字签名来验证用户的身份。随着计算机网络和 Internet 在人们生活中所占地位的逐步提高，数字签名必将成为人们生活中非常重要的事情。

公开密钥算法由于解决了对称加密算法中的加密和解密密钥都需要保密的问题，在网络安全中得到了广泛的应用。

但是,以 RSA 算法为主的公开密钥算法也存在一些缺陷,如公钥密钥算法比较复杂。在加密和解密的过程中,由于都需要进行大数的幂运算,其运算量一般是对称加密算法的几百、几千甚至上万倍,导致了加密、解密速度比对称加密算法慢很多。所以在网络上传送信息时,一般没有必要都采用公开密钥算法对信息进行加密,这也是不现实的。一般采用的方法是混合加密体系。

在混合加密体系中,使用对称加密算法(如 DES 算法)对要发送的数据进行加密、解密,同时,使用公开密钥算法(最常用的是 RSA 算法)来加密对称加密算法的密钥。这样,就可以综合发挥两种加密算法的优点,既加快了加密、解密的速度,又解决了对称加密算法中密钥保存和管理的困难,是目前解决网络上信息传输安全性的一个较好的解决方法。

6.3 认 证 技 术

认证又分为实体认证和消息认证两种。实体认证是识别通信对方的身份,防止假冒,可以使用数字签名的方法。消息认证是验证消息在传送或存储过程中有没有被篡改,通常使用报文摘要的方法。下面介绍 3 种身份认证的方法以及互联网中数字证书的基本概念。

6.3.1 基于共享密钥的认证

如果通信双方有一个共享的密钥,则可以确认对方的真实身份。这种算法依赖于一个双方都信赖的密钥分发中心(key distribution center,KDC),如图 6-16 所示。其中 A 和 B 分别代表发送者和接收者,K_A、K_B 分别表示 A、B 与 KDC 之间的共享密钥。

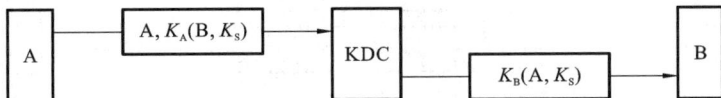

图 6-16 基于共享密钥的认证协议

认证过程如下:A 向 KDC 发送消息{A,K_A(B,K_S)},说明自己要和 B 通信,并指定了与 B 会话的密钥 K_S。注意,这个消息中的一部分(B,K_S)是用 K_A 加密了的,所以第三者不能了解消息的内容。KDC 知道了 A 的意图后就构造了一个消息 K_B(A,K_S)发给 B。B 用 K_B 解密后就得到了 A 和 K_S,然后就可以与 A 用 K_S 会话了。

然而,主动攻击者对这种认证方式可能进行重放攻击。重放攻击就是把以前窃听到的数据原封不动地重新发送给接收方。很多时候,网络上传输的数据是加密过的,此时窃听者无法得到数据的准确意义。但如果他知道这些数据的作用,就可以在不知道数据内容的情况下通过再次发送这些数据达到愚弄接收端的目的。例如,有的系统会将鉴别信息进行简单加密后进行传输,这时攻击者虽然无法窃听密码,但他们却可以首先截取加密后的口令,然后将其重放,从而利用这种方式进行有效的攻击。

6.3.2 Needham-Schroeder 认证协议

Needham-Schroeder 认证协议是一种多次提问-响应协议,可以对付重放攻击,关键是每一个会话回合都有一个新的随机数在起作用,其应答过程如图 6-17 所示。首先是 A 向 KDC 发送报文 1,表明要与 B 通信。KDC 以报文 2 回答。报文 1 中加入了由 A 指定的随机数 R_A,KDC 的回答报文中也有 R_A,它的这个作用是保证报文 2 是新的,而不是重放的。报文 2 中的 $K_B(A, K_S)$ 是 KDC 交给 A 的入场券,其中有 KDC 指定的会话键 K_S,并且用 B 和 KDC 之间的密钥加密,A 无法打开,只能原样发给 B。在发给 B 的报文 3 中,A 又指定了新的随机数 R_{A2},但是 B 发出的报文 4 中不能返回 $K_S(R_{A2})$,而必须返回 $K_S(R_{A2}-1)$,因为 $K_S(R_{A2})$ 可能被攻击者偷听了。这时 A 可以肯定通信对方确实是 B。要让 B 确信对方是 A,还要进行一次提问。报文 4 中有 B 指定的随机数 R_B,A 返回 K_B-1,证明这是对前一报文的应答。至此,通信双方都可以确认对方的身份,可以用 K_S 进行会话了。这个协议似乎是天衣无缝,但也不是不可以攻击的。

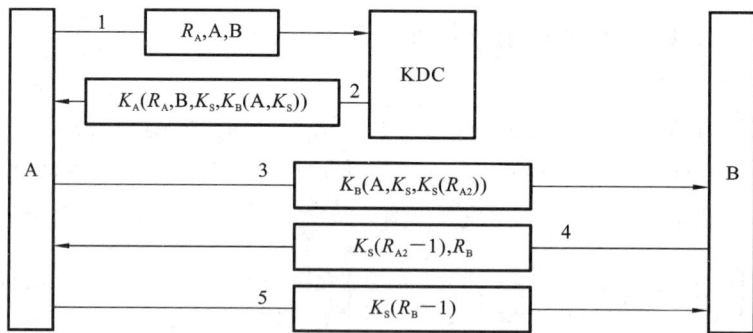

图 6-17 Needham-Schroeder 认证协议

6.3.3 基于公钥的认证

1. 基于公钥的认证过程

这种认证协议如图 6-18 所示。A 给 B 发出 $E_B(A, R_A)$,该报文用 B 的公钥加密。B 返回 $E_A(R_A, R_B, K_S)$,用 A 的公钥加密。这两个报文中分别有 A 和 B 指定的随机数 R_A

和 R_B,因此能排除重放的可能性。通信双方都用对方的公钥加密,用各自的私钥解密,所以应答比较简单。其中 K_S 是 B 指定的会话键。这个协议的缺陷是假定了双方都知道对方的公钥。但如果这个条件不成立呢? 如果有一方的公钥是假的呢?

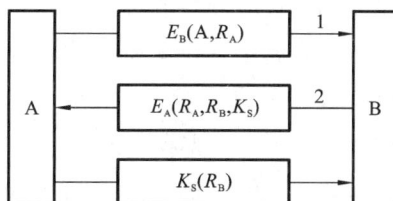

图 6-18　基于公钥的认证协议

2. 数字证书

1) 数字证书的概念

数字证书是指在互联网通信中标志通信各方身份信息的一个数字认证,人们可以在网上用它来识别对方的身份。数字证书对网络用户在计算机网络交流中的信息和数据等以加密或解密的形式保证了信息和数据的完整性和安全性。

数字证书的基本架构是公钥体制(public key infrastructure,PKI),即利用一对密钥实施加密和解密。其中密钥包括私钥和公钥,私钥主要用于签名和解密,由用户自定义,只有用户自己知道;公钥用于签名验证和加密,可被多个用户共享。公钥技术解决了密钥发布的管理问题。一般情况下,证书中还包括密钥的有效时间、发证机构(证书授权中心)的名称以及证书的序列号等信息。数字证书的格式遵循 ITUT X.509 国际标准。

用户的数字证书由某个可信的证书发放机构(certification authority,CA)建立,并由CA 或用户将其放入公共目录中,以供其他用户访问。目录服务器本身并不负责为用户创建数字证书,其作用仅仅是为用户访问数字证书提供方便。

在 X.509 标准中,数字证书一般格式包括的数据域如下。

- 版本号:用于区分 X.509 的不同版本;
- 序列号:由同一发行者(CA)发放的每个证书的序列号是唯一的;
- 签名算法:签署证书所用的算法及参数;
- 发行者:建立和签署证书的 CA 的 X.509 名字;
- 有效期:包括证书有效期的起始时间和终止时间;
- 主体名:证书持有者的名称及有关信息;
- 公钥:有效的公钥及其使用方法;
- 发行者 ID:任选的名字唯一地标识证书的发行者;
- 主体 ID:任选的名字唯一地标识证书的持有者;
- 扩展域:添加的扩充信息;
- 认证机构的签名:用 CA 私钥对证书的签名。

2) 证书的获取

CA 为用户产生的证书应具有以下特性:

(1) 只要得到 CA 的公钥,就能由此得到 CA 为用户签署的公钥;

(2) 除 CA 外,其他任何人员都不能以不被察觉的方式修改证书的内容。

如果所有用户都由同一 CA 签署证书,则这一 CA 必须取得所有用户的信任。用户证书除了能放在公共目录中供他人访问外,还可以由用户直接把证书转发给其他用户。用户 B 得到 A 的证书后,可相信 A 的公钥加密的消息不会被他人获悉,还可信任用 A 的私钥签署的消息不是伪造的。

如果用户数量很多,仅一个 CA 负责为所有用户签署证书可能不现实。通常应有多个 CA,每个 CA 为一部分用户发行和签署证书。

设用户 A 已从证书发放机构 CA1 处获取了证书,用户 B 已从 CA2 处获取了证书。如果 A 不知 CA2 的公钥,他虽然能读取 B 的证书,但却无法验证用户 B 证书中 CA2 的签名,因此 B 的证书对 A 来说是没有用处的。然而,如果两个证书发放机构 CA1 和 CA2 彼此间已经安全地交换了公开密钥,则 A 可以以此获取 B 的公钥。

对每一个 CA 来说,由其他 CA 为这一 CA 建立的所有证书都应存放在目录中,并使得用户知道所有证书相互之间的连接关系,从而可获取另一用户的公钥证书。X.509 建议将所有的 CA 以层次结构组织起来,用户 A 可从目录中得到相应的证书建立到 B 的证书链,并通过该证书链获取 B 的公开密钥。

3) 证书的吊销

从证书的格式上可以看到,每个证书都有一个有效期,然而有些证书还未到截止日期就会被发放该证书的 CA 吊销,这可能是由于用户的私钥已被泄漏,或者该用户不再由该 CA 来认证,或者 CA 为该用户签署证书的私钥已经泄漏。为此,每个 CA 还必须维护一个证书吊销列表(certificate revocation list,CRL),其中存放所有未到期而被提前吊销的证书,包括该 CA 发放给用户和发放给其他 CA 的证书。CRL 还必须由该 CA 签字,然后存放于目录中供他人查询。

每个用户收到他人消息中的证书时都必须通过目录检查这一证书是否已经被吊销,为避免搜索目录引起的延迟以及因此增加的费用,用户自己也可维护一个有效证书和被吊销证书的局部缓冲区。

6.4 报 文 摘 要

用于差错控制的报文检验是根据冗余位检查报文是否受到信道干扰的影响,与之类似的报文摘要方案是计算密码检验和,即固定长度的认证码,附加在消息后面发送,根据认证码检验报文是否被篡改。设 M 是可变长的报文,K 是发送者和接收者共享的密钥,令 $MD = C_K(M)$,这就是算出的报文摘要(message digest)。由于报文摘要是原报文唯一的压缩表示,代表了原报文的特征,所以也叫数字指纹(digital fingerprint)。

散列(Hash)算法将任意长度的二进制串映射为固定长度的二进制串,这个长度较小的二进制串称为散列值,散列值是一段数据唯一的、紧凑的表示形式。如果对一段明文只更改其中一个字母,随后的散列变换都将产生不同的散列值。要找到散列值相同的两个不同的输入在计算上是不可能的,所以数据的散列值可以检验数据的完整性。

通常的实现方案是对任意长的明文 M 进行单向散列变换,计算固定长度的比特串,作为报文摘要。对 Hash 函数 $h=H(M)$ 的要求如下:

(1) 可用于任意大小的数据块;

(2) 能产生固定大小的输出;

(3) 软/硬件容易实现;

(4) 对于任意 m,找出 x,满足 $H(x)=m$,是不可计算的;

(5) 对于任意 x,找出 $y\neq x$,使得 $H(x)=H(y)$,是不可计算的。

(6) 找出 (x,y),使得 $H(x)=H(y)$,是不可计算的。

前 3 项要求显而易见是实际应用和实现的需要。第 4 项要求是所谓的单向性,这个条件使得攻击者不能由窃听到的 m 得到原来 x。第 5 项要求是为了防止伪造攻击,使得攻击者不能用自己制造的假消息 y 冒充原来的消息 x。第 6 项要求是为了对付生日攻击的。

图 6-19 所示的为报文摘要使用的过程。在发送端,明文 M 通过报文摘要算法 H,得到报文摘要 MD,报文摘要 MD 经过共享密钥 K 进行加密,附在明文 M 的后面发送。在接收端,首先将明文 M 和报文摘要 MD 分离,将加密过的报文摘要进行解密,得出原始 MD。后将明文 M 通过报文摘要算法 H 得到报文摘要,与原始 MD 进行比较,如果一致,则说明明文 M 没有被篡改,反之,说明明文 M 被篡改。

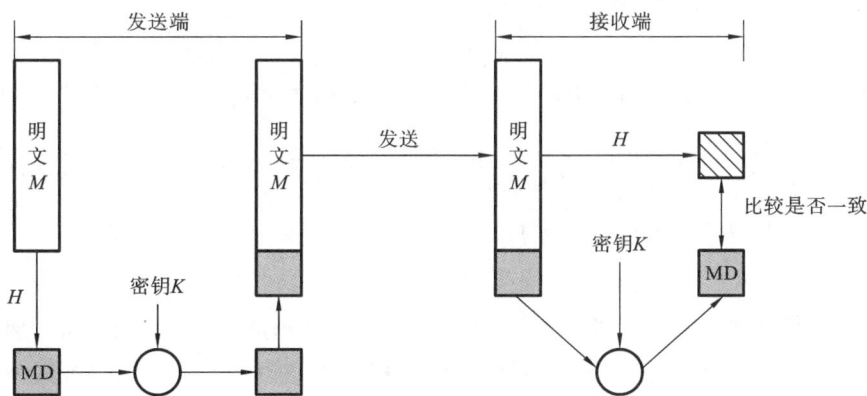

图 6-19　报文摘要使用过程

1. 报文摘要算法

当前使用最广泛的报文摘要算法是 MD5,这是 Ronald L. Rivest 设计的一系列 Hash 函数中的第 5 个。其基本思想就是用足够复杂的方法把报文位充分"弄乱",使得每一个输出位都受到每一个输入位的影响。安全散列算法(secure hash algorithm,

SHA)是另一个众所周知的报文摘要函数。所有这些函数做的工作几乎一样,即由任意长度的输入消息计算出固定长度的加密检验和。

关于 MD5 的安全性可以解释如下:由于算法的单向性,因此要找出具有相同的 Hash 值的两个不同报文是不可计算的。如果采用野蛮攻击,寻找具有给定 Hash 值的报文的计算复杂性为 2^{128},若每秒试验 10 亿个报文,需要 1.07×10^{22} 年。采用生日攻击法,寻找相同的 Hush 值的两个报文的计算复杂性为 2^{64},用同样的计算机需要 585 年。从实用性考虑,MD5 用 32 位软件可高速实现,所以有广泛应用。

2. 散列式报文认证码

散列式报文认证码(hashed message authentication code,HMAC)是利用对称密钥生成报文认证的散列算法,可以提供数据完成行数据源身份认证。为了说明 HMAC 的原理,假设 H 是一种散列函数(如 MD5 或 SHA-1),H 把任意长度的文本作为输入,产生长度为 L 为的输出(对于 MD5,$L=128$;对于 SHA-1,$L=160$),并且假设 K 是由发送方和接收方共享的报文认证密钥,长度不大于 64 字节,如果小于 64 字节,后面加 0,补够 64 字节。

6.5　防火墙技术

6.5.1　防火墙的基本概念

随着 Internet 的广泛应用,信息也越来越容易被污染和破坏。这些安全问题主要是由以下几个因素造成的:

(1)计算机操作系统本身有一些缺陷;

(2)各种服务存在安全漏洞,如 Telnet、NFS、DNS 和 Active X 等;

(3)TCP/IP 协议几乎没有考虑安全因素;

(4)追查黑客的攻击很困难,因为攻击可能来自 Internet 上的任何地方。对于一组相互信任的主机,其安全程度是由最弱的一台主机所决定的,一旦被攻破,就会殃及其他主机。

出于对以上问题的考虑,应该把被保护的网络从开放的、无边界的网络环境中孤立出来,使其成为可管理、可控制、安全的内部网络。要做到这点,最基本的隔离手段就是防火墙。

防火墙是保护计算机网络安全的一种重要技术措施,它利用硬件平台和软件平台在内部网和外部网之间构造一个保护层障碍,用来检测所有的内、外部网络连接,限制外部网对内部网的非法访问或者内部网对外部网的非法访问,并保障系统本身不受信息穿越的影响。换句话说,它是通过在网络边界上设立的响应监控系统来实现对网络的保护功能。防火墙属于被动式防卫技术。图6-20为防火墙的结构图。

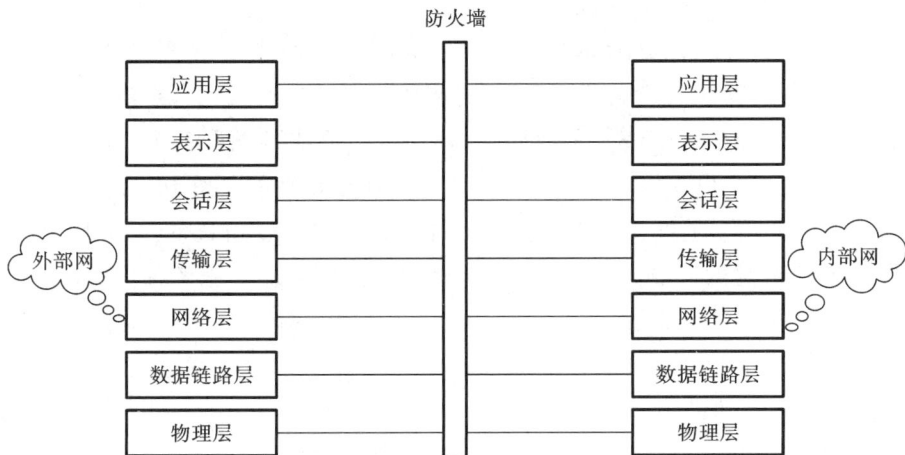

图 6-20　防火墙的结构示意图

不同的防火墙侧重点不同。实际上一个防火墙体现出一种网络安全策略,即决定哪类信息可以通过,哪类信息不可以通过。

1. 防火墙的功能

(1) 保护内部网络信息。防火墙可以过滤不安全的服务项目,降低非法攻击的风险。

(2) 控制特殊站点访问。一方面,某些主机限制外部站点的访问,如只提供 E-mail、Web 功能而禁止其他服务等;另一方面封锁某些外部站点,禁止内部网络对其访问,如封锁某些反动言论站点和色情站点等。

(3) 集中安全管理。将安全软件集中存放在防火墙上,而不是分散在内部网络站点上。

(4) 对网络访问进行记录统计。因为所有内外网连接必须经过防火墙,所以可以记录与统计访问者的实际情况。

2. 防火墙的优点

防火墙管理着一个单位的内部网络与 Internet 之间的访问。当一个单位与 Internet 连接后,问题就不是是否会发生攻击,而是何时会被攻击。如果没有防火墙,内部网络上的每个主机都有可能受到来自 Internet 上其他主机的攻击。内部网的安全取决于每个主机的安全性能的"强度",只有当这个最薄弱的系统自身安全时,整个网络才会安全。

防火墙允许网络管理员在网络中定义一个控制点,它将未经授权的用户(如黑客、攻击者、破坏者或间谍)阻挡在受保护的内部网络之外,禁止易受攻击的服务进出受保护的网络,并防止各类路由攻击。Internet 防火墙通过加强网络安全而简化网络管理。

防火墙是一个监听 Internet 安全和预警的方便端点。网络管理员必须记录和审查进出防火墙的所有值得注意的信息。如果网络管理员不能花时间对每次警报做出反应，并按期审查记录的话，那就没有必要设置防火墙，因为网络管理员根本不知道防火墙是否已受到攻击，也不知道系统安全是否受到损害。

防火墙是审查和记录 Internet 使用情况的最佳点，网络管理员可以通过防火墙掌握 Internet 连接费用和带宽拥塞的详细情况，并提供了一个减轻部门负担的方案。

在过去几年中，Internet 经历了地址空间危机，它造成了注册的 IP 地址没有足够的地址资源，因而使一些想连接 Internet 的机构无法获得足够的注册 IP 地址来满足其用户总数的需要。防火墙则是设置网络地址翻译器（NAT）的最佳位置，网络地址翻译器有助于缓解地址空间不足的问题，并可以使一个机构更换 Internet 服务提供商时，不必重新编号。

防火墙还可以作为向客户或其他外部伙伴发送信息的中心联系点。防火墙也是设置 Web 和 FTP 服务的理想地点。防火墙可以配置用来允许 Internet 访问这些服务器，而又禁止外部对受保护网络上的其他系统的访问服务功能。

3. 防火墙的局限性

目前的防火墙存在着许多不能防范的安全威胁。例如，Internet 防火墙不能防范不经过防火墙产生的攻击，比如，如果允许内部网络上的用户通过调制解调器不受限制地向外拨号，就可以形成与 Internet 直接的 SLIP 或 PPP 连接，由于这个连接绕开了防火墙而直接连接到外部网络（Internet），这就存在着一个潜在的后门攻击渠道，因此，必须使管理者和用户知道，绝对不能允许这类连接造成对系统的威胁。

防火墙不能防范由于内部用户不注意所造成的威胁，此外，它也不能防止内部网络用户将重要的数据复制到移动存储器上，并将这些数据带到外边。对于上述问题，只能通过对内部用户进行安全保密教育，使其了解各种攻击类型以及防护的必要性。

另外，防火墙很难防止受到病毒感染的软件或文件在网络上传输。因为目前存在的各类病毒、操作系统以及加密和压缩文件的种类繁多，不能期望防火墙逐个扫描每份文件查找病毒。因此，内部网中的每台计算机设备都应该安装反病毒软件，以防止病毒从移动硬盘或其他渠道流入。

最后着重说明一点，防火墙很难防止数据驱动式攻击。当有些从表面看来无害的数据被邮寄或复制到 Internet 主机上并被执行发起攻击时，就会发生数据驱动式攻击。例如，一种数据驱动式攻击可以造成一台主机与安全有关的文件被修改，从而使入侵者下一次更容易入侵该系统。

6.5.2 防火墙的类型

防火墙有多种形式，有的以软件形式运行在普通计算机上，有的以固件形式设计在路由器之中,但一般说来可以分为两种类型,即网络级防火墙和应用级防火墙。

1. 网络级防火墙

网络级防火墙又称为包过滤型防火墙,是基于数据包过滤的防火墙。

在互联网这种信息包交换网络上,所有信息都被分割为很多一定长度的信息包,其中包括源地址、目标地址、包的进入端口和输出端口等,路由器读取目标地址并选择一条物理线路发出去,所有的信息包到达目的地后再重新组合还原。

网络级防火墙可以将从数据包中获取的信息(源地址、目标地址、所用端口等)与规则列表进行比较。在规则列表中定义了各种规则来表明是否同意或拒绝包的通过。网络级防火墙检查每一条规则直至发现包中的信息与某规则相符。如果没有相符的规则,防火墙就会使用默认规则,一般情况下,默认规则就是要求防火墙丢弃该包。通过定义基于 TCP 或 UDP 数据包的端口号,防火墙能够判断是否允许建立特定的连接,如 Telnet、FTP 连接。

一个路由器便是一个"传统"的网络级防火墙,大多数的路由器都能通过检查这些信息来决定是否将所收到的包转发。

例如,国家有关部门可以通过包过滤型防火墙来禁止国内用户访问违规站点。下面是某一网络级防火墙的访问控制规则。

(1)允许网络 123.1.0.0 使用 FTP(端口 21)访问主机 210.52.0.1。

(2)允许 IP 地址为 202.103.1.18 和 202.103.1.14 的用户 Telnet(端口 23)到主机 210.52.0.2 上。

(3)允许任何地址的 E-mail(端口 25)进入主机 210.52.0.3。

(4)允许任何 WWW 数据(端口 80)通过。

(5)不允许其他数据包进入。

网络级防火墙简洁、速度快、费用低,它最大的优点就是对用户来说是透明的,不需要任何用户名和密码进行登录,速度快且易于维护,常作为内部网络的第一道防线。

但它的缺点也非常明显,对网络的保护很有限,表现在以下 3 个方面:

(1) 没有用户的使用记录,也就不能从访问记录中发现黑客的攻击记录(对于黑客来说,攻击单纯的包过滤型防火墙是比较容易的,如采取 IP 欺骗的方法),它可以阻止非法用户进入内部网络,但也不会告诉我们究竟都有谁来过,或者谁从内部网进入了外部网。

(2) 定义包过滤器比较复杂,因为网管员需要对各种 Internet 服务、包头格式以及每个域的意义有非常深入的理解,如果必须支持非常复杂的过滤,过滤规则集合会非常大,难于管理和理解;另外,规则配置好之后,几乎没有什么工具可以用来验证过滤规则的正确性。

(3) 它只检查地址和端口,对网络更高协议层的信息无法理解。

2. 应用级防火墙

应用级防火墙又称为应用级网关,它的另外一个名称就是代理服务器。网络级防火墙可以按照 IP 地址禁止外部网对内部网的访问,但不能控制内部人员对外部网的访问。

代理服务器隔离在风险网络与内部网络之间,内外不能直接交换数据,数据交换由代理服务器"代理"完成,内部用户对外发出的请求经由代理服务器审核,如果符合网管员设定的条件,代理服务器就会像一个客户机一样去那个站点取回所需信息转发给用户。例如,代理合法的内部主机访问外部不安全网络的站点,并对代理连接的 URL 进行检查,禁止内部主机访问非法站点;代理内部邮件服务器与外部邮件服务器进行连接,并对邮件的大小、数量、发送者、接收者甚至内部进行检查;认证用户身份,代理合法用户 Telnet 或 FTP 内部服务器,在权限范围内修改服务器内容或上传下载文件。而所有的这些服务都会有一个详细的记录。代理服务器像一堵真正的墙一样阻挡在内部用户和外界之间,从外面只能看到代理服务器而看不到内部资源(如某个用户的 IP),从而有效地保护内部网不受侵害。

代理服务比单一的网络级防火墙更为可靠,内部客户感觉不到它的存在,可以自由访问外部站点(当然是网管员允许的),对外部客户可开放单独的内部连接,可以提供极好的访问控制、登录能力及地址转换功能。代理服务器对提供的服务会产生一个详细的记录,如果发现非法入侵会及时报警,这一点非常重要。

但代理服务器也有不尽如人意之处,其一就是每增加一种新的媒体应用,就必须对代理服务器进行设置;其二就是处理通信量方面存在瓶颈,比简单的包过滤型防火墙要慢得多。这两种类型的防火墙各有优缺点,因而在应用中常结合使用。

6.5.3 防火墙的配置

防火墙设计时需要从以下几个方面进行全面考虑。

1. 防火墙的安全模型

为网络建立防火墙,首先需要决定采用哪种安全模型。安全模型有以下两种。

(1)禁止没有被列为允许访问的服务。

该安全模型需要确定所有可以被提供的服务以及它们的安全特性,开放这些服务,并封锁所有未被列入的服务。此模型能提供较高的安全性,但比较保守,即只提供能够穿过防火墙的服务,无论是数量还是类型都将受到很大的限制。

(2)允许没有被列为禁止访问的服务。

该安全模型与上述模型相反,它首先需要确定哪些是不安全服务,系统将要封锁这些服务,除此之外的其他服务则认为是安全的并允许访问。此模型能提供较灵活的服务方案,但安全风险性较大,随着网络规模的扩大,其监控难度会更大。

2. 机构的安全策略

防火墙并不是孤立的,它是一个系统安全策略中不可分割的组成部分。安全策略必须建立在认真的安全分析、风险评估和商业需要分析的基础之上。如果一个机构没有一项完备的安全策略,大多数精心制作的防火墙可能形同虚设,使整个内部网暴露给攻击者。

3. 防火墙的费用

防火墙的费用取决于它的复杂程度以及需要保护的系统规模。一个简单的包过滤式防火墙可能费用最低,因为包过滤本身就是路由器标准功能的一部分,也就是说,一台路由器本身就可以兼作一个防火墙。而商业防火墙系统提供的安全度更高,价格也非常昂贵。如果一个机构内部有防火墙的专业人员,可以采用公开的软件自行研制防火墙,但从系统开发和设置所需的时间看,其代价太高。另外,所有防火墙均需要持续的管理支持、一般性维护、软件升级、安全策略修改和事故处理,这也会产生一定的费用。

4. 防火墙的体系结构

在对防火墙的基本准则、安全策略和预算问题做出决策后,就可以决定防火墙的设计标准。防火墙是由一组硬件设备,包括路由器、计算机,或者是路由器、计算机和配有适当软件的网络设备组合而成的,防火墙中的所用计算机通常称为堡垒主机。由于网络结构是多种多样的,各站点的安全要求也不尽相同,目前还没有一种统一的防火墙设计标准,防火墙的体系结构也有很多种,在设计过程中应该根据实际情况进行考虑。下面介绍几种主要的防火墙体系结构。

1) 屏蔽路由器体系结构

这是防火墙最基本的配置,它可以由厂家专门生产的路由器实现,也可以用主机来实现。屏蔽路由器作为内外网络连接的唯一通道,要求所有的报文都必须在此通过检查。路由器上安装分组过滤软件,可以实现分组过滤的功能。

这种方式结构简单,容易实现。但实现的控制功能较少,而且易受到攻击,一旦攻破,整个网络就暴露了。

2) 双宿主主机体系结构

双宿主主机是指有两个网络接口的计算机系统,一个接口连接内部网,另一个接口连接外部网。在这种体系结构中,双宿主主机位于内部网和互联网之间,起到隔离内外网段的作用。一般来说,这台机器上需要安装两块网卡,分别对应两个 IP 地址,分别属于内、外两个不同的网段。防火墙内部的系统能与双宿主主机之间通信,防火墙外部的系统也能与双宿主主机之间通信,但内部与外部系统之间不能直接相互通信。这种体系结构非常简单,能提供级别很高的控制,但也存在着一些缺点,用户账号本身会带来很多安全问题,而登录过程也会使用户感到麻烦。

3) 被屏蔽的主机体系结构

堡垒主机是指一台配置了安全防范措施的网络上的计算机,为网络之间的通信提供了一个阻塞点。如果没有了堡垒主机,网络之间将不能相互访问。在这种体系结构中,堡垒主机被安排在内部局域网中,同时在内部网络和外部网络之间配备屏蔽路由器,外部网络必须通过堡垒主机才能访问内部网络中的资源,而内部网络中的计算机可以通过屏蔽路由器访问外部网络中的资源。通常在路由器上设立过滤规则,并使堡垒主机成为从外部网络唯一可以直接到达的主机,这样就确保了内部网络不受未授权的外部用户的攻击。如果堡垒主机与其他主机在同一个子网中,一旦堡垒主机被攻破或被越过,整个内部网络和堡垒主机之间就再也没有任何阻挡了,它将完全暴露在 Internet 之上。因此,堡垒主机必须是高度安全的计算机系统并安排在内部网络中。

屏蔽主机防火墙保证了网络层和应用层的安全,因此比单独的包过滤或应用网关代理更安全。在这一方式下,过滤路由器是否配置正确是这种防火墙安全与否的关键,如果路由表遭到破坏,堡垒主机就可能被越过,使内部网络完全暴露。

4）被屏蔽子网体系结构

与被屏蔽的主机体系结构相比,被屏蔽子网体系结构添加了周边网络,在外部网络与内部网络之间加了额外的安全层。在这种体系结构中,有内、外两个路由器,每一个都连接到周边网络上,称为周边网或者非军事化区,一般对外的公共服务器、堡垒主机放在该子网,使这一子网与 Internet 及内部网络分离。内部网络和外部网络均可访问屏蔽子网,但禁止它们穿过屏蔽子网通信。在这一配置中,即使堡垒主机被入侵者控制,内部网络仍受到内部包过滤路由器的保护。而且可以设置多个堡垒主机运行各种代理服务,可以更有效地提供服务。在被屏蔽子网体系结构中,堡垒主机和屏蔽路由器共同构成了整个防火墙的安全基础,黑客如果想入侵这种体系结构构筑的内部网络,必须通过两个路由器,这就增加了一定难度。

6.6 入侵检测系统

入侵检测系统(intrusion detection system,IDS)作为防火墙之后的第二道安全屏障,通过从网络中的关键地点收集信息并对其进行分析,从中发现违反安全策略的行为和遭到入侵攻击的迹象,并自动做出响应。IDS 主要功能包括对用户和系统行为的监测与分析、系统安全漏洞的检查和扫描、重要文件的完整性评估、已知攻击行为的识别、异常行为模式的统计分析、操作系统的审计跟踪,以及违反安全策略的用户行为的检测等。入侵检测通过实时地监控入侵事件,在造成系统损坏或数据丢失之前阻止入侵者进一步的行动,使系统能尽快恢复正常工作。同时还要收集有关入侵的技术资料,用于改进和增强系统抵抗入侵的能力。

1. IDS 的组成

美国国防部高级研究计划局(DARPA)提出的公共入侵检测框架(common intrusion

detection framework,CIDF)由 4 个模块组成。CIDF 体系结构如图 6-21 所示。

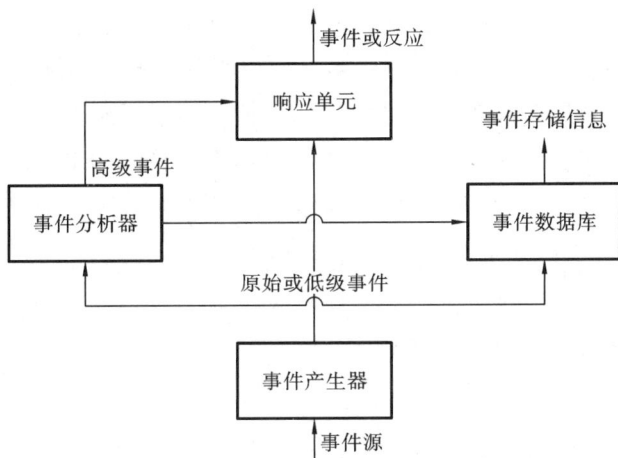

图 6-21 CIDF 体系结构

（1）事件产生器（event generators）。负责数据的采集，并将收集到的原始数据转换为事件，向系统的其他模块提供与事件有关的信息。入侵检测要在网络中的若干关键点（不同网段和不同主机）收集信息，并通过多个采集点信息的比较来判断是否存在可疑迹象或发生入侵行为。入侵检测所利用的信息一般来自 4 个方面：

① 系统和网络的日志文件；

② 目录和文件中不期望的改变；

③ 程序执行中不期望的行为；

④ 物理形式的入侵信息。

（2）事件分析器（event analyzers）。接收事件信息并对其进行分析，判断是否为入侵行为或异常现象，分析方法有下面 3 种：

① 模式匹配。将收集到的信息与已知的网络入侵数据库进行比较，从而发现违背安全策略的行为。

② 统计分析。首先给系统对象（如用户、文件、目录和设备等）建立正常使用时的特征文件，这些特征值将被用来与网络中发生的行为进行比较。当观察值超出正常值范围时，就认为有可能发生入侵行为。

③ 数据完整性分析。主要关注文件或系统对象的属性是否被修改，这种方法往往用于事后的审计分析。

（3）响应单元（response units）。它是对分析结果做出反应的功能单元，它可以做出切断连接、改变文件属性等强烈反应，也可以只是简单的报警。

（4）事件数据库（event databases）。存放有关事件的各种中间和最终数据的地方的统称，它可以是复杂的数据库，也可以是简单的文本文件。

2. IDS 的部署方式

IDS 是一个监听设备，没有跨接在任何链路上，无需网络流量流经它便可以工作。因此，对 IDS 的部署，唯一的要求是：IDS 应当挂接在所关注流量必须流经的链路上。在这里，"所关注流量"指的是来自高危网络区域的访问流量和需要进行统计、监听的网络报文。目前的网络都是交换式的拓扑结构，因此，IDS 在交换式网络中的位置一般选择在尽可能靠近攻击源或者尽可能靠近受保护资源的位置。这些位置通常是：

（1）服务器区域的交换机上；

（2）Internet 接入路由器之后的第一台交换机上；

（3）重点保护网段的局域网交换机上。

3. IDS 的分类

根据入侵检测系统的信息来源，IDS 可分为基于主机的 IDS、基于网络的 IDS 以及分布式 IDS。

（1）主机入侵检测系统（HIDS）。这是对针对主机或服务器的入侵行为进行检测和响应的系统。

（2）网络入侵检测系统（NIDS）。这是针对整个网络的入侵检测系统，包括对网络中所有主机和交换机设备进行入侵行为的检测和响应，其特点是利用工作在混杂模式下的网卡来实时监听整个网段上的通信业务。

（3）分布式入侵检测系统（DIDS）。由分布在网络各个部分的多个协同工作的部件组成，分别完成数据采集、数据分析和入侵响应等功能，并通过中央控制部件进行入侵检测数据的汇总和数据库的维护，协调各个部分的工作。这种系统比较庞大，成本较高。

4. IDS 的检测方法

入侵检测系统根据入侵检测的行为分为两种模式：异常检测和误用检测。前者先要建立一个系统访问正常行为的模型，凡是访问者不符合这个模型的行为将被断定为入侵；后者则相反，先要将所有可能发生的不利的、不可接受的行为归纳建立一个模型，凡是访问者符合这个模型的行为将被断定为入侵。

这两种模式的安全策略是完全不同的，而且，它们各有长处和短处：异常检测的漏报率很低，但是不符合正常行为模式的行为并不见得就是恶意攻击，因此这种策略误报率较高；误用检测由于直接匹配比对异常的不可接受的行为模式，因此误报率较低。但恶意行为千变万化，可能没有被收集在行为模式库中，因此漏报率就很高。这就要求用户必须根据本系统的特点和安全要求来制定策略，选择行为检测模式。用户都采取两种模式相结合的策略。

1）异常检测方法

（1）基于贝叶斯推理检测法：是通过在任何给定的时刻，测量变量值，推理判断系统是否发生入侵事件。

（2）基于特征选择检测法：指从一组度量中挑选出能检测入侵的度量，用它来对入侵行为进行预测或分类。

（3）基于贝叶斯网络检测法：用图形方式表示随机变量之间的关系。通过指定的与邻接节点相关的一个小概率集来计算随机变量的连接概率分布。按给定全部节点组合，根节点的先验概率和分支节点概率构成这个集。贝叶斯网络是一个有向图，"弧"表示父子节点之间的依赖关系。当随机变量的值变为已知时，就允许将它吸收为证据，为其他剩余随机变量条件值判断提供计算框架。

（4）基于模式预测的检测法：事件序列不是随机发生的，而是遵循某种可辨别的模式是基于模式预测的异常检测法的假设条件，其特点是事件序列及相互联系被考虑到了，只关心少数相关安全事件是该检测法的最大优点。

（5）基于统计的异常检测法：是根据用户对象的活动为每个用户都建立一个特征轮廓表，通过对当前特征与以前已经建立的特征进行比较，来判断当前行为的异常性。

（6）基于机器学习检测法：是根据离散数据临时序列学习获得网络、系统和个体的行为特征，并提出了一个实例学习法 IBL，IBL 是基于相似度的，该方法通过新的序列相似度计算将原始数据（如离散事件流和无序的记录）转化成可度量的空间。然后，应用 IBL 学习技术和一种新的基于序列的分类方法，发现异常类型事件，从而检测入侵行为。其中，成员分类的概率由阈值的选取来决定。

（7）数据挖掘检测法：数据挖掘的目的是要从海量的数据中提取出有用的数据信息。网络中会有大量的审计记录存在，审计记录大多都是以文件形式存放的。如果靠手工方法来发现记录中的异常现象是远远不够的，所以将数据挖掘技术应用于入侵检测中，可以从审计数据中提取有用的知识，然后用这些知识去检测异常入侵和已知的入侵。采用的方法有 KDD 算法，其优点是善于处理大量数据的能力与数据关联分析的能力，但是实时性较差。

（8）基于应用模式的异常检测法：该方法是根据服务请求类型、服务请求长度、服务请求包的大小分布计算网络服务的异常值。通过实时计算的异常值与所训练的阈值比较，从而发现异常行为。

（9）基于文本分类的异常检测法：该方法是将系统产生的进程调用集合转换为"文档"。利用 K 邻聚类文本分类算法，计算文档的相似性。

2）误用检测方法

（1）模式匹配法：常被用于入侵检测技术中。它是通过把收集到的信息与网络入侵和系统误用模式数据库中的已知信息进行比较，从而对违背安全策略的行为进行发现。模式匹配法可以显著地减少系统负担，有较高的检测率和准确率。

（2）专家系统法：这个方法的思想是把安全专家的知识表示成规则知识库，再用推理算法检测入侵。主要是针对有特征的入侵行为。

255

（3）基于状态转移分析的检测法：该方法的基本思想是将攻击看成一个连续的、分步骤的并且各个步骤之间有一定的关联的过程。在网络中发生入侵时及时阻断入侵行为，防止可能还会进一步发生的类似攻击行为。在状态转移分析方法中，一个渗透过程可以看作是由攻击者做出的一系列的行为而导致系统从某个初始状态变为最终某个被危害的状态。

6.7　虚拟专用网

6.7.1　虚拟专用网的工作原理

随着企业业务的不断发展，越来越多的员工需要到外地出差或在家办公。由于工作的需要，他们经常要连接到企业的内部网络，那么如何能安全地将这些地理位置分散的员工连接到企业的内部网呢？传统的解决方法是在企业内部架设远程访问服务器，远程用户通过电话线路或 ISDN 线路远程拨号连接到远程访问服务器，实现与企业内部网络的数据传输和信息交换。这种解决方法的缺点一是通信速度慢，二是成本非常高。

虚拟专用网（virtual private network，VPN）技术正好弥补了这一缺陷，它能够利用廉价的 Internet 或其他公共网络传输数据，即能达到传统专用网络的安全性。远程用户只要能连接上 Internet 就能随时随地接入企业内部网络。

实现 VPN 的关键技术主要有以下几种：

（1）隧道技术（Tunneling）。隧道技术是一种通过使用 Internet 基础设施在网络之间传递数据的方式。隧道协议将其他协议的数据包重新封装在新的包头中发送。新的包头提供了路由信息，从而使封装的负载数据能够通过 Internet 传递。在 Internet 上建立隧道可以在不同的协议层实现，如数据链路层、网络层或传输层，这是 VPN 特有的技术。

（2）加密技术（encryption & decryption）。VPN 可以利用已有的加解密技术实现保密通信，保证公司业务和个人通信的安全。

（3）密钥管理技术（key management）。建立隧道和保密通信都需要密钥管理技术的支撑，密钥管理负责密钥的生成、分发、控制和跟踪，以及验证密钥的真实性等。

（4）身份认证技术（Authentication）。加入 VPN 的用户都要通过身份认证，通常使用用户名和口令，或者智能卡来实现用户的身份认证。

使用 VPN 技术实现远程用户接入企业内部网络的拓扑结构如图 6-22 所示。

对于 VPN 技术，可以把它理解成是虚拟出来的企业内部专线。它可以通过特殊的加密通信协议在位于 Internet 不同位置的两个或多个企业内联网之间建立专有的通信

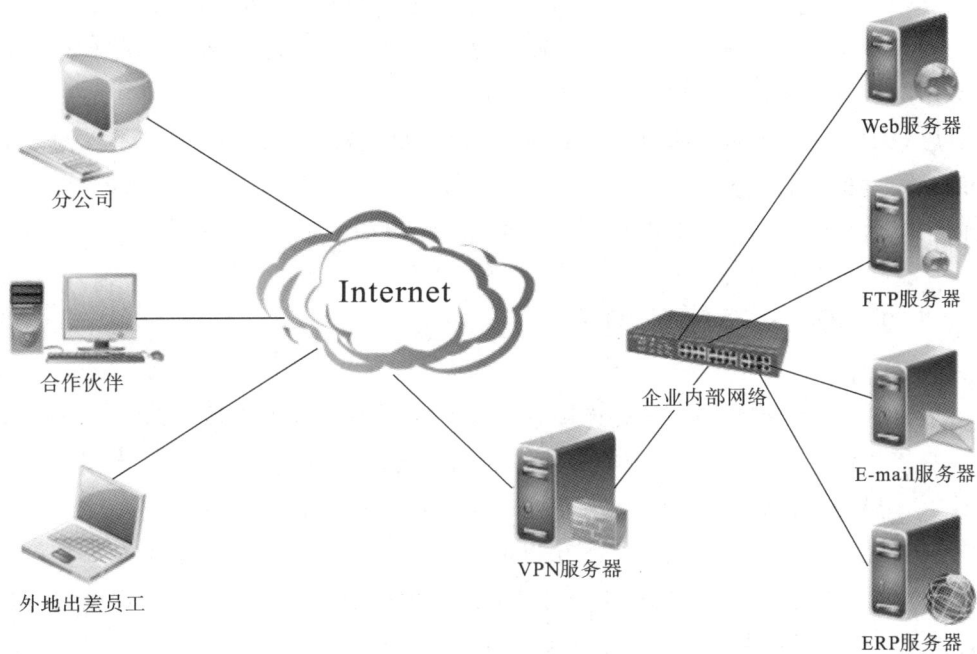

图 6-22   VPN 技术实现远程接入的拓扑结构

线路。就好像架设了一条专线一样,但它并不需要真正铺设光缆之类的物理线路。这好比去电信局申请专线,但不用支付铺设线路的费用,也不用购买路由器等硬件设备。VPN 技术最早是路由器的重要功能之一,而且交换机、防火墙等设备甚至 Windows 操作系统等软件也开始支持 VPN 功能。总之,VPN 的核心就是利用公共网络资源为用户建立虚拟的专用网络。

虚拟专用网是一种网络新技术,它不是真的专用网络,但却能够实现专用网络的功能。虚拟专用网指的是依靠 ISP(Internet 服务提供商)和其他 NSP(网络服务提供商),在公用网络中建立专用的数据通信网络的技术。在虚拟专用网中,任意两个节点之间的连接并没有传统专用网所需的端到端的物理连接,而是利用某种公共数据线路,使用 Internet 公共数据网络的长途数据线路。所谓专用网络,是指用户可以制定一个最符合自己需求的网络。

VPN 是原有专线式专用广域网的代替方案,代表了当今网络发展的最新趋势。VPN 并非改变原有广域网的一些特性,如多重协议的支持、高可靠性及高扩充性,而是在更为符合成本利益的基础上达到这些特性。

通过以上分析,可以从通信环境和通信技术层面给出 VPN 的详细定义。

(1) 在 VPN 通信环境中,存取受到严格控制,当只有被确认是同一个公共体的内部同层(对等)连接时,才允许它们进行通信。而 VPN 环境的构建则是通过对公共通信基础设施的通信介质进行某种逻辑分割来实现的。

（2）VPN 通过共享通信基础设施为用户提供定制的网络连接服务，这种定制的连接要求用户共享相同的安全性、优先级服务、可靠性和可管理性策略，在共享的基础通信设施上采用隧道技术和特殊配置技术措施，仿真点到点的连接。

总之，VPN 可以构建在两个端系统之间、两个组织机构之间、一个组织机构内部的多个端系统之间、跨越全球性 Internet 的多个组织之间及单个或组合的应用之间，为企业之间的通信构建了一个相对安全的数据通道。

6.7.2　VPN 系统的组成

一般来说，两台具有独立 IP 并连接 Internet 的计算机，只要知道对方的 IP 地址就可以进行直接通信。但是，这两台计算机所在的私有网络和公有网络使用了不同的地址空间或协议，导致网络之间不能直接访问。VPN 的原理就是在这两台直接和公共网络连接的计算机之间建立一条专用通道。私有网络之间的通信内容经过发送端计算机或设备打包，通过公共网络的专用通道进行传输，然后在接收端解包，还原成私有网络的通信内容，转发到私有网络中。这样对于两个私有网络来说，公用网络就像普通的通信电缆，而接在公共网络上的两台计算机和设备则相当于两个特殊的节点。由于 VPN 连接的特点，私有网络的通信内容会在公共网络上进行传输，出于安全和效率的考虑，一般通信内容需要加密或压缩。而通信过程的打包和解包工作则必须通过一个双方协商好的协议进行，这样在两个私有网络之间建立 VPN 通道需要一个专门的过程，依赖于一系列不同的协议。这些设备和相关设备及协议组成了一个 VPN 系统。一个完整的 VPN 系统一般包括 3 个单元：

（1）VPN 服务器。

VPN 服务器是能够接收和验证 VPN 连接请求，并处理数据打包和解包工作的一台计算机或设备。VPN 服务器的操作系统可以选择 Windows 网络操作系统，相关组件为系统自带。要求 VPN 服务器已经介入 Internet，并且拥有一个独立的公有 IP 地址。

（2）VPN 客户端。

VPN 客户端是能够发起 VPN 连接请求，并且也可以进行数据打包和解包工作的一台计算机或设备。VPN 客户机的操作系统可以为 Windows 等，要求 VPN 客户端已经接入 Internet。

（3）VPN 数据通道。

VPN 数据通道是一条建立在公共网络上的数据链路。实际上，所谓的服务器和客户端在 VPN 建立之后，在通信过程中扮演的角色是一样的，区别仅在于连接是由谁发起的而已。

假定现在又一台主机想要通过 Internet（公共网络）接入公司的内部网。首先该主机通过拨号等方式连接到 Internet，然后再通过 VPN 拨号方式与公司的 VPN 服务器建立一条虚拟连接,在建立连接的过程中,双方必须确定采用何种 VPN 协议和连接线路的路由路径等,如图 6-23 所示。

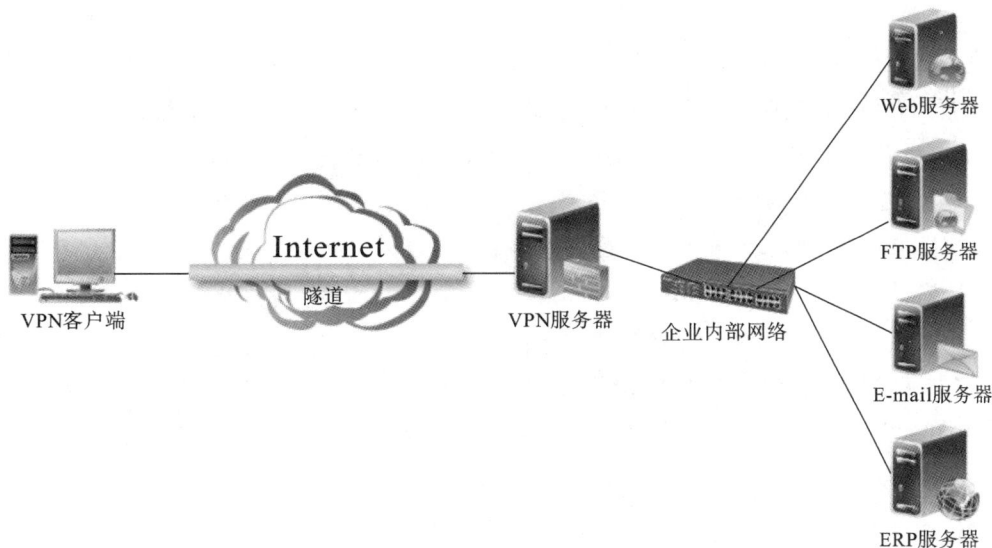

图 6-23 用隧道技术实现 VPN

当隧道建立完成后,用户与公司内部网络之间要利用该虚拟专用网进行通信时,发送方会根据所使用的 VPN 协议,对所有的通信信息进行加密,并重新添加上数据包的首部封装成在公共网络上发送的外部数据包。然后通过公共网络将数据发送至接收方。接收方在接收到该信息后也根据所使用的 VPN 协议,对数据进行解密。

由于在隧道中传送的外部数据包的数据部分(即内部数据包)是加密的,因此在公共网络上所经过的路由器都不知道内部数据包的内容,确保了通信数据的安全。同时也因为会对数据包进行重新封装,所以可以实现其他通信协议数据包在 TCP/IP 网络中传输。

6.7.3 VPN 协议

隧道技术是 VPN 技术的基础,在创建隧道过程中,隧道的客户机和服务器必须使用相同的隧道协议。

按照开放 OSI 参考模型,隧道技术可以分为第二层和第三层隧道协议。第二层隧道协议使用帧作为数据交换单位。PPTP、L2TP 和 L2F 都属于第二层隧道协议,它们都是将数据封装在点对点协议(PPP)帧中通过 Internet 发送的。第三层隧道协议使用包作为数据交换单位。IP over IP 和 IPSec 隧道模式都属于第三层隧道协议,它们都是将 IP 包封装在附加的 IP 报头中通过 IP 网络传送。下面介绍几种常见的隧道协议。

1. PPP

PPP(point to point protocol)可以在点对点链路上传输多种上层协议的数据包。

PPP 是数据链路层协议,最早是替代 SLIP 协议用来在同步链路上封装 IP 数据报的,后来也可以承载注入 DECnet、Novell IPX、Apple Talk 等协议的分组。PPP 是一组协议,包含以下部分。

(1) 封装协议。用于封装各种上层协议的数据报,PPP 封装协议提供了在同一链路上传输各种网络层协议的多路复用功能,也能与各种常见的硬件保持兼容。

(2) 链路控制协议(Link Control Protocol,LCP)。通过以下三类 LCP 分组来建立、配置和管理数据链路层链接。

① 链路配置分组,用于建立和配置链路。

② 链路终结分组,用于终止链路。

③ 链路维护分组,用于链路管理和排错。

(3) 网络控制协议。在 PPP 的链路建立过程中的最后阶段将选择承载的网络层协议,如 IP、IPX 或 Apple Talk 等。PPP 只传送选定的网络层分组,任何没有入选的网络层分组将被丢弃。

2. PPTP

PPTP(point to point tunneling protocol)是点对点协议(PPP)的扩展,并协调使用 PPP 的身份验证、压缩和加密机制。它允许对 IP、IPX 或 NetBEUI 数据流进行加密,然后封装在 IP 报头中并通过诸如 Internet 这样的公共网络发送,从而实现多功能通信。PPTP 定义了以下两种逻辑设备。

(1) PPTP 接入集中器(PPTP access concentrator,PAC)。可以连接一条或多条 PSTN 或 ISDN 拨号线路,能够进行 PPP 操作,并且能处理 PPTP 协议。PAC 可以与一个或多个 PNS 实现 TCP/IP 通信,或者通过隧道传送其他协议的数据。

(2) PPTP 网络服务器(PPTP network server,PNS)。建立在通过服务器平台上的 PPTP 服务器,运行 TCP/IP 协议,可以使用任何 LAN 和 WAN 接口硬件实现。

PPTP 只是在 PAC 和 PNS 之间实现,与其他任何设备无关,连接到 PAC 的拨号网络也与 PPTP 无关,标准的 PPP 客户端软件仍然可以在 PPP 链路上进行操作。

PPP 分组必须先经过 GRE 封装后才能在 PAC~PNS 之间的隧道中传送。GRE (generic routing encapsulation)是在一种网络层协议上封装另一种网络协议的协议。GRE 封装的协议经过了加密处理,所以 VPN 之外的设备无法探测其中的内容。对 PPP 分组封装和传送的过程如图 6-24 所示。响应 VPN 客户端和 VPN 服务器的源 IP 地址及目标 IP 地址位于 IP 报头中。

3. 第二层隧道协议

第二层隧道协议(layer 2 tunneling protocol,L2TP)用于把各种拨号服务集成到 ISP 的服务提供点。PPP 定义了一种封装机制,可以在点对点链路上传输多种协议的分组。L2TP 扩展了 PPP,允许第二层连接端点和 PPP 会话端点置于由分组交换网连接的不同

IP报头	GRE报头	PPP报头	加密的PPP负载 （IP数据报、IPX数据报、NetBEUI帧）

PPP帧

图 6-24　PPTP 帧结构

设备中。

L2TP 报文分为控制报文和数据报文。控制报文用于建立、维护和释放隧道和呼叫；数据报文用于封装 PPP 帧，以便在隧道中传送。控制报文使用了可靠的控制信道以保证提交，数据报文被丢失后不再重传。

在 IP 网上使用 UDP 和一系列对的 L2TP 消息对隧道进行维护，同时使用 UDP 将 L2TP 封装的 PPP 帧通过隧道发送，可以对封装的 PPP 帧中的数据进行加密或压缩。图 6-25 所示的为在传输之前封装一个 L2TP 数据包。

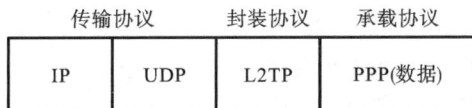

传输协议	封装协议	承载协议	
IP	UDP	L2TP	PPP(数据)

图 6-25　L2TP 数据包在 IP 网中的封装

PPTP 和 L2TP 都使用 PPP 对数据进行封装，尽管两个协议非常相似，但是仍然存在以下几个方面的区别。

(1)PPTP 要求互联网为 IP 网络，L2TP 只要求隧道媒介提供面向数据包的点对点链接。L2TP 可以在 IP、帧中继永久虚电路、X.25 虚电路或 ATM 网络上使用。

(2)PPTP 只能在两端点间建立单一隧道，L2TP 支持在两端点间使用多个隧道。使用 L2TP，用户可以针对不同的服务质量创建不同的隧道。

(3)L2TP 可以提供数据报头压缩。当压缩时，开销占用 4 个字节，而在 PPTP 下要占用 6 个字节。

(4)L2TP 可以提供隧道验证，而 PPTP 不支持隧道验证。

4. IPSec

IPSec(互联网协议安全性)是由 IETF 定义的一套在网络层提供 IP 安全性的协议，它主要用于确保网络层之间的安全通信。该协议使用 IPSec 协议集保护 IP 网络和非 IP 网络上的 L2TP 业务。在 IPSec 协议中，一旦 IPSec 通道建立，在通信双方网络层之上的所有协议(如 TCP、UDP、SNMP、HTTP、POP 等)就要经过加密，而不管这些通道构建时所采用的安全和加密方法如何。

1) IPSec 协议集提供的安全服务

(1) 数据完整性。保持数据的一致性，防止未授权地生成、修改或删除数据。

(2) 认证。保证接收的数据与发送的相同，保证实际发送者是声称的发送者。

（3）保密性。传输的数据是经过加密的，只有预定的接收者知道发送的内容。

（4）应用透明的安全性。IPSec 的安全头插入在标准的 IP 头和上层协议之间，任何网络和网络应用都可以不经修改地从标准 IP 转向 IPSec，同时，IPSec 通信也可以透明地通过现有的 IP 路由器。

2）IPSec 的功能

（1）认证头（authentication header，AH）。用于数据完整性认证和数据源认证，但是不提供保密服务。

（2）封装安全负荷（encapsulating security payload，ESP）。提供数据保密性和数据完整性认证，ESP 也包括了防止重放攻击的顺序号。

（3）Internet 密钥交换协议（internet key exchange，IKE）。用于生成和分发在 ESP 和 AH 中使用的密钥，IKE 也对远程系统进行初始认证。

5. 安全套接层

安全套接层（secure socket layer，SSL）是 Netscape 于 1994 年开发的传输层安全协议，用于实现 Web 安全通信。1996 年发布的 SSL 3.0 协议草案已经成为一个事实上的Web 安全标准。1999 年，IETF 推出了传输层安全标准（transport layer security，TLS）（RFC2246），对 SSL 进行了改进。SSL/TLS 已经在 Netscape Navigator 和 Internet Explorer 中得到广泛应用。

SSL 的基本目标是实现两个实体之间安全可靠的通信。SSL 协议分为两层，底层是SSL 记录协议，运行在 TCP 之上，用于封装各种上层协议。一种被封装的上层协议是SSL 握手协议，由服务器和客户端用来进行身份认证，并且协商通信中使用的加密算法和密钥。SSL 协议栈如图 6-26 所示。

图 6-26 SSL 协议栈

（1）会话和连接状态。SSL 握手协议负责调整客户端和服务器的会话状态，使其能够协调一致地进行操作。

（2）记录协议。SSL 记录层首先把上层的数据划分为 2^{14} 字节的段，然后进行无损压缩、计算 MAC 并且进行加密，最后才发送出去。

（3）改变密码协议。用于改变安全策略，改变的密码报文由客户端或服务器发送，用于通知对方后续的记录将采用新的密码列表。

（4）警告协议。SSL 记录层对当前传输中的错误可以发出警告，使得当前的会话失效，避免在此产生新的会话。

（5）握手协议。会话状态的密码参数是在 SSL 握手阶段产生的。

（6）密钥交换算法。通信中使用的加密和认证方案是由密码列表决定的，而密码列表则是由服务器通过 HELLO 报文进行选择的。

SSL 对应用层是独立的，这是它的优点，高层协议都可以透明地运行在 SSL 协议之上，SSL 提供的安全连接具有以下特性。

（1）连接是保密的。用握手协议定义了对称密钥之后，所有通信都被加密传输。

（2）对等实体可以利用对称密钥算法相互认证。

（3）连接是可靠的。报文传输期间利用安全散列函数进行数据的完整性检验。

SSL 和 IPSec 各有特点。SSL VPN 与 IPSec VPN 一样，都使用 RSA 或 D-H 握手协议来建立秘密隧道。SSL 和 IPSec 都使用了预加密，以及数据完整性和身份认证技术，如 3-DES、128 位的 RC4、ASE、MD5 和 SHA-1 等。两种协议的区别是，IPSec VPN 是在网络层建立安全隧道，适用于建立固定的虚拟专用网，而 SSL 的安全连接是通过应用层的 Web 连接建立的，更适合移动用户远程访问公司的虚拟专用网，原因如下。

（1）SSL 不必下载到访问公司资源的设备上。

（2）SSL 不需要端用户进行复杂的配置。

（3）只要有标准的 Web 浏览器，就可以利用 SSL 进行安全通信。

SSL/TLS 在 Web 安全通信中被称为 HTTPS。SSL/TLS 也可以用在其他非 Web 的应用（如 SMTP、LDAP、POP、IMAP 和 TELNET）中。在虚拟专用网中，SSL 可以承载 TCP 通信，也可以承载 UDP 通信。由于 SSL 工作在传输层，所以 SSL VPN 的控制更加灵活，既可以对传输层进行访问控制，也可以对应用层进行访问控制。

6.7.4　VPN 的解决方案

1. 企业内联网（Intranet）

企业内联网是指利用 VPN 技术构建的一个企业、组织或者部门内部的提供综合性服务的互联网。Intranet 能使用户随时随地以其所需的方式访问企业内部的网络资源，最适合用于公司内部经常有流动人员远程办公的情况。出差员工利用当地 ISP 提供的 Internet 接入就可以和公司的 VPN 服务器建立私有的隧道链接。

基于 Intranet 的企业内部网与传统的企业内部网络相比，具有以下优越性：

（1）使用统一的 TCP/IP 标准，技术成熟，系统开放，开发难度低，应用方案充足。

（2）操作界面统一而亲切友好，使用、维护、管理和培训都十分简单。

（3）具有良好的性价比，能充分保护和利用已有的资源。通信传输、信息系统的开发和管理费用低。

（4）技术先进，能够适应未来信息技术的发展方向，代表了未来企业运作、管理的方向。

（5）网络服务多种多样，能够提供诸如 WWW 信息发布与浏览、文件传输、电子邮件、信息查询等服务。

（6）信息处理和交换非常灵活，信息内容图文并茂，具体生动，使用灵活自如，能够充分利用企业的信息资源。

（7）能够适应不同的企业和政府部门，也可以适应不同的管理模式以迎接未来的挑战。

【例 6-1】 某公司在全国各地设有分公司和办事处，还有部分出差人员。为了分公司、办事处和出差人员随时访问总部内部的 OA 服务器、ERP 服务器、Web 服务器和 FTP 服务器等，使用 VPN 技术设计了该公司的企业内联网。

（1）请根据以上说明设计符合该公司要求的企业内联网拓扑结构，并说明网络设计思路。

（2）为公司总部、分公司、办事处网络分配合理 IP 地址。

（3）说明 VPN 服务器的配置过程。

（4）办事处、分公司和出差人员访问总部内部网络资源的过程。

解 （1）根据题目的描述，公司使用 VPN 组建企业内联网，设计网络拓扑结构如图 6-27 所示。

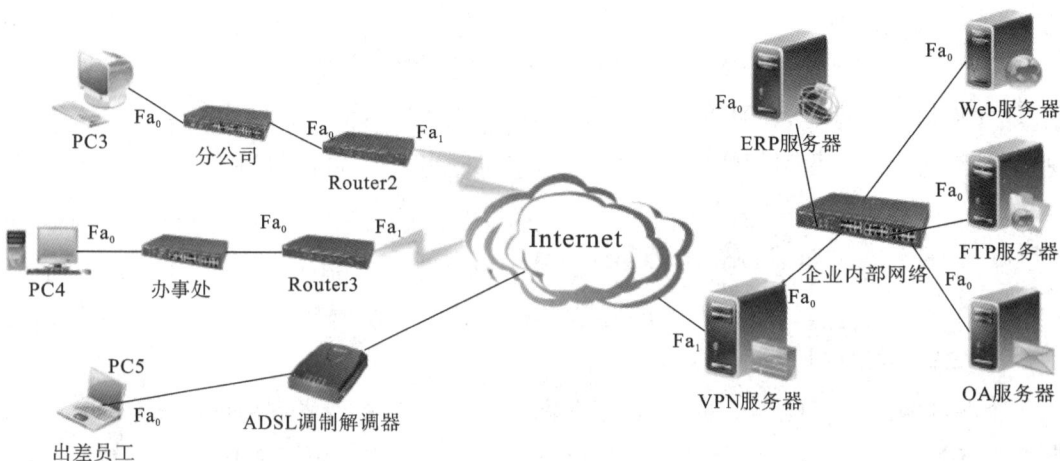

图 6-27 使用 VPN 技术构建企业内联网

总部 LAN 需要向当地 ISP 申请公有 IP 地址（如 65.85.1.8），使用该公有 IP 地址通过 ISP 连接到 Internet。分公司、办事处和出差人员可以通过当地 ISP 提供的 ADSL 虚拟宽带技术接入 Internet。

（2）公司总部、分公司、办事处网络的IP地址分配如表6-1所示。

表6-1　IP地址分配表

单位	设备	端口	IP 地址	子网掩码	默认网关
总部	Web 服务器	Fa0	192.166.10.2	255.255.255.0	192.166.10.1
	FTP 服务器	Fa0	192.166.10.3	255.255.255.0	192.166.10.1
	OA 服务器	Fa0	192.166.10.4	255.255.255.0	192.166.10.1
	ERP 服务器	Fa0	192.166.10.5	255.255.255.0	192.166.10.1
	VPN 服务器	Fa0	192.166.10.1	255.255.255.0	—
		Fa1	65.85.1.8	255.0.0.0	—
分公司	PC3	Fa0	192.166.1.2	255.255.255.0	192.166.1.1
	Router2	Fa0	192.166.1.1	255.255.255.0	—
		Fa1	由 ISP 分配		—
办事处	PC4	Fa0	192.166.6.2	255.255.255.0	192.166.6.1
	Router3	Fa0	192.166.6.1	255.255.255.0	—
		Fa1	由 ISP 分配		—
出差人员	PC5	Fa0	由 ISP 分配		—

（3）总部选择带 VPN 功能的路由器作为 VPN 服务器，VPN 服务器的配置过程如下：

① 配置并启用路由和远程访问，设置允许 VPN 访问；

② 为本地网络进行 IP 地址指派，设置地址池，如 192.166.10.6～192.166.10.254；

③ 设置用户远程连接的权限，即为每个要通过 VPN 访问总部内部网络的用户分配访问权限，包括用户名和口令。

（4）办事处、分公司和出差人员访问总部内部网络资源的过程，以分公司的主机 PC3 为例说明远程访问总部内部网络资源的过程：

① 主机 PC3 有一个本地连接，该连接负责本地局域网的访问，其 IP 地址为 192.166.1.2。

② 在主机 PC3 上创建 VPN 连接，创建连接的过程中输入远程 VPN 服务器的 IP 地址，此处总部 VPN 服务器的 IP 地址为：65.85.1.8，在用户名和口令栏输入分配的用户名和口令，接入总部 VPN 内部网络。

③ 当 PC3 建立 VPN 连接后，该连接的 IP 地址由总部 VPN 服务器在地址池里取一个未被分配的 IP 地址，如 192.166.10.6。该连接负责将 PC3 接入总部内部网络，其 IP 地址为 192.166.10.6，该地址与总部内部网络的 IP 地址属于同一个网络，即该连接使 PC3 成为总部内部网络的成员，可以如同网内主机一样，访问 ERP 服务器或 OA 服务器

等网内资源。

2. 企业外联网(Extranet)

企业外联网指利用 VPN 技术构建企业与客户、供应商和其他相关团体之间的互联网。当然,客户也可以通过 Web 访问企业的客户资源,但是企业外联网可以方便提供接入控制和身份认证机制,动态地提供公司业务和数据的访问权限。一般来说,如果公司提供 B2B 之间的安全访问服务,则可以考虑与相关企业建立 Extranet。

6.8 应用层安全协议

6.8.1 S-HTTP

安全的超文本传输协议(secure HTTP,S-HTTP)是一个面向报文的安全通信协议,是 HTTP 协议的扩展,其设计目的是保证商业贸易信息的传输安全,促进电子商务的发展。

S-HTTP 可以与 HTTP 消息模型共存,也可以与 HTTP 应用集成。S-HTTP 为 HTTP 客户端和服务器提供了各种安全机制,适用于潜在的各类 Web 用户。

S-HTTP 客户端和服务器是对称的,对于双方的请求和响应做出同样的处理,但是保留了 HTTP 的事务处理模型和实现特征。

在语法上,S-HTTP 报文与 HTTP 的相同,由请求或状态行组成,后面是信头和主体。显然信头各不相同并且主体密码设置更为精密。S-HTTP 报文由从客户机到服务器的请求和从服务器到客户机的响应组成。请求报文的格式如图 6-28 所示。

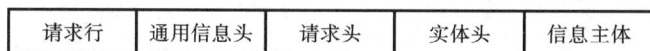

请求行	通用信息头	请求头	实体头	信息主体

图 6-28 S-HTTP 请求报文格式

S-HTTP 响应采用指定协议"S-HTTP/1.4"。响应报文的格式如图 6-29 所示。

状态行	通用信息头	响应头	实体头	信息主体

图 6-29 S-HTTP 响应报文格式

为了与 HTTP 报文区分,S-HTTP 报文使用了指示器 Secure-HTTP/1.4,这样 S-HTTP 报文可以与 HTTP 报文混合在同一个 TCP 端口(80)进行传输。

由于 SSL 的出现,S-HTTP 未能得到广泛应用。目前,SSL 基本取代 S-HTTP。大多数 Web 交易均采用传统的 HTTP 协议,并使用经过 SSL 加密的 HTTP 报文来传输敏感的交易信息。

6.8.2　PGP

优良保密协议(pretty good privacy,PGP)是一套用于消息加密、验证的应用程序,采用 IDEA 的散列算法作为加密与验证之用。

PGP 加密由一系列散列、数据压缩、对称密钥加密,以及公钥加密的算法组合而成。每个步骤支持几种算法,可以选择一个使用。每个公钥均绑定唯一的用户名和/或 E-mail 地址。这个系统的第一个版本通常称为可信 Web 或 X.509 系统;X.509 系统使用的是基于数字证书认证机构的分层方案,该方案后来被加入到 PGP 的实现中。当前的 PGP 加密版本通过一个自动密钥管理服务器来进行密钥的可靠存放。

PGP 提供两种服务:数据加密和数字签名。数据加密机制可以用于本地存储的文件,也可以应用于网络上传输的电子邮件。数字签名机制用于数据源身份认证和报文完整性验证。PGP 使用 RSA 公钥证书进行身份认证,使用 IDEA(128 位密钥)进行数据加密,使用 MD5 进行数据完整性验证。PGP 加密原理如图 6-30 所示。

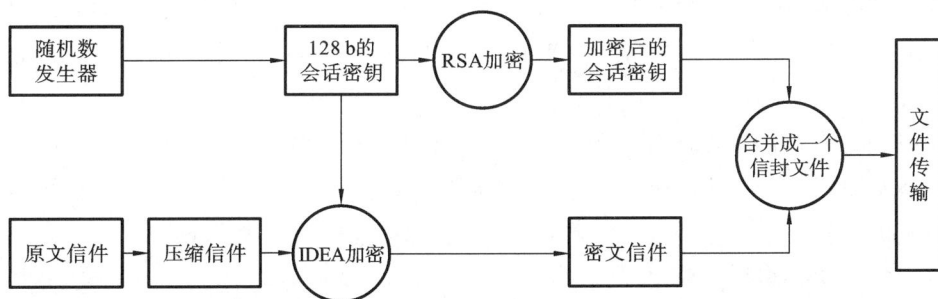

图 6-30　PGP 加密原理

PGP 进行身份认证的过程称为公钥指纹。所谓指纹,就是对密钥进行 MD5 变换后所得到的字符串。假如 Alice 能够识别 Bob 的声音,则 Alice 可以设法得到 Bob 的公钥,并生成公钥指纹,通过电话验证他得到的公钥指纹是否与 Bob 的公钥指纹一致,以证明 Bob 公钥的真实性。

如果得到了一些可信任的公钥,就可以使用 PGP 的数字签名机制得到更多的真实公钥。例如,Alice 得到了 Bob 的公钥,并且信任 Bob 可以提供其他人的公钥,则经过 Bob 签名的公钥就是真实的。这样,在相互信任的用户之间就形成一个信任圈。网络上有一些服务器提供公钥存储器,其中的公钥经过了一个或多个人的签名。如果你信任某个人的签名,那么就可以认为他/她签名的公钥是真实的。SLED(stable large E-mail da-taBase)就是这样的服务器,在该服务器目录中的公钥都是经过 SLED 签名的。

有一系列的软件工具可以用于部署 PGP 系统,在网络中部署 PGP 可分为 3 个步骤进行。

(1) 建立 PGP 证书管理中心。PGP 证书服务器是一个现成的工具软件,用于在大型网络系统中建立证书管理中心,形成统一的公钥基础结构。

(2) 对文档和电子邮件进行 PGP 加密。在 Windows 中可以安装 PGP for Business Security,对文件系统和电子邮件系统进行加密传输。

(3) 在应用系统中集成 PGP。系统开发人员可以利用 PGP 软件开发工具包将加密功能结合到现在的应用系统中。

6.8.3 S/MIME

多用途网际邮件扩充协议(secure/multipurpose internet mail extensions,S/MIME)是 RSA 数据安全公司开发的软件。

在 S/MIME 之前,管理员使用被广泛接受的电子邮件协议:简单邮件传输协议(SMTP),该协议由于其内在的原因而缺乏安全性;或者使用更安全但专用的解决方案。管理员选择解决方案时或者着眼于安全性,或者着眼于连接性。由于使用 S/MIME,管理员现在可选择使用既安全又被广泛接受的电子邮件。S/MIME 是与 SMTP 同样重要的一个标准,因为它将 SMTP 带入一个新的层次:既能实现广泛的电子邮件连接性,又不会破坏安全性。

S/MIME 提供的安全服务有数字签名和邮件加密。这两种服务是基于 S/MIME 的邮件安全的核心。与邮件安全有关的其他所有概念都支持这两种服务。虽然整个邮件安全领域可能看上去很复杂,但这两种服务却是邮件安全的基础。

使用数字签名和邮件加密时,这两个服务不会改变其中任何一个服务的处理过程。对电子邮件进行签名和加密的过程如下:

(1) 捕获邮件。

(2) 检索用来唯一标识发件人的信息。

(3) 检索用来唯一标识收件人的信息。

(4) 使用发件人的唯一信息对邮件执行签名操作,以产生数字签名。

(5) 将数字签名附加到邮件中。

(6) 使用收件人的信息对邮件执行加密操作,以产生加密的邮件。

(7) 用加密后的邮件替换原始邮件。

(8) 发送邮件。

对电子邮件进行解密和验证的过程如下:

(1) 接收邮件。

(2) 检索加密邮件。

（3）检索用来唯一标识收件人的信息。

（4）使用收件人的唯一信息对加密邮件执行解密操作，以产生未加密的邮件。

（5）返回未加密的邮件给收件人。

（6）从未加密的邮件中检索数字签名。

（7）检索用来标识发件人的信息。

（8）使用发件人的信息对未加密的邮件执行签名操作，以产生数字签名。

（9）将邮件所附带的数字签名与收到邮件后所产生的数字签名进行比较。

（10）如果数字签名匹配，则说明邮件有效。

6.8.4 SET

安全的电子交易（secure electronic transaction，SET）是基于信用卡在线支付的电子商务安全协议，它是由 VISA 和 MasterCard 两大信用卡公司于 1997 年 5 月联合推出的规范。SET 通过制定标准和采用各种密码技术手段，解决了当时困扰电子商务发展的安全问题。它已经获得 IETF 标准的认可，已经成为事实上的工业标准。

SET 主要是为了解决用户、商家和银行之间通过信用卡支付的交易而设计的，以保证支付信息的机密、支付过程的完整、商户及持卡人的合法身份以及可操作性。SET 中的核心技术主要有数据加密、数字签名、电子信封、电子安全证书等。

SET 是一种基于消息流的协议，它主要由 MasterCard 和 Visa 以及其他一些业界主流厂商设计发布，用来保证公共网络上银行卡支付交易的安全性。SET 已经在国际上被大量实验性地使用并经受了考验，但大多数在 Internet 上的消费者并没有真正使用 SET。

SET 是一个非常复杂的协议，因为它非常详细而准确地反映了卡交易各方之间存在的各种关系。SET 还定义了加密信息的格式和完成一笔卡支付交易过程中各方传输信息的规则。事实上，SET 远远不止是一个技术方面的协议，它还说明了每一方所持有的数字证书的合法含义，希望得到数字证书以及响应信息的各方应有的动作，与一笔交易紧密相关的责任分担。

SET 协议采用公钥密码体制和 X.509 数字证书标准，提供了消费者、商家和银行之间的认证，确保了交易数据的机密性、真实性、完整性和交易的不可否认性，特别是保证不将消费者银行卡号暴露给商家等优点，因此它成为公认的信用卡/借记卡的网上交易的国际安全标准。SET 的交易过程如下：

（1）顾客开立 MasterCard 或 Visa 银行账户。

（2）顾客收到数字认证。

（3）第三方贸易商也收到银行数字认证。

（4）顾客在网页或者通过电话等订购货物。

（5）顾客的浏览器收到贸易商的认证，确认贸易商的有效性。

（6）浏览器发送定购信息。

（7）贸易商检查顾客认证上的签名，确认顾客。

（8）贸易商将定购信息一起发送到银行。

（9）银行确认贸易商和信息。

（10）银行数字签名并把认可发送给贸易商，贸易商填写订单。

SET协议涉及的当事人包括持卡人、发卡机构、商家、银行以及支付网关。SET的最主要目标如下。

（1）信息在公共互联网上安全传输，保证网上传输的数据不被黑客窃取。

（2）订单信息和个人账号信息隔离。在将包括持卡人账号信息在内的订单送到商家时，商家只能看到订货信息，而看不到持卡人的账户信息。

（3）持卡人和商家相互认证，以确保交易各方的真实身份。通常，第三方机构负责为在线交易的各方提供信用担保。

SET提供电子商务的特殊安全需要：支付信息和订单信息的安全保密；使用数字签名确保支付信息的完整性；使用数字签名和消费者证书，进行消费者银行的认证；使用数字签名和商家证书，进行商家的认证；保证所有方失误的不可否认性。SET交易的安全性如下。

（1）信息的机密性：SET系统中，敏感信息（如持卡人的账户和支付信息）是加密传送的，不会被未经许可的一方访问。

（2）数据的完整性：通过数字签名保证在传送者和接收者传送消息期间，消息的内容不会被修改。

（3）身份的验证：通过使用证书和数字签名可为交易各方提供认证对方身份的依据，即保证信息的真实性。

（4）交易的不可否认性：通过使用数字签名可以防止交易中的一方抵赖已发生的交易。

（5）互操作性：通过使用特定的协议和消息格式，SET系统可提供在不同的软硬件平台操作的同等能力。

6.8.5 Kerberos

Kerberos是一种网络认证协议，其设计目标是通过密钥系统为客户机/服务器应用程序提供强大的认证服务。该认证过程的实现不依赖于主机操作系统的认证，无需基于主机地址的信任，不要求网络上所有主机的物理安全，并假定网络上传送的数据包可以被任意地读取、修改和插入数据。在以上情况下，Kerberos作为一种可信任的第三方认证服务，是通过传统的密码技术（如共享密钥）执行认证服务的。Kerberos认证过程具体如下。

（1）客户机向认证服务器（AS）发送请求，要求得到某服务器的证书，AS的响应包含这些用客户端密钥加密的证书。证书由服务器的"ticket"和一个临时会话密钥构成。

（2）客户机将ticket传送到服务器上。

（3）会话密钥（现已经由客户机和服务器共享）可以用来认证客户机或认证服务器，也可用来为通信双方以后的通信提供加密服务，或通过交换相互独立的子会话密钥为通信双方提供进一步的通信加密服务。

上述认证交换过程需要只读方式访问Kerberos数据库。但有时数据库中的记录必须进行修改，如添加新的规则或改变规则密钥时。修改过程通过客户机和第三方Kerberos服务器（Kerberos管理器KADM）间的协议完成。另外也有一种协议用于维护多份Kerberos数据库的拷贝，这可以认为是执行过程中的细节问题，并且会不断改变以适应各种不同数据库技术。

习题 6

学生扫码做题

参考文献

[1] 谢希仁.计算机网络[M].8版.西安:电子工业出版社,2021.

[2] 卢军,黄进勇.计算机网络[M].上海:上海交通科技大学出版社,2016.

[3] 王海晖,葛杰,何小平.计算机网络安全[M].上海:上海交通科技大学出版社,2020.

[4] 王达.华为VPN学习指南[M].北京:人民邮电出版社,2020.

[5] 王达.深入理解计算机网络[M].北京:机械工业出版社,2013.

[6] 邢彦辰.数据通信与计算机网络[M].北京:人民邮电出版社,2020.

[7] 杨心强.数据通信与计算机网络[M].西安:电子工业出版社,2018.

[8] 赵新胜.路由与交换技术[M].北京:人民邮电出版社,2018.